Karlheinz Schmiedel u.a., Bauen und Gestalten mit Stahl

D1671365

Bauen und Gestalten mit Stahl

Entwerfen, Konstruieren, Erhalten

Dipl.-Ing. Karlheinz Schmiedel

Dr.-Ing. Volkmar Bergmann
Dr.-Ing. Anton-Peter Betschart
Dr.-Ing. Herbert Klimke
Dipl.-Ing. Fernando Kochems
Dipl-Ing. Jürgen Krampen
Dr.-Ing. Jörg Lange

Dipl.-Ing. Jürgen Marberg
Dr.-Ing. Ralf Möller
Dipl.-Ing. Rainer Pohlenz
Prof. Dipl.-Ing. Erich Rossmann
Dipl.-Ing. Jean-Baptiste Schleich

Mit 285 Bildern und 110 Literaturstellen

2., völlig neubearbeitete und erweiterte Auflage

Kontakt & Studium
Band 130

Herausgeber:
Prof. Dr.-Ing. Wilfried J. Bartz
Technische Akademie Esslingen
Weiterbildungszentrum
DI Elmar Wippler
expert verlag

Die Deutsche Bibliothek – CIP-Einheitsaufnahme

Bauen und Gestalten mit Stahl : Entwerfen, Konstruieren, Erhalten / Karlheinz Schmiedel ... – 2., völlig neubearb. und erw. Aufl. – Ehningen bei Böblingen : expert-Verl. 1993
    (Kontakt & Studium ; Bd. 130 : Bauwesen)
    ISBN 3-8169-0952-3
NE: Schmiedel, Karlheinz; GT

2., völlig neubearbeitete und erweiterte Auflage 1993
1. Auflage 1984

ISBN   3-8169-0952-3

Bei der Erstellung des Buches wurde mit großer Sorgfalt vorgegangen; trotzdem können Fehler nicht vollständig ausgeschlossen werden. Verlag und Autor können für fehlerhafte Angaben und deren Folgen weder eine juristische Verantwortung noch irgendeine Haftung übernehmen. Für Verbesserungsvorschläge und Hinweise auf Fehler sind Verlag und Herausgeber dankbar.

Herausgeber-Vorwort

Die berufliche Weiterbildung hat sich in den vergangenen Jahren als eine absolut notwendige Investition in die Zukunft erwiesen. Der rasche technologische Fortschritt und die quantitative und qualitative Zunahme des Wissens haben zur Folge, daß wir laufend neuere Erkenntnisse der Forschung und Entwicklung aufnehmen, verarbeiten und in die Praxis umsetzen müssen. Erstausbildung oder Studium genügen heute nicht mehr. Lebenslanges Lernen ist gefordert!

Die Ziele der beruflichen Weiterbildung sind

- Anpassung der Fachkenntnisse an den neuesten Entwicklungsstand
- Erweiterung der Fachkenntnisse um zusätzliche Bereiche
- Fähigkeit, wissenschaftliche Ergebnisse in praktische Lösungen umzusetzen
- Verhaltensänderungen zur Entwicklung der Persönlichkeit und Zusammenarbeit.

Diese Ziele lassen sich am besten durch Teilnahme an einem Präsenzunterricht und durch das begleitende Studium von Fachbüchern erreichen.

Die Lehr- und Fachbuchreihe KONTAKT & STUDIUM, die in Zusammenarbeit zwischen dem expert verlag und der Technischen Akademie Esslingen herausgegeben wird, ist für die berufliche Weiterbildung ein ideales Medium. Die einzelnen Bände basieren auf erfolgreichen Lehrgängen der TAE. Sie sind praxisnah, kompetent und aktuell. Weil in der Regel mehrere Autoren — Wissenschaftler und Praktiker — an einem Band mitwirken, kommen sowohl die theoretischen Grundlagen als auch die praktischen Anwendungen zu ihrem Recht.

Die Reihe KONTAKT & STUDIUM hat also nicht nur lehrgangsbegleitende Funktion, sondern erfüllt auch alle Voraussetzungen für ein effektives Selbststudium und leistet als Nachschlagewerk wertvolle Dienste. Auch der vorliegende Band wurde nach diesen Grundsätzen erarbeitet. Mit ihm liegt wieder ein Fachbuch vor, das die Erwartungen der Leser an die wissenschaftlich-technische Gründlichkeit und an die praktische Verwertbarkeit nicht enttäuschen wird.

TECHNISCHE AKADEMIE ESSLINGEN expert verlag
Prof. Dr.-Ing. Wilfried J. Bartz Dipl.-Ing. Elmar Wippler

Vorwort zur 2. Auflage

Seit Erscheinen der ersten Auflage wurde das Seminarprogramm aufgrund der Nachfrage aus der Bauwelt erheblich erweitert. Durch Weiterentwicklung der Bautechnik, *Änderungen von Normen und Vorschriften* sowie ein gesteigertes Umweltbewußtsein hat das Interesse am Stahlbau noch mehr zugenommen, hat die Bauweise eine noch größere Verbreitung erfahren.

Der Verbundbau hat seinen Siegeszug im Geschoßbau fortgesetzt. Eine Vielzahl von Büro- und Geschäftsgebäuden, Industriebauten, Mehrzweckgebäuden in jüngerer Zeit ist ein Indiz für ein gesteigertes Kostenbewußtsein von Planern und Bauherrn. Die Möglichkeit, z.B. Parkhäuser in *Verbundbauweise* nach einer gewissen Nutzungsdauer zu de- und remontieren ist nur eines von vielen überzeugenden Argumenten. Platzgewinn und gestalterische Vorzüge zeigen sich – um aus der Fülle nur ein Bauwerk herauszugreifen – besonders deutlich beim Museum für Technik und Arbeit in Mannheim.

Die Wiederentdeckung und Fortentwicklung der *Gußtechnik* hat dem Stahlbau starke Impulse gegeben und uns in den vergangenen Jahren eine Reihe bemerkenswerter Architekturen beschert. Über die Vereinfachung in der Fügetechnik hinaus hat der Gestaltungswille der Planer zu faszinierenden Lösungen geführt.

Forderungen aus *Bauphysik* und *Brandschutz* – früher oft Hinderungsgrund für eine Ausführung in Stahl – sind mehr und mehr von emotioneller zu rationeller Beurteilung gereift. Die neuesten Erkenntnisse in diesen Bereichen sind wichtige Bestandteile des vorliegenden Bandes.

Alle übrigen Beiträge wurden gründlich überarbeitet und erweitert, so daß das ganze Buch den aktuellen „Stand der Technik" für das Bauen mit Stahl wiedergibt. Den Autoren sei an dieser Stelle für ihr großes Engagement herzlich gedankt.

Die Vielzahl der *Inserate* von Informations- und Beratungsstellen, Verbänden, Zulieferern, Stahlbauern, Verlagen belegt anschaulich die Bedeutung, die den Themen des Buches beigemessen wird. Mit ihren *qualifizierten Aussagen* sind sie eine wertvolle Ergänzung der Fachbeiträge. Dankenswerter Weise tragen sie darüber hinaus dazu bei, daß der rührige Verleger das Werk zu einem angemessenen Preis herausbringen kann.

Karlheinz Schmiedel   Bergheim, im Dezember 1992

Vorwort zur 1. Auflage

Bei der Planung von Geschoßbauten sind gewisse stahlbauspezifische Eigenheiten zu beachten, die bei sinnvoller Anwendung optimale Gestaltungsfreiheit für den Planer bieten. Es lohnt sich daher, den Möglichkeiten, die der Stahlbau durch seine Elementierung und Industrialisierung für das Bauen bietet, nachzugehen und sich über den rasch fortschreitenden Stand der Entwicklung zu informieren.

Der Stahlbau hat durch Rationalisierung der Fertigungs- und Montagemethoden den Weg zur Industrialisierung des Bauens geschaffen. Dabei hat sich die geistige Grundhaltung des Stahlbaus, die sich lange am reinen Materialdenken festgehalten hatte, in einem Lernprozeß erheblich gewandelt: Der Stahlbau ist zum Problemlöser und damit zum Diskussionspartner des Architekten und des Bauherrn geworden. Zur Aufgabe des Stahlbaus gehört deshalb auch die Auseinandersetzung mit geeigneten anderen Baustoffen und Bauelementen unter dem wirtschaftlichen Einsatz von Stahl.

Im Zuge der Industrialisierung hat in den letzten Jahren eine Vereinfachung in der Konstruktions- und Fertigungstechnik stattgefunden; diese Entwicklung wird mit dem Begriff „Entfeinerung" charakterisiert. Hierunter fällt auch die Füge- und Verbindungstechnik. Durch Bolzenschweißen wird die Verbindung von Stahlteilen untereinander und vor allem von Stahlteilen mit Betonteilen im Geschoßbau erleichtert. Verbundkonstruktionen in Form von Verbunddecken, -trägern, und neuerdings auch -stützen führen zu einer weiteren Erhöhung der Wirschaftlichkeit von Stahlbauweisen. Darüberhinaus erfüllen sie in hohem Maße die Anforderungen des baulichen Brandschutzes.

Fast alle Baustoffe – Beton, Holz, Stahl, Stein – korrodieren, wenn sie der Witterung ausgesetzt sind. Die Umweltverschmutzung richtet besonders an historischen Bauwerken nicht reparierbare Schäden an. Anders als manche andere Baustoffe kann Stahl sicher und dauerhaft gegen Korrosion geschützt werden. Feuerverzinkung und Beschichtungen, angepaßt an die Erfordernisse der Einsatzbedingungen, sind wirtschaftliche Lösungen zur Erhaltung wertvoller Bausubstanz.

Die Verknappung der Rohstoffe zwingt zur Einplanung möglicher Wiederverwendbarkeit von Bauteilen. Der Stahlbau bietet auch für den Ausbau besonders gute Voraussetzungen: Leichtigkeit, geringe Querschnitte, Maßgenauigkeit, Befestigungsmöglichkeit, De- und Remontierbarkeit, Schnelligkeit.

Zur Zeit werden für Bauten der Industrie und für andere Großbauten etwa 70 % der Dachkonstruktion in Trapezprofilen ausgeführt, bei Wänden sind es etwa 15 %, bei Decken erleben wir eine Reihe von interessanten neuen Konstruktionen.

Raumtragwerke bereichern die Palette der Gestaltungsmöglichkeiten in Stahlbauweise. Feingliederige Konstruktionen – von der Kuppel bis zu weitestgespannten Überdachungen von Sportstadien oder Flugzeughangars – erfüllen alle Anforderungen an wirtschaftliche und schnelle Realisation der gestellten Bauaufgaben.

Die EDV hat sowohl im kaufmännischen wie im technischen Bereich die Organisation weitgehend geprägt, ohne dabei die Flexibilität des Stahlbaus einzuengen. Die Bauablauforganisation gewährleistet kurze und präzise planbare Bautermine. Die Entwicklung kompatibler Bauelemente sowie die Einführung von CAD werden den Stahlbau in den nächsten Jahren noch attraktiver machen.

Karlheinz Schmiedel   1984

Inhaltsverzeichnis

6. Anwendung von Stahlbau-Hohlprofilen 147

Jürgen Krampen

7. Entwurfsgrundlagen räumlicher Stabwerke 165

Herbert Klimke

1. Bauen mit Stahl
– die vernünftige Lösung vieler Bauaufgaben

Karlheinz Schmiedel

Zusammenfassung

Auszeichnungen für richtungsweisende Architekturen ● Stahl ermöglicht Nutzung alter Bausubstanz ● Stahl, ein universeller Baustoff: Belastbarkeit, Lieferformen, Verarbeitung, Wirtschaftlichkeit ● Maßgenaue Vorfertigung für schnelle und wirtschaftliche Montage ● Stahlkonstruktionen sind besonders »installationsfreundlich« ● Stahlverbundbau, Technologie mit Zukunft ● Uneingeschränkte Gestaltungsvielfalt ● Parkhausbauten, eine Antwort auf städtbauliche Probleme ● Stahlguß, eine ewig junge Bauweise ● Raumtragwerke, eine faszinierende Alternative ● Stahltrapezprofile für Dach, Wand und Decke ● Korrosionsschutz: Schutz und Farbe ● Stahl im Kreislauf ● Informationsvielfalt.

1.1. Auszeichnungen für richtungsweisende Architekturen

Alle zwei Jahre verleiht der Deutsche Stahlbau-Verband den Preis des Deutschen Stahlbaues als Anerkennung für eine hervorragende Leistung auf dem Gebiet des Bauwesens.

Mit dem Preis werden Personen oder Gemeinschaften für eine architektonische Leistung auf dem Gebiet des Hochbaus ausgezeichnet, bei der die Möglichkeiten des Stahls in besonders guter Weise genutzt und gestalterisch zum Ausdruck gebracht wurden. Der Preis wird für ein in der Bundesrepublik errichtetes Bauwerk oder für ein im Ausland ausgeführtes Objekt verliehen, dessen Urheber Staatsbürger der Bundesrepublik Deutschland ist. Der Preis ist mit einem Betrag von 10.000 DM verbunden.

1992 wurden 72 Objekte zur Bewertung eingereicht, mehr als je zuvor in den bisherigen zehn Wettbewerben und genau doppelt so viele wie vor zwei Jahren. Dies ist ein eindeutiges Zeichen für das wachsende Interesse, daß dem Bauen mit Stahl von Planern und Bauherren entgegengebracht wird.

Mehr als ein Drittel der Objekte waren Erweiterungen, Ergänzungen, Umbauten bestehender Bauwerke sowie Schließungen von Baulücken, wobei z.T. durch beengte Platzverhältnisse erhebliche organisatorische Schwierigkeiten zu meistern waren. Damit setzt sich verstärkt ein Trend fort, der schon seit einigen Jahren zu beobachten ist und der 1990 zur Vergabe des Preises an die Blendstatt-Halle in Schwäbisch Hall (Abb. 1) geführt hat. Durch die Öffnung der Grenzen zur DDR und die dort anstehenden Bauaufgaben - nämlich zeitgemäße Architektur in gewachsene, weitgehend unzerstörte Strukturen einfügen zu müssen - kam seinerzeit ein entscheidendes Bewertungskriterium in die Debatte hinein. Unter dem Eindruck, daß das auszuzeichnende Bauwerk in dieser Hinsicht Maßstäbe setzen kann, entschied die siebenköpfige Jury unter Vorsitz von Uwe Kiessler, Stahlbaupreisträger von 1984, mit eindeutiger Mehrheit, die Blendstatt-Halle in Schwäbisch Hall für die Auszeichnung mit dem Preis des Deutschen Stahlbaues '90 vorzuschlagen. Die Laudatio lautete:

»Die Haltung, in der sich die Architekten der Blendstatt-Halle mit der vorgefundenen historischen Umgebung auseinandersetzen, wird besonders hervorgehoben. Hier wurde nicht der oberflächliche Versuch unternommen, die Volumina lediglich harmonisierend und anpassend einzufügen. Die Architekten gehen sehr selbstbewußt mit Materialien unserer Zeit auf Maßstab und städtebauliche Gestaltungselemente des Ortes ein. Sie zeigen mit der Blendstatt-Halle einen möglichen Weg auf, zeitgemäße Antworten auf gewachsene Strukturen zu finden. Die Wahl des statischen Systems des Haupttragwerkes führt zu einfachen, feingliedrigen Stahlkonstruktionen, die dem aufgehenden Gebäude insgesamt eine besondere Leichtigkeit verleihen.«

1.2 Stahl ermöglicht Nutzung alter Bausubstanz

Unter den zehn Objekten der engeren Wahl des Wettbewerbs 1990 hinterließen zwei historische Bauwerke einen besonders nachhaltigen Eindruck, da sie mit Hilfe von Stahlkonstruktionen neuen Aufgaben zugeführt worden waren. So wurden in Rosenheim ein aus dem Verkehr gezogener Lokschuppen zu einem Museum umgestaltet und in Viernheim an der Bergstraße drei alte, nicht mehr benutzte Tabakscheunen durch zweigeschossige Stahleinbauten zu einer Stadtbücherei umgebaut. Über diese beispielhaften Baumaßnahmen hat das Stahl-Informations-Zentrum eine Broschüre veröffentlicht, die in Einzelexemplaren kostenlos angefordert werden kann [1].

Auch 1992 gelangten zwei Bauwerke in die engere Wahl, die sich mit vorhandener Substanz auseinanderzusetzen hatten. Hadi Teherani und Wolfgang Raderschall haben in Hamburg alte Werkshallen durch sehr feinfühlige und sinnvolle Änderungen zu einer attraktiven modernen Automobilwerkstatt umgebaut und ihr in futuristischer "high-tech"-Konstruktion eine

Abb. 1.1: Die Blendstatt-Halle in Schwäbisch Hall wurde 1990 mit dem Preis des Deutschen Stahlbaues ausgezeichnet. Die von den Architekten Mahler, Gumpp und Schuster, Stuttgart, entworfene Stadthalle ist ein gelungenes Beispiel für die Einfügung moderner Stahlkonstruktionen in eine historisch gewachsene Umgebung. Ingenieure: Pfefferkorn u. Partner, Stuttgart. Foto: Architekt, Archiv DSTV

3

besonders einladende Ausstellungshalle angefügt. Über die „car + driver"
genannte Anlage gibt ein Sonderdruck der Reihe „"Bauen mit Stahl"[2]
umfassende Hinweise.

Bei dem zweiten Bauwerk, der Buchhandlung Gess in Konstanz, mußte
der ortsansässige Architekt Herbert Schaudt sogar einen Hubschrauber zu
Hilfe nehmen, um in der äußerst beengten Altstadt die vorgefertigten
Stahlkonstruktionsteile buchstäblich aus der Luft "einfädeln" zu können.
Das ist natürlich die Ausnahme, aber in vielen ähnlich gelagerten Fällen
bedienen sich die Verantwortlichen der Stahlbauweise, weil beengte Platzverhältnisse und nur mangelhaft oder gar nicht zur Verfügung stehender
Bauplatz die komplette Vorfertigung der Teile in der Werkstatt geradezu
verlangen.

Über die Umgestaltung der Buchhandlung, bei der schöne alte Nietkon-
struktionen wieder freigelegt und mehrere sehr modern gestaltete Geschosse angefügt wurden, informiert eine Stahlbau-Konstruktionstafel [3].

1.3 Stahl - ein universeller Baustoff

Stahl ist schmiedbares Eisen mit einem Kohlenstoffgehalt (C) von maximal
2%. Baustähle haben im allgemeinen weniger als 0,25% C. Neben Koh-
lenstoff kann Stahl Begleitstoffe, z.b. Phosphor, Schwefel, Stickstoff und
Legierungselemente, z.b. Chrom, Mangan, Nickel, enthalten. Durch die
chemische Zusammensetzung und durch Wärmebehandlungen können
die Werkstoffeigenschaften des Stahls gezielt beeinflußt werden. So gibt
es viele Stahlsorten:

- Baustähle für Stahlkonstruktionen,
- wetterbeständige Baustähle,
- Spannstähle,
- nichtrostende Edelstähle,
- warmfeste Stähle und andere.

● *Die Belastbarkeit des Stahls*

Stahl ist auf Druck und Zug gleichermaßen belastbar. Belastungen rufen
an Bauteilen Formänderungen hervor. Stellt sich nach Entlastung die ur-
sprüngliche Form wieder ein, so spricht man vom elastischen Verhalten
des Werkstoffes. Ist dies nicht der Fall, so hat sich der Werkstoff plastisch
verformt. Der Übergang zwischen elastischem und plastischem Verhalten
wird bei den meisten Stahlsorten durch die Streck- oder Fließgrenze charakterisiert; sie ist ein Kriterium für die Bemessung. Die Gruppe der im

Tabelle 1	Lieferformen von Walzerzeugnissen für den Stahlbau

Flacherzeugnisse (Bleche, Band), Breite 600 mm

Feinblech	Dicke 0,35–3,0 mm	DIN 1541	unbehandelt = Schwarzblech; oder mit Oberflächenveredelung, z. B. aluminiert; feuerverzinkt; feuerverzinkt + kunststoffbeschichtet = coilcoated
Mittelblech	„ 3,0–4,75 mm	DIN 1542	
Grobblech	„ > 4,75 mm	DIN 1543	Belagbleche, 3–20 mm (Riffel- und Warzenbleche)
Breitflachstahl	Breite 150–1250 mm, Dicke $\geq$ 4 mm (alle vier Seiten warmgewalzt), DIN 59 200, EURONORM 91		

Stabstahl

Bezeichnung	Kurzzeichen	Schreibmaschine	Maße in mm Höhe	Breite	Bemerkungen, Normen
T-Stahl	T	T	20–140	20–140	hochstegig oder breitfüßig, Kanten rund DIN 1024, scharfkantige Profile DIN 59051
U-Stahl	U⌐	U	30–65	15–42	Flansche innen schräg, Kanten rund DIN 1026, EURONORM 24–62
Z-Stahl	Z	Z	30–160	38–70	Flansche parallel, Kanten rund DIN 1027
Winkelstahl	L	L	20–200	20–100	gleichschenklig DIN 1028, EURONORM 56–65; ungleichschenklig DIN 1029, EURONORM 57–65; Kanten rund. Scharfkantige Profile DIN 1022

Zum Stabstahl zählen auch alle Rund-[1]), Vierkant-[2]), Sechskant-, sowie Spezialprofile.

[1]) DIN 1013, EURONORM 60   [2]) DIN 1014, EURONORM 59

Formstahl

Bezeichnung	Kurzzeichen	Schreibmaschine	Maße in mm Höhe	Breite	Bemerkungen, Normen
U-Stahl	U⌐	U	80–400	45–110	Flansche innen schräg, Kanten rund DIN 1026, EURONORM 24–62
schmale Träger	I	I	80–600	42–215	Flansche innen schräg, Kanten rund DIN 1025, Bl. 1
mittelbreite Träger	I PE	I PE *	80–600	46–228	Flansche parallel, Kanten scharf DIN 1025, Bl. 5, EURONORM 19–57 * Sonderprofile I PE a, o, v nach Werksnormen
breite Träger	HE (I PB)	HE	96–1008	100–402	Flansche parallel, Kanten rund. Mehrere Ausführungen: besonders leicht: Werksnorm HE AA leicht: DIN 1025, Bl. 3, EURONORM 53–62, HE-A (I PB$_A$) normal: DIN 1025, Bl. 2, EURONORM 53–62, HE-B (I PB) verstärkt: DIN 1025, Bl. 4, EURONORM 53–62, HE-M (I PB$_V$). Weitere Reihen nach Werksnormen: HD, HL, HX, IPBS.

In der HE-B-Reihe sind von 100 bis 300 mm Höhe und Breite gleich, darüber bleibt die Breite konstant 300 mm. Für die Reihen HE-A und HE-M gilt dies annähernd.

Hohlprofile

Bezeichnung	Kurzzeichen	Schreibmaschine	Maße in mm	Wanddicke, s	Bermerkungen, Normen
Rohr	O	Rohr	Durchmesser D 51–1016	2,6–10	Nahtlose Rohre DIN 2448; Geschweißte Rohre DIN 2458
Hohlprofil	□	Quadrathohlprofil	Seitenlänge 40–260	2,9–17,5	warm gefertigt DIN 59 410, kalt gefertigt DIN 59 411
Hohlprofil	▭	Rechteckhohlprofil	50 × 30 bis 260 × 180	2,9–14,2	

Kaltprofile Profile aus flachgewalztem Stahl mit nahezu gleicher Wanddicke. Formgebung durch Walzen (Dicke > 0,4–8 mm) und Abkanten (Dicke bis 20 mm). DIN 59 413 sowie Werksnormen. Große Vielfalt in Formen und Abmessungen.

Trapezprofile Aus Feinblechen rollprofilierte Tafeln mit hoher Tragfähigkeit. Breite 500–1050 mm, Profilhöhe 10–200 mm. Blechdicke 0,65–1,5 mm, Tafellänge bis 22 000 mm. Siehe Stahlbau-Arbeitshilfe 44 und 44.2. DIN 18 807, Teil 1–3, Ausgabe Juni 1987.

Drähte, Seile, Bündel Durch Verdrillen oder Bündeln vieler dünner Drähte (Durchmesser im allgemeinen 0,15–0,35 mm) entstehen Seile von hoher Festigkeit und Biegsamkeit. Sie dienen zur Übertragung von Zugkräften, z. B. bei Brücken, Hängedächern sowie bei Abspannungen für Maste, Antennen, Schornsteine etc. DIN 3051; Merkblatt 496.

Stahlbau am häufigsten verwendeten Stähle St 37 und der Stahl St 52-3 werden nach ihrer Bemessungszugfestigkeit 370 bzw. 520 N/mm² (früher 37 bzw. 52 kg/mm²) klassifiziert, die hochfesten Stahlsorten StE 460 und StE 690 nach ihren Streckgrenzen 460 bzw. 690 N/mm². Die Zugfestigkeit begrenzt den Bereich der plastischen Verformbarkeit nach oben. Die Werte für Streckgrenzen und Zugfestigkeiten sind je nach Stahlsorte DIN 17 100 und der DASt-Richtlinie 011 zu entnehmen [4]. In diesen Regelwerken sind auch alle wichtigen Angaben über mechanische Eigenschaften, chemische Zusammensetzungen und die Eignung zum Verarbeiten der für den Stahlbau wichtigsten Stähle enthalten. Die aus den mechanischen Werkstoffkennwerten abgeleiteten zulässigen Spannungen für den Stahlbau sind der Stahlbau-Grundnorm für die Bemessung und Konstruktion, DIN 18 800 Teil 1, zu entnehmen.

● *Lieferformen des Stahls*

Es gibt mehr als 70.000 Walzstahlerzeugnisse, deren Gliederung allein über 80 Hauptgruppen umfaßt. Ein ausführliches Verzeichnis von Lieferwerken und Erzeugnissen ist beim Stahl-Informations-Zentrum in Düsseldorf erhältlich [5]. Die für den Stahlbau wichtigen Formen sind in Tabelle 1 aufgeführt, Tabelle 2 nennt die Hersteller der im Geschoß- und Hallenbau überwiegend verwendeten Walzprofile. Eine wichtige Informationsquelle auch für leichtere Profile in Sonderformaten (Rohre, Hohlprofile, Fassadenprofile etc.) sind die Kataloge der Hersteller und Handelshäuser [6].

Walzstahlerzeugnisse sind sehr maßgenau und von gleichbleibender Qualität. Querschnitte und zulässige Toleranzen sind in EURO-, DIN- und Werksnormen der Hüttenwerke festgelegt. Darüber hinaus können Sonderprofile hergestellt werden; dies wird jedoch erst bei genügend großen Bestellmengen wirtschaftlich. Je nach Profil sind unterschiedliche Standardlängen gebräuchlich. Fixlängen können bei der Bestellung vereinbart werden.

● *Verarbeitung*

Stahl läßt sich warm und kalt verformen (walzen, ziehen, pressen, biegen usw.), mechanisch bearbeiten (sägen, bohren, stanzen, fräsen, hobeln usw.) und er läßt sich schweißen. Die Auswahl der Stahlgütegruppen bei geschweißten Konstruktionen erfolgt nach DASt-Ri. 009.

● *Wirtschaftlichkeit*

Für wirtschaftliches Konstruieren ist die Kenntnis der Preise erforderlich. Höhere Qualitäten verursachen höhere Preise. Dennoch kann der teurere St 52 bei manchen Konstruktionen wirtschaftlicher sein als der billigere

St 37. Zu beachten sind aber auch Preisunterschiede zwischen den Profilarten. Nicht immer ist das leichteste Profil das billigste.

Statiker, Konstrukteur und Kalkulator müssen bei der Auswahl von Profilen neben Statik und Preis den Bearbeitungsaufwand in der Werkstatt und bei der Montage berücksichtigen. Bei rechtzeitiger Abstimmung zwischen Planern und Ausführenden lassen sich oft erhebliche Kosten einsparen.

Tab.2 Hersteller von Formstahl und Breitflanschträgern, DIN 1025 Teil 1-5 und DIN 1026

1 Formstahl / 2 Breitflanschträger	1	2	1 Formstahl / 2 Breitflanschträger	1	2
Hennigsdorfer Stahl GmbH Veltener Str. O – 1422 Hennigsdorf Tel. (033 02) 60 Fax: (033 02) 4 41 83	UNP INP		Stahl- und Walzwerk Brandenburg GmbH Straße der Aktivisten O – 1800 Brandenburg Tel. (033 81) 55-0 Fax: (033 81) 30 36 15	INP UNP	
Hoesch Stahl AG Postfach 902 4600 Dortmund 1 Tel. (0231) 8 44-1 Fax: (0231) 8 44-44 00	UNP		Stahl- und Walzwerk Riesa AG Dimitroffstr. 10 O – 8400 Riesa Tel. (035 25) 8 80 Fax: (035 25) 38 39	INP UNP	
Maxhütte Unterwellenborn GmbH Thälmannstr. O – 6806 Unterwellenborn Tel. (03671) 4 11 39 Fax: (03671) 4 10 19	IPE UNP INP	HEB HEA	Saarstahl AG Postfach 10 19 80 6620 Völklingen Tel. (068 98) 10-1 Fax: (068 98) 10-4001	IPE INP UNP	HEB HEA HEM
Neue Maxhütte Stahlwerke mbH Postfach 13 44 8458 Sulzbach-Rosenberg Tel. (09661) 60-1 Fax: (09661) 60-750	UNP INP		Thyssen Stahl AG Postfach 11 05 61 4100 Duisburg 11 Tel. (0203) 51-1 Fax: (0203) 52-25102	IPE UNP	HEB HEA HEM
Stahlwerke Peine-Salzgitter AG Postfach 41 11 80 3320 Salzgitter 41 Tel. (05341) 21-1 Fax: (05341) 21-2727	IPE UNP INP	HEB HEA HEM	EUROPROFIL Deutschland GmbH Postfach 10 01 84 5000 Köln 1 Tel. (0221) 57 29-0 Fax: (0221) 57 29-245	IPE UNP INP	HEB HEA HEM

1.4 Maßgenaue Vorfertigung für schnelle und wirtschaftliche Montage

Die zuvor erwähnte Maßgenauigkeit bezieht sich nicht nur auf die engen Toleranzen der Walzprofile selbst, sie gilt auch in gleichem Maße für die einzubauenden Konstruktionsteile. Dies bedeutet für die Folgegewerke in einem Skelettbau z.B., daß die Ausbauelemente - Wände, Türen, Fenster, Fassaden u.a.m. - schon frühzeitig und ohne Zeitdruck hergestellt werden können. Langwieriges (und meist zu spätes) Aufmessen an Ort und Stelle ist nicht erforderlich, - der Hersteller kann also viel rationeller produzieren als beim konventionellen Bauen.

Im Frühjahr 1991 wurde nach nur sieben Monaten Bauzeit die Überdachung des Vorbahnhofs am Kölner Hauptbahnhof fertiggestellt (Abb. 1.2). 29 Segmente in Kreuzgewölbeform, jedes ca. 20 x 20 m groß und einschließlich Verglasung 33 t. schwer, wurden auf einer Montageplattform zusammengesetzt, mit einem Kran in einem Hub an Ort und Stelle geschwenkt und an den einbetonierten Stützen befestigt. Hierfür standen jede Woche nur freitagnachts fünf bis sechs Stunden zur Verfügung. Nicht eine einzige Befestigung der über 24.000 unterschiedlichen Stahlteile mußte nachgerichtet werden.

Abb. 1.2: Im Frühjahr 1991 fertiggestellt: Die neuen Vordächer des Kölner Hauptbahnhofs. Die 20 x 20 m großen und mit Verglasung ca. 33 t schweren Kreuzgewölbe aus Stahlhohlprofilen wurden vormontiert und mit Deutschlands größtem Baukran in ihre Position gehoben. Architekten: Busmann und Haberer, Köln; Ingenieure: Polónyi und Fink, Köln (Planung), Fa. Züblin, Stuttgart (Ausführung). Foto: DB, Stephan

1.5 Stahlkonstruktionen sind besonders „installationsfreundlich"

Es ist sehr wichtig, sich schon beim Entwurf des Tragwerks eines Gebäudes Gedanken über die Installation zu machen. Mit geringfügigen Änderungen an der Konstruktion oder durch Einplanen von Regeldurchbrüchen, Anbringen von Halterungen usw. kann zwar das Skelett unter Umständen teurer werden, für die Installationen aber werden erhebliche Mittel engespart: Insgesamt wird das Bauwerk durch umsichtige Vorausplanung billiger. Bei einem Kostenvergleich müssen diese "Vorleistungen" gebührend in Rechnung gestellt werden.

Im Geschoßbau bietet die "gestapelte Trägerlage" eine gute Möglichkeit, sich kreuzende Installationsleitungen ohne Schwierigkeiten zu verlegen (Abb. 1.3). Wo die Bauhöhe dies nicht zuläßt, sind Wabenträger, Fachwerke oder unterspannte Träger sinnvoll (Abb. 1.6). Bei großen Lasten und hohem Installationsgrad werden Vierendeelträger verwendet.

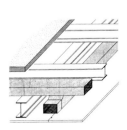

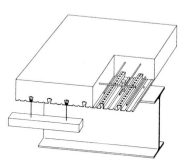

Abb. 1.3:
Die gestapelte Trägerlage im Stahlgeschoßbau ermöglicht kreuzungsfreie Leitungsführung im Zwischendeckenbereich.
Zeichnung aus:
Hart, Henn, Sontag "Stahlbau-Atlas".

Abb. 1.4:
Holorib-Verbunddecke. Die schwalbenschwanzförmige Hinterschneidung des Stahltrapezprofils gewährleistet innigen Verbund mit dem Aufbeton. Sie dient gleichzeitig für vielfältige Abhängungen. Der Kopfbolzendübel stellt den Verbund zwischen Decke und Träger her.

Große Vorteile für schnelle Installation bringt die Holoribdecke (Abb. 1.4) mit sich. Die in 15 cm Abstand verlaufenden schwalbenschwanzförmig hinterschnittenen Sicken dienen wie Ankerschienen für die Aufnahme von Befestigungsankern. So können Rohrleitungen, Klimakanäle, Kabelbrükken, Beleuchtungskörper u.a.m. problemlos montiert und bei Nutzungsänderung wieder demontiert oder umgerüstet werden. Zahlreiche Befestigungssysteme erlauben darüber hinaus die Anbringung der Installationen an den Untergurten der Deckenträger. Bei Verbundträgern halten beim Betonieren eingelegte Dreikantleisten Platz für die Verankerungsbügel frei (Abb. 1.5).

Abb. 1.5:
Verbundträger mit Kammerbeton und Zusatzbewehrung. Die sichtbaren Untergurte (Flansche) eignen sich für vielfältige Abhängungen.

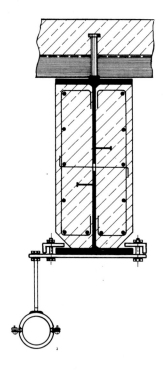

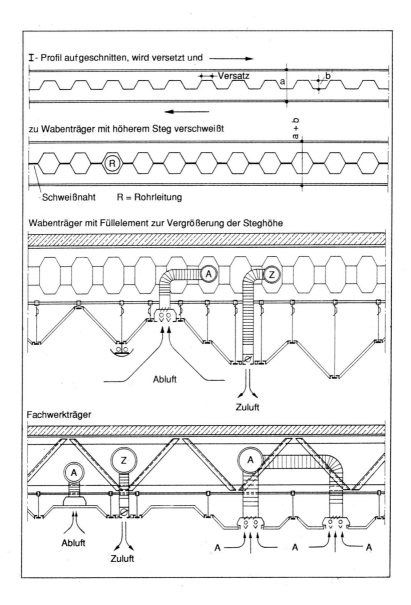

I-Profil aufgeschnitten, wird versetzt und ⟶

Versatz a b

zu Wabenträger mit höherem Steg verschweißt

a + b

Schweißnaht   R = Rohrleitung

Wabenträger mit Füllelement zur Vergrößerung der Steghöhe

A   Z

Abluft

Zuluft

Fachwerkträger

A   Z   A

Abluft

Zuluft   A ⟶ A ⟶ A

Abb. 1.6: Wabenträger und Fachwerkträger werden in hochinstallierten Gebäuden bevorzugt.

11

1.6 Stahlverbundbau - Technologie mit Zukunft

Beim Stahlverbundbau werden Walzprofile und Beton kraftschlüssig miteinander verbunden. Dies geschieht überwiegend durch Kopfbolzendübel, die auf die Stahlkonstruktion durch Induktionsschweißung aufgebracht werden und in den Beton hineinbinden. Der Verdübelungsgrad läßt sich dabei den jeweiligen Anforderungen anpassen - vom nachgiebigen bis zum starren Verbund, von der teilweisen bis zur vollständigen Verdübelung. Eine unzureichende Verdübelung wird durch die Verbundträger-Richtlinie ausgeschlossen, nach der der Verdübelungsgrad mindestens 50% betragen muß. Die Kopfbolzen werden in der Regel bereits in den Stahlbaufirmen, in Einzelfällen auch auf der Baustelle, aufgeschweißt.

In den vergangenen Jahrzehnten überwiegend im Brückenbau angewendet, hat die Verbundbauweise in jüngerer Zeit einen wahren Siegeszug im Geschoßbau angetreten und vor allem auch im mehrgeschossigen Industriebau ihre Feuerprobe bestanden. Und dies in des Wortes eigenem Sinne. Denn nicht nur die Tragkraft der Decken, Träger (siehe Tabelle 3) und Stützen konnte potenziert werden, sondern auch die früher oft zusätzlich notwendigen Brandschutzmaßnahmen können nun gänzlich entfallen. Die im Hochbau überwiegend geforderten "F 90" werden durch Stahlverbundkonstruktionen ohne jegliche zusätzliche Bekleidung o.ä. erfüllt. (Das zur Zeit viel diskutierte Problem des Asbeststaubes - inzwischen durch andere Materialien ersetzt - würde sich heute nicht mehr stellen.) Unterzüge und Stützen können wesentlich schlanker als bisher ausgeführt werden, der Gestalter kommt in den Genuß der am Stahlprofil so geschätzten scharfkantigen Formen. Für die Montage der stahlbaumäßig hergestellten Verbundbauteile ergeben sich erheblich kürzere Zeiten, Installationen und Ausbauteile anderer Gewerke können leichter und schneller eingefügt werden, Änderungen und Erweiterungen sind wie beim klassischen Stahlbau problemlos möglich. All diese Pluspunkte sowie ein beträchtlicher Gewinn an Nutzfläche bzw. Raumhöhe führen zu einer großen Wirtschaftlichkeit der Stahlverbundbauweise. Die wesentlichen Elemente der Verbundbauweise sind:

– Verbundträger
– Verbunddecken
– Verbundstützen.

Tabelle 3 Träger mit und ohne Verbund		
Beispiel aus dem Büro-, Schul-, Hotelbau Auflast (Estrich, etc.) $g = 1,14$ kN/m² Verkehrslast $p = 5,00$ kN/m² Spannweite: Decke B = 2,40 m Träger L = 8,20 m St 52	Verbundträger	Stahlträger allein, ohne Verbund
	120 240 IPE 240	120 360 IPE 360	120 240 IPB 240
Tragfähigkeit	100 %	100 %	100 %
Gewicht	100 %	186 %	271 %
Bauhöhe	100 %	133 %	100 %

Zu den einzelnen Konstruktionsteilen geben die Stahlbau-Arbeitshilfen [7] wertvolle Erläuterungen.

Abb. 1.7: Großturn- und Sporthalle Schloßstraße, Berlin-Charlottenburg. 1,35 m hohe Blechverbundträger spannen über 20 m, die Verbundstützen aus Stahlrohr sind weniger als 36 cm im Durchmesser. Architekt und Foto: Hinrich u. Inken Baller, Berlin; Ingenieure: Gerhard Pichler, igb, Berlin.

1.7 Uneingeschränkte Gestaltungsvielfalt

Es wäre ein leichtes, eine Fülle von Bauwerken aufzulisten, die in jüngerer Zeit in Verbundbauweise errichtet wurden. Dies würde jedoch den Rahmen dieser Veröffentlichung sprengen. Interessierte Leser finden zahlreiche Bauwerke in den Veröffentlichungen der Reihen "Stahl und Form" [1], DETAIL-Konstruktionstafeln [3] und "Bauen mit Stahl" [2]. Daß aber durch die Anwendung des Verbundbaus weder den gestalterischen noch den organisatorischen Vorstellungen der Planer Grenzen gesetzt sind und noch längst nicht alle Möglichkeiten dieser revolutionierenden Bauweise ausgeschöpft wurden, soll an drei Beispielen verdeutlicht werden:

● Die Verwendung der streng geformten Walzprofile schränkt die Gestaltungsfreiheit in keiner Weise ein. Die Berliner Architekten Hinrich und Inken Baller - bekannt durch ihre plastisch gestalteten Bauten - nutzten die statischen Vorzüge der Verbundbauweise, ohne auf ihre persönliche For-

13

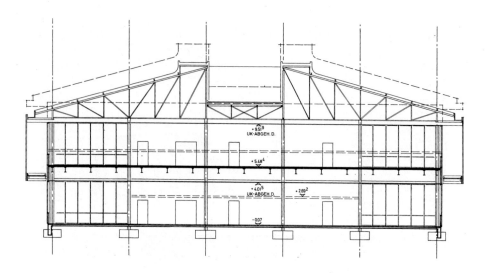

Abb. 1.8: Produktionsgebäude für Halbleiterelemente in Waldbronn. Gegenüber der ursprünglichen Planung in Beton (gestrichelte Dachbegrenzung) wurde durch Stahlverbundkonstruktionen 1,80 m an Bauhöhe eingespart. Architekten: Rödl + Kieferle, Stuttgart; Ingenieure: Stumpf u. Rieth, Sindelfingen

mensprache verzichten zu müssen. Bei einer mehrstöckigen Großturn- und Sporthalle in Berlin überspannten sie 20,42 Meter mit 1,35 m hohen Blechverbundträgern, die mit organisch ausgerundetem Beton bekleidet wurden. Trotz der aus akustischen Gründen 35 cm dicken Betondecke mit 9,0 m Spannweite haben die Stahlrohrverbundstützen nur einen Durchmesser von 32,4 bzw. 35,6 cm. Vor Kopf der Unterzüge springt der Beton wenige Millimeter zurück und gibt die schlanken Stahlblechträger frei. Dadurch wird die Leichtigkeit der Gesamtkonstruktion wirkungsvoll gesteigert (Abb. 1.7) [3].

● Für die Produktion hochwertiger Halbleiterelemente eines Elektronikkonzerns mußte eine vollklimatisierte Fabrikationshalle erstellt werden. Der zunächst in konventioneller Betonbauweise entworfene Bau mußte aus Energiespargründen - es war die Zeit der ersten Ölkrise Ende der 70er Jahre - auf ein geringeres Volumen umgeplant werden. Die Architekten Rödl + Kieferle entwarfen gemeinsam mit den Ingenieuren Stumpf und Rieth und der ausführenden Stahlbaufirma eine neue Lösung unter Ausnutzung der Vorteile des Verbundbaus. So wurden insgesamt 1,80 m Bauhöhe eingespart (Abb. 1.8). Das beispielhaft gestaltete Fabrikgebäude wurde 1981 mit dem Europäischen Stahlbaupreis ausgezeichnet.

14

● Bei dem kürzlich eröffneten Landesmuseum für Technik und Arbeit in Mannheim (Architektin Ingeborg Kuhler, Ingenieure Polónyi und Fink) blieben die Verbundkonstruktionen sichtbar und verdeutlichen dem Betrachter auf anschauliche Weise Lasten und Tragen der Konstruktion. Das Bauwerk selbst wird so zum Ausstellungsgut (Abb. 1.9) [1].

Fachleute sehen in der Entwicklung derartiger Systeme weitere vielsprechende Anwendungsmöglichkeiten des Verbundbaus. Wer sich ausführlicher über die Verbundbauweise informieren will, kann beim VDEh ein Video gegen geringe Gebühr ausleihen [8].

Abb. 1.9: Die klaren und schlanken Profile des Rohbaus bleiben auch im fertigen Bauwerk erhalten. Verbundstützen und Verbundträger werden so zu Ausstellungsstücken im Museum für Technik und Arbeit in Mannheim. Architektin: Ingeborg Kuhler, Berlin; Ingenieure: Polónyi und Fink, Berlin. Foto: K. Schmiedel

1.8 Parkhausbauten
– eine Antwort auf städtebauliche Probleme

Ein großes Anwendungsfeld mehr konventioneller Art hat der Stahlverbundbau im Parkhausbau gefunden. Dabei ist besonders erfreulich, daß sich mehr und mehr qualifizierte Architekten diesem in bezug auf Gestaltung lange vernachlässigten Aufgabenbereich zuwenden. So sind in jüngster Zeit eine Reihe von überzeugenden Beispielen entstanden (Abb. 1.10), [1].

Da in Zukunft das Verkehrsaufkommen - auch in den neuen Bundesländern - erheblich ansteigen wird, müssen auch dort vermehrt Parkplätze geschaffen werden. Die Verantwortlichen sollten von vorneherein konsequent sein und dafür möglichst keine Freiflächen zur Verfügung stellen. Mehrgeschossige Parkhäuser in Stahlverbundbauweise sind die denkbar beste Lösung der anstehenden Probleme. Durch Verbund von I-Profilen mit Stahlbetonfertigteilplatten oder Trapezblechdecken mit Ortbeton werden äußerst geringe Bauhöhen erreicht. Bedingt durch übliche Einstellflächen von 2,5 x 5,0 m und eine geforderte Fahrspur von 6,0 m ergibt sich ein Planungsraster von 2,5 x 16,0 m. Hierfür beträgt die Bauhöhe nur 52 bis 62 cm je nach Stahlgüte des Verbundträgers. Die vorgeschriebene Höhe von 2,1 m führt so zu einer Geschoßhöhe von nicht mehr als 2,7 m, die bequem durch Rampen überwunden werden kann. Für den Benutzer stellt die völlige Stützenfreiheit in der Parkebene eine große Erleichterung dar; die Stützen in der Fassade und die Unterzüge alle 2,5 m sind darüber hinaus eine willkommene Orientierungshilfe beim Einparken.

Eine Reihe optimierter Systeme ermöglicht die Errichtung dringend benötigter Parkhäuser in kürzester Zeit zu durchaus vertretbaren Kosten. Erweiterung, Änderung, Demontage und Wiederaufbau sind möglich und neben der großen Besucherfreundlichkeit der lichten und überschaubaren Konstruktion weitere Faktoren der Wirtschaftlichkeit.

1.9 Stahlguß - eine ewig junge Bauweise

Bevor man Stahlprofile zu walzen lernte, bediente man sich für die Lösung zahlreicher Bauaufgaben des Eisengusses. Die nunmehr schon seit über 200 Jahren in Betrieb befindliche Ironbridge in Coalbrookdale gehört auch heute noch zu den Höhepunkten des feingliedrigen Eisenbaues. Der Kristallpalast in London (1851) und zahlreiche Bahnhofshallen in der Mitte des vergangenen Jahrhunderts sind weitere Meilensteine in der Anwendung gußeiserner Bauteile.

Die Entwicklung der Walzprofile mit wesentlich geringeren Gewichten hat danach zu einer fast vollständigen Verdrängung des Gußeisens geführt. Wissenschaftliche Erkenntnisse in der Metallurgie führten in jüngerer Zeit jedoch wieder zur Neuentwicklung von Eisengußwerkstoffen. Über die Anwendung im Maschinen- und Fahrzeugbau hat sich Gußeisen im modernen Hochbau erneut einen breiten Einsatzbereich zurückerobert. Markante Beispiele sind die Mastköpfe und Knoten des Olympiazeltes in München oder Stützen und Gerberetten (Kragarme) des Centre Pompidou in Paris [1].

Bei der im Wettbewerb um den Preis des Deutschen Stahlbaus '88 in die engste Wahl gelangten Kreissparkasse in Kirchheim/Teck werden besonders schön die Vorteile dieser wiederentdeckten Baukunst sichtbar. Die Architekten Beyer, Weitbrecht, Wolz haben gemeinsam mit dem Gußspezialisten A. P. Betschart einen Stützenkopf entwickelt, der sehr feingliedrig die 16 Binder des Kassenhallendaches zusammenfaßt und ihre Last in eine schlanke Rohrstütze ableitet (Abb. 1.11) [3].

Abb. 1.10:
Parkhäuser in Stahlverbundbauweise fürgen sich platzsparend auch in schwierige innerstädtische Situationen ein. Parkhaus Lederstraße in Reutlingen. Architekt: Dieter Herrmann, Stuttgart; Ingenieure: Krupp Stahlbau, Altbach,
Foto: Christian Kandzia, Stuttgart

Abb. 1.11:
Die Kassenhalle der Kreissparkasse Kirchheim/Teck erhält ihren besonderen Reiz durch eine Stahlrohrstütze mit gußeisernem Kapitell, in dem 16 Fachwerkbinder feingliedrig zusammengefaßt werden. Architekten: Beyer, Weitbrecht, Wolz, Stuttgart; Gußkonstruktionen:
Dr. A.P. Betschart, Bad Boll

Das wohl größte Bauvorhaben mit gußeisernen Zweigstützen wurde im Sommer 1991 vollendet: Die neue Fluggastabfertigungshalle auf dem Stuttgarter Flughafen. Sie wurde in dem eingangs beschriebenen Wettbewerb mit dem Preis des Deutschen Stahlbaues '92 ausgezeichnet. Nach Entwürfen der Architekten von Gerkan, Marg und Partner, Brauer, Staratzke [1], [2] haben auf der Grundlage des Tragwerkentwurfes von Stefan Polónyi die Ingenieure von Weidleplan mit Dr. Betschart verschiedene Gußelemente für die Gabelungen der Zweige und die Aufnahme der Dachraster entwickelt (Abb. 1.12). Beratung und Veröffentlichungen über Guß sind erhältlich beim Entwicklungsinstitut für Gießerei- und Bautechnik [9].

Abb. 1.12: Zweigstützen mit Gußelementen im neuen Fluggastabfertigungsgebäude in Stuttgart. Das Bauwerk wurde mit dem Preis des Deutschen Stahlbaues '92 ausgezeichnet. Architekten: von Gerkan, Marg und Partner, Brauer, Staratzke, Hamburg; Ingenieure: Weidleplan, Stuttgart; Entwicklung der Gußkonstruktion: Dr. A. P. Betschart, Bad Boll; Foto: K. Schmiedel

1.10 Raumtragwerke - eine faszinierende Alternative

Neben Vollwandbindern aus gewalzten I-Profilen oder zusammenge-schweißten Dreigurtbindern, Unterspannungen und Blechen, Fachwerkträ-gern, Abhängungen werden für die stützenarme Überdachung von großen Räumen bevorzugt ein- oder zweilagige Raumfachwerke eingesetzt. Pio-nier auf diesem Gebiet war Dr.-Ing. Max Mengeringhausen, der mit seinem MERO-System schon 1957 auf der Internationalen Bauausstellung in Ber-lin Hallen und Freiflächen überdachte. Diese Vormachtstellung hat MERO weltweit bis auf den heutigen Tag unangefochten behalten, obwohl inzwi-schen sicher an die hundert verschiedene Raumtragwerksysteme auf un-serem Globus existieren. Eine anschauliche Systemanalyse findet sich in [10]. Die wichtigsten Wettbewerber auf dem Deutschen Markt sind das

Abb. 1.13: 900 qm Messedach, am Boden vormontiert und in einem Hub in Posi-tion gebracht. Das Baustellenfoto aus Düsseldorf ist typisch für eine Vielzahl ähnli-cher Hallenbauten in aller Welt. Architekt: Heinz Wilke, Düsseldorf;
Foto: MERO, Archiv DSTV

Züblin-Raumfachwerk, welches sich sehr eng an das MERO-System mit seinen Knoten und Stäben anlehnt, und Thyssen mit dem System Kebu, während Hoesch mit dem von Ewald Rüter entwickelten delta-Tragwerk eine eigenständige Fachwerkgeometrie anbietet.

Im ersteren Falle werden Knoten (geschmiedete Stahlkugeln mit bis zu 18 Bohrungen) mit unterschiedlich langen und dicken Stäben aus Rundrohr auf der Baustelle zu zweilagigen Tragwerken mit Diagonalen zusammengeschraubt. Flächen von z.B. 30 x 30 m für die Düsseldorfer Messe (Abb. 1.13) können dann mit einem Kran auf die Stützen gehoben werden.

Beim delta-Tragwerk werden farbig beschichtete Fachwerkträger aus Vierkanthohlprofilen zur Baustelle transportiert und können dort mit wenigen Handgriffen zu großen Tragrosten zusammengesetzt werden (Abb. 1.14).

Der wesentliche Vorteil von Raumtragwerken gegenüber gerichteten (Binder-)Konstruktionen liegt darin, daß mit ihnen auch unregelmäßige Grundrisse überdacht werden können. Auch die Anordnung der meist wenigen

Abb. 1.14: Bei dem von Ewald Rüter entwickelten Tragwerk delta werden vorgefertigte und farbig beschichtete Fachwerkträger in den Knotenpunkten mit einer Schraube verbunden. Die Möglichkeit zur schnellen Demontage und Wiederverwendung der leichten Einzelteile sichert dem System besonders im Industriebau mit ständig wechselnden Anforderungen.

Stützen ist sehr variabel. Rücksprünge, Auskragungen, Faltungen, Aufkantungen sind - abhängig von der Stabwerksgeometrie - fast unbegrenzt möglich. Längst haben Raumtragwerke die Ebene verlassen. Kuppeln, Schalen, Türme und andere räumliche Gebilde lassen sich heute mit Hilfe der Computertechnik in kürzester Zeit berechnen und fertigen. Auch auf diesem Gebiet hat MERO durch die Entwicklung weiterer Knotentypen eine Vorreiterrolle übernommen: Ein neues Napfknotensystem ermöglicht in Verbindung mit Rechteckhohlprofilen die direkte Auflagerung der Außenhaut (Verglasung oder Sandwichpaneele) ohne Sekundärkonstruktionen.

Als Höhepunkt in technischer Hinsicht auf diesem Gebiet darf wohl die 1990 fertiggestellte Kuppel für die Globe-Arena in Stockholm angesehen werden. Sie ist 85 m hoch, hat einen Durchmesser von 110 m und weist bei 2,1 m Konstruktionshöhe - das sind weniger als 2% der Spannweite - ein Gewicht von nur 50 kg/qm (der Stahl alleine nur 35 kg/qm) auf. Die Bauzeit betrug von der Auftragsvergabe bis zum Richtfest nur neun Monate. Für diese Leistung wurde das Bauwerk mit dem Europäischen Stahlbaupreis 1990 ausgezeichnet.

Ein Vergleich mit dem Pantheon ist wohl am ehesten geeignet, die erstaunliche Entwicklung des Kuppelbaus zu veranschaulichen. Die "alten Römer" schufen in den zehn Jahren von 118 bis 128 n.Chr. eine gewaltige Kuppel von 43,2 m Höhe und Durchmesser. Mit 7500 kg/qm ist sie aber 150mal schwerer als ihr jüngstes Enkelkind.

Sowohl MERO als auch Rüter leihen gerne Videos über Herstellung und Montage ihrer Systeme aus [11].

1.11 Stahltrapezprofile für Dach, Wand und Decke

Im Zusammenhang mit dem Stahlverbundbau haben wir bereits ein besonders geformtes Blech für Verbunddecken kennengelernt, das Holoribblech. Es ist die vorläufig letzte Stufe in einer Entwicklungsreihe, die vor ca. dreißig Jahren einsetzte und zu einer fast unüberschaubaren Vielzahl an trapezförmig gestalteten Blechen führte. Der Trapezform war zunächst die Sinuskurve vorausgegangen - allen geläufig als Wellblech. Während Wellbleche früher in kleinen - tauchverzinkten - Tafeln mehr handwerklich als maschinell geformt wurden, kommen Trapezprofile heute als hochwertig sendzimierverzinkte und kunststoffbeschichtete Bauteile im Durchlaufverfahren vom Band. Da das Ausgangsmaterial meist gleiche Breite hat, variieren die Breiten der unterschiedlich oft und verschieden hoch profilierten Bleche von ca. 75 bis 100 cm (Abb. 1.15). Die flacheren Bleche werden überwiegend für Wände im Industrie- und Hallenbau eingesetzt, die hohen (bis zu 16 cm), mit mehrfach gekanteten Stegen, überwiegend für Dächer. Die Stege können zusätzlich gelocht werden. Mit Steinwolle ausgelegt, dienen solche Trapezprofile dann zur Schalldämpfung in industriellen Fertigungsbetrieben mit hoher Lärmabstrahlung [10], [12].

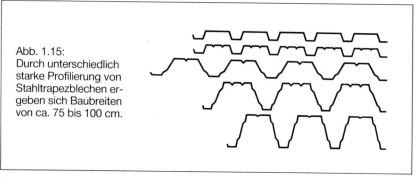

Abb. 1.15:
Durch unterschiedlich starke Profilierung von Stahltrapezblechen ergeben sich Baubreiten von ca. 75 bis 100 cm.

Trapezprofile können je nach Bedarf ein- oder zweischalig, mit oder ohne Wärmedämmung, für Dächer und Wände eingesetzt werden. Beispiele und Detailausbildungen siehe Stahlbau-Arbeitshilfe 44.2 [7] und Firmeninformationen [13].

Eine besondere Form gekanteter Bleche stellt das Kassettenprofil dar (Stahlbau-Arbeitshilfe 44.3, [7]). Das Kassettenprofil spannt horizontal von Stütze zu Stütze und ersetzt so die sonst üblichen Riegel aus Profil- oder Winkelstahl. Die 38 bis 145 mm tiefen Kassetten werden mit Wärmedämmplatten oder -matten ausgefüllt und erhalten auf der Außenseite eine zweite Schale aus senkrecht dazu verlaufenden Trapezprofilen als Wetterschutz. Die Halleninnenseite der Kassettenbleche ist nur geringfügig profiliert, dadurch bilden sie eine fast glatte Wandfläche, auf der sich kaum Staub ablagern kann. Auch diese Bleche können zur Schalldämpfung gelocht werden.

Die führenden Hersteller von Trapezprofilen haben bereits 1968 ein Institut gegründet, das die Anwendung dieser besonders wirtschaftlichen Bauweise durch Forschung und Entwicklung fördert [13].

Eine große Arbeitsersparnis stellen die Sandwichelemente dar, bei denen schon in der Fabrik zwei Schalen aus Trapezprofilen mit einer zwischenliegenden Wärmedämmung versehen werden. Durch PUR-Hartschaum mit einer Rohdichte von 40 bis 45 kg/cbm schubfest miteinander verbunden, können die unterschiedlich tief profilierten Bleche als selbsttragende Dach- und Wandelemente eingesetzt werden. Zu den bekanntesten auf dem deutschen Markt zählt das Fabrikat isodach/isowand von Hoesch (Abb. 1.16) [13].

Selbstverständlich bieten alle Hersteller zu ihren Dach- und Wandkonstruktionen eine Vielzahl an Formteilen für Leibungen, Firste, Eckausbildungen u.a. an.

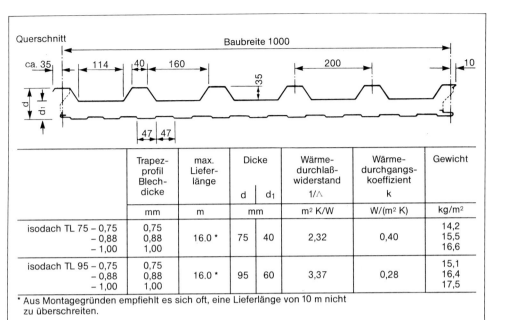

| Querschnitt | | Baubreite 1000 | | | | |

ca. 35 — 114 — 40 — 160 — 200 — 10

35

47 47

	Trapez-profil Blech-dicke	max. Liefer-länge	Dicke		Wärme-durchlaß-widerstand	Wärme-durchgangs-koeffizient	Gewicht
			d	d₁	1/∧	k	
	mm	m	mm		m² K/W	W/(m² K)	kg/m²
isodach TL 75	– 0,75	0,75	16.0 *	75	40	2,32	0,40	14,2
	– 0,88	0,88						15,5
	– 1,00	1,00						16,6
isodach TL 95	– 0,75	0,75	16.0 *	95	60	3,37	0,28	15,1
	– 0,88	0,88						16,4
	– 1,00	1,00						17,5

* Aus Montagegründen empfiehlt es sich oft, eine Lieferlänge von 10 m nicht zu überschreiten.

Abb. 1.16: Isoliertes Sandwichelement aus Trapezprofilen für Hallendächer, Hoesch-isodach.

1.12 Korrosionsschutz - Schutz und Farbe

Fast alle Baustoffe (Beton, Holz, Stahl, Stein u.a.) korrodieren, wenn sie der Witterung ausgesetzt sind. Stahl ist nicht durch Rost gefährdet, wenn die relative Luftfeuchtigkeit unter 65% liegt. Bei höherer Luftfeuchtigkeit - der Sauerstoff tritt mit dem Eisen an der Oberfläche des Stahls in Reaktion - ist Stahl gegen Korrosion zu schützen. Der Schutz erfolgt durch Beschichtungen oder Überzüge. Reine Luft erfordert auch bei höherer Luftfeuchtigkeit nur einen leichten, aggressive Luft dagegen einen erhöhten Schutz.

● *Korrosionsschutz von Stahl*

Die moderne Korrosionstechnik ist in der Lage, Stahl sicher und dauerhaft gegen Korrosion zu schützen. Darüber hinaus können mit dem Korrosionsschutz gestalterische Gesichtspunkte berücksichtigt werden. So schützen farbige Beschichtungen den Stahl vor Korrosion und gegen die oft vorhandene graue Monotonie im Bauen ab.

23

● *Korrosionsschutz nach Maß*

Wirtschaftliches Bauen heißt Anpassen des Korrosionsschutzes an die Erfordernisse der Umwelt und die Einsatzbedingungen, d.h.: Nur so viel Korrosionsschutz wie notwendig.

So sind z.b. unzugängliche Stahlbauteile im Freien dauerhafter zu schützen als zugängliche.

In Innenräumen ist meist nur ein geringer (z.b. eine Grundbeschichtung) oder gar kein Korrosionsschutz erforderlich.

Brandschutzbeschichtungen oder Betonumhüllungen können gleichzeitig die Funktion des Korrosionsschutzes übernehmen, so daß (außer bei Naßräumen) oft kein zusätzlicher Korrosionsschutz erforderlich ist.

Hohlbauteile (Rohre und zusammengesetzte Profile) und Hohlkästen (z.b. im Brückenbau oder bei Kranbahnen, z.T. begehbar) benötigen, wenn sie dicht geschlossen sind, im Innern keinen Korrosionsschutz.

● *Korrosionsschutzsysteme*

Korrosionsschutzsysteme bestehen aus

- ein bis vier Beschichtungen oder
- einem Überzug (Feuerverzinkung) oder
- einem Überzug mit ein bis zwei Beschichtungen (DUPLEX-SYSTEM), siehe Tabelle 4.

Tabelle 4	Aufgaben – Schichtdicken		
Anzahl der Schichten	Beschichtung – Überzug	Sollschichtdicke je Schicht in µm	Aufgaben
1	Fertigungsbeschichtung (FB)	15 – 25	Schutz der Stahlbauteile während Lagerung, Fertigung und innerbetrieblichem Transport
1 – 2	Grundbeschichtung (GB)	40 normal 80 DICK	Schutz der Stahloberfläche gegen Korrosion
1 – 2	Deckbeschichtung (DB)	40 normal 80 DICK	Schutz der Grundbeschichtung bzw. in besonderen Fällen der Feuerverzinkung vor aggressiven Stoffen
1	Feuerverzinkung (Stückverzinkung)	50 – 85 $(360 – 610 \text{ g/m}^2)$	Schutz der Stahloberfläche vor Korrosion
Bem.: normal = normale Beschichtungsstoffe DICK = dickschichtige Beschichtungsstoffe			

● *Überzüge*

bestehen aus einer metallischen Schicht - in Ausnahmefällen auch mehreren -, die auf die Stahloberfläche aufgebracht sind. Der im Stahlbau gebräuchlichste Überzug ist das Feuerverzinken, das in entsprechenden Bädern als Stückverzinken diskontinuierlich erfolgt [14].

● *Standzeit von Korrosionsschutzsystemen*

In normaler Atmosphäre hat ein Korrosionsschutzsystem eine Schutzdauer von 15 bis 20 Jahren. Nach Ablauf dieser Zeit ist meistens nur die Deckbeschichtung zu erneuern - ein kostengünstiger Weg zu einem verjüngten Erscheinungsbild. Im Innern von Gebäuden ist die Standzeit ohne Erhaltungsaufwand mit der Nutzungsdauer des Gebäudes identisch.

● *Korrosionsschutzplanung*

Korrosionsschutzsystem (Beschichtungen und/oder Überzüge), Oberflächenvorbereitung, Sollschichtdicken und Aufbringungsart der Beschichtungen müssen - vor allem bei größeren Bauvorhaben - rechtzeitig festgelegt werden. Dabei wird die Wahl des Korrosionsschutzsystems und die Ausführung der Korrosionsschutzarbeiten, insbesondere von folgenden Einflüssen (Korrosionsschutzparameter) bestimmt:

− Korrosionsschutzbeanspruchung,

− Art und spätere Zugänglichkeit der Konstruktion,

− Nutzungsdauer des Bauwerks,

− Ort, Zeit und Dauer für die Ausführung der einzelnen Beschichtungen,

− Witterungsschutz während der Korrosionsschutzarbeiten.

Heute verläßt kein Stahlbauteil mehr die Werkstatt, das nicht mit mindestens einer Grundbeschichtung - oft auch schon mit Deckbeschichtungen - versehen ist. In vielen Fällen ist es wirtschaftlicher, die Konstruktion schon vor der Montage fertig zu beschichten. Einrüstungen sind schwierig und teuer. Bei sorgfältiger Montage sind nur geringe Ausbesserungen an wenigen Stellen erforderlich. Die Mitgliedsfirmen des DSTV beherrschen die modernen Korrosionsschutzverfahren. Sie sind in der Lage, Planer und Bauherren bei der Auswahl eines wirksamen und wirtschaftlichen Oberflächenschutzes fachmännisch zu beraten und diesen auszuführen. Weitere Informationen geben die Stahlbau-Arbeitshilfen 1 bis 1.4 [7].

1.13 Stahl im Kreislauf

Es wurde schon erwähnt, daß Stahlbauten demontiert und an anderer Stelle wieder aufgebaut werden können. Stützen und Träger können meist nach nur geringer Bearbeitung neuen Zwecken zugeführt werden. Das war nach dem Krieg für viele Wiederaufbaumaßnahmen oft die einzige Lösung. Aber auch beim Abbruch eines Bauwerks behält Stahl seinen hohen Wert: Durch den Erlös beim Wiedereinschmelzen der Stahlteile können die Abbruchkosten erheblich gesenkt werden.

Heute werden rund 50% der Welt-Rohstahlproduktion aus Schrott erschmolzen. Das ist eine Recyclingrate, die von keinem anderen Werkstoff auch nur annähernd erreicht wird. Zum Vergleich dienen folgende Werte*:

Kunststoff	6,8%
Aluminium	38,3%
Papier	40,7%
Glas	43,2%
Eisen/Stahl	55,1%

1990 wurden 770 Mio t Rohstahl erschmolzen bei einem Schrotteinsatz von 425 Mio t. Stahl erfüllt in hohem Maße die Anforderungen nach Abfallvermeidung und Wiederverwendung. Dies gibt Planern und Bauherren die Sicherheit, einen umweltschonenden Werkstoff einzusetzen.

1.14 Informationsvielfalt

Im Laufe dieses Berichts wurden bereits zahlreiche Literaturhinweise gegeben bzw. Adressen genannt, bei denen weitere Informationen erhältlich sind. Die Anschriften der Mitgliedsfirmen des Deutschen Stahlbau-Verbandes in allen nunmehr 16 Bundesländern können beim DSTV erfragt werden, siehe bei [7]. Stahlbaufirmen werden nur nach Erfüllung strenger Qualitätsanforderungen Mitglied des Verbandes. Sie bieten daher Gewähr für einwandfreie Leistung nach modernsten Fertigungsmethoden. Es empfiehlt sich, diese Firmen aufzusuchen, einen Blick in die technischen Büros und Werkstätten zu tun, um von den vielfältigen Möglichkeiten moderner Stahlbaufertigung einen Eindruck zu gewinnen.

* Quelle: Bundesverband der Deutschen Rohstoffwirtschaft 1986/87

Literatur und Bezugsquellen

[1] Stahl-Informations-Zentrum   Breite Str. 69, 4000 Düsseldorf 1
Broschüren Reihe STAHL + FORM, Merkblätter

[2] Bauen mit Stahl, Einzelhefte kostenlos bei Stahlbau-Verband, siehe bei [7]

[3] DETAIL-Konstruktionstafeln, Einzelblätter und Sammelordner bei Stahlbau-Verlagsgesellschaft, siehe bei [4]

[4] DIN-Normen, erhältlich bei: Beuth-Verlag GmbH, Postfach 1145, 1000 Berlin 30

DASt-Richtlinie (Deutscher Ausschuß für Stahlbau), erhältlich bei Stahlbau-Verlagsgesellschaft, Ebertplatz 1, 5000 Köln 1

[5] Lieferverzeichnisse, Anschriftenverzeichnisse, siehe bei [1]

[6] Bundesverband Deutscher Stahlhandel, BDS, Graf-Adolf-Platz 12, 4000 Düsseldorf 1

[7] Stahlbau-Arbeitshilfen, kompletter Ordner DM 15,--. Kostenlose Nachlieferung durch Deutscher Stahlbau-Verband, Ebertplatz 1, 5000 Köln 1

[8] VEDh, Verein Deutscher Eisenhüttenleute, Filme und Dia-Serien gegen Leihgebühr, Informationszentrum Stahl und Bücherei, Sohnstr. 65, 4000 Düsseldorf 1

[9] Entwicklungsinstitut für Gießerei- und Bautechnik, Heckenweg 1, 7325 Bad Boll

[10] Idelberger K. in "Bauen mit Stahl, Entwerfen, Konstruieren, Gestalten", Karlheinz Schmiedel, Band 130 Kontakt und Studium, erhältlich bei Stahlbau-Verlagsgesellschaft, siehe bei [4]

[11] siehe Mitgliederverzeichnis DSTV

[12] Schmiedel: "Schallabsorbierendes, einschaliges, gedämmtes Dach an der neuen Pressehalle, Opelwerk Kaiserslautern", in "Lösungen mit Profil, Aus der Praxis für die Praxis", Bau '80, IFBS, Düsseldorf, siehe bei [13]

[13] Industrieverband zur Förderung des Bauens mit Stahlblech e.V., Max-Planck-Straße 4, 4000 Düsseldorf

[14] VDF Verband der Deutschen Feuerverzinkungsindustrie e.V., Sohnstraße 70, 4000 Düsseldorf 1

Hersteller von Walzstahlerzeugnissen, Stand März 1992

Hersteller von oberflächenveredeltem Band und Blech

(Z)   = Feuerverzinktes Band und Blech
(ZA) = GALFAN-Schmelztauchveredeltes Band und Blech
(ZE) = Elektrolytisch verzinktes Band und Blech
(OC) = Bandbeschichtetes Flachzeug
(BdSt) = Feuerverzinkter Bandstahl

Arn. Georg AG (BdSt)
Hofgründen 66 - 70
5450 Neuwied 1
Tel. (02631) 894-0
Fax: (02631) 894-352

Krupp Stahl AG (Z)
Alleestraße 165 (ZA)
4630 Bochum 1 (ZE)
Tel. (0234) 919-00
Fax. (0234) 919-54 88

Drahtwerk St. Ingbert GmbH (BdSt)
Postfach 11 40
6670 St. Ingbert 1
Tel. (06894) 104-0
Fax: (06894) 104-299

Stahlwerke (Z)
Peine-Salzgitter AG (ZA)
Eisenhüttenstr. 99 (ZE)
3320 Salzgitter (OC)
Tel. (05341) 21-1
Fax: (05341) 21 27 27

Hoesch Stahl AG (Z)
Rheinische Str. 173 (ZA)
4600 Dortmund 1 (ZE)
Tel. (0231) 844-1 (OC)
Fax: (0231) 844-67 77

Thyssen Stahl AG (Z)
Verkauf F + O (ZA)
Kaiser-Wilhelm-Str. 100 (ZE)
4100 Duisburg 11 (OC)
Tel. (0203) 52-1 (BdSt)
Fax: (0203) 52-2 84 72

Hersteller von Stabstahl

(O) = offene Profile (T-, U- und Winkelstahl)
(V) = Vollprofile (Rund-, Vierkant-, Sechskant- und Flachstahl)
(S) = Sonderprofile

Hoesch Stahl AG (O)
Postfach 902
4600 Dortmund 1
Tel. (0231) 844-1
Fax: (0231) 844-4400

Hoesch Hohenlimburg AG (S)
Profilwerk Schwerte
Eisenindustriestr.
5840 Schwerte
Tel. (02304) 106-1
Fax: (02304) 106-555

Hennigsdorfer Stahl GmbH (O)
Veltener Str. (V)
O - 1422 Hennigsdorf
Tel. (03302) 60
Fax: (03302) 44183

Klöckner Werke AG (V)
Georgsmarienhütte
Bessemerstr. 1
4500 Osnabrück
Tel. (0541) 322-1
Fax: (0541) 322-2662

Krupp Stahl AG (V)
Postfach 10 13 70
4630 Bochum 1
Tel. (0234) 919-00
Fax: (0234) 919-5488

Lech-Stahlwerke GmbH (V)
Industriestr. 1
8901 Meitingen-Herbertshofen
Tel. (08271) 82-0
Fax: (08271) 82-377

Mannstaedt-Werke GmbH (S)
Postfach 14 62
5210 Troisdorf
Tel. (02241) 84-1
Fax: (02241) 84-2735

Maxhütte
Unterwellenborn GmbH (O)
Thälmannstr.
O - 6806 Unterwellenborn
Tel. (03671) 41139
Fax: (03671) 41019

Neue Maxhütte Stahlwerke mbH (V)
Postfach 13 44
8458 Sulzbach-Rosenberg
Tel. (09661) 60-1
Fax: (09661) 60-750

Saarstahl AG (O)
Postfach 10 19 80 (V)
6620 Völklingen
Tel. (06898) 10-1
Fax: (06898) 10-4001

Sächsische Edelstahlwerke (V)
GmbH Freital
Hüttenstr. 1
O - 8210 Freital
Tel. (0351) 6460
Fax: (0351) 642048

Stahl- und Walzwerk (O)
Brandenburg GmbH (V)
Straße der Aktivisten
O - 1800 Brandenburg
Tel. (03381) 550
Fax: (03381) 303615

Stahl- und Walzwerk (O)
Riesa AG (V)
Dimitroffstr. 10
O - 8400 Riesa
Tel. (03525) 880
Fax: (03525) 3839

Thyssen Stahl AG (O)
Postfach 11 05 61 (V)
4100 Duisburg 11
Tel. (0203) 52-1
Fax: (0203) 52-25102

Trade ARBED (O)
Deutschland GmbH (V)
Postfach 10 01 24
5000 Köln 1
Tel. (0221) 5729-0
Fax: (0211) 5729-245

Walzwerk Finow GmbH (V)
Mühlenstr. 8
O - 1302 Eberswalde Finow 2
Tel. (03334) 550
Fax: (03334) 33174

Hersteller von Feinblech (F), Grobblech (G), Breitflachstahl (Bf)

Aktiengesellschaft der (G)
Dillinger Hüttenwerke
Postfach 158
6638 Dillingen/Saar
Tel. (06831) 47-0
Fax: (06841) 47-2212

EKO Stahl AG (F)
Werksstr. 1
O - 1220 Eisenhüttenstadt
Tel. (03364) 375-0
Fax: (03364) 375-44020

Hoesch Stahl AG (F)
Hörder Burgstr. 15 - 17 (G)
4600 Dortmund 30
Tel. (0231) 841-0
Fax: (0231) 844-7855

Hoesch Hohenlimburg AG (Bf)
Postfach 5308
5800 Hagen 5 (Hohenlimburg)
Tel. (02334) 88-1
Fax: (02334) 88-2288

Klöckner Werke AG (F)
Hütte Bremen (G)
Auf den Delben 35
2800 Bremen 21
Tel. (0421) 648-1
Fax: (0421) 648-2144

Krupp Stahl AG (F)
Postfach 10 13 70 G)
4630 Bochum 1
Tel. (0234) 919-00
Fax: (0234) 919-5488

Lemmerz-Werke KGaA (Bf)
Postfach 1120
Ladestr.
5330 Königswinter 1
Tel. (02223)71-0
Fax: (02223) 71-515

Stahl- und Walzwerk (G)
Brandenburg GmbH
Betriebsteil Kirchmöser
Schulstr.
O - 1802 Brandenburg-Kirchmöser
Tel. (03381) 55-0
Fax: (03381) 303615

Stahlwerke (F)
Peine-Salzgitter AG (G)
Postfach 41 11 80
3320 Salzgitter 41
Tel. (05341) 21-1
Fax: (05341) 21-3260

Thyssen Stahl AG (F(
Postfach 11 05 61 (G)
4100 Duisburg 11
Tel. (0203) 52-1
Fax: (0203) 52-28472

Walzwerk Ilsenburg GmbH (G)
Veckenstedter Weg
O - 3705 Ilsenburg
Tel. (039452) 85315
Fax: (039452) 8161

2. Verbund im Hochbau

J. Lange

2.1 Entwicklung des Verbundprinzips

Was wir heute allgemein als Verbundbauweise bezeichnen, kann sowohl technisch, als auch aus der historischen Entwicklung als die kleine Schwester des Stahlbetons bezeichnet werden. Im Gegensatz zum Stahlbeton, bei dem biegeweicher Rundstahl den Beton verstärkt, arbeitet der

Abb. 2.1: Ein Tragwerk in Verbundbauweise

Verbundbau mit Stahlprofilen, die eine hohe Eigensteifigkeit besitzen. Dadurch ergeben sich große Vorteile für Herstellung, Montage und Nutzung.

Die Wurzeln des Verbundbaus reichen bis in das Jahr 1875, in dem der Engländer Ward Experimente an einem Unterzug mit einem einbetonierten I-Profil durchführte. Erst knapp zehn Jahre früher hatte der Franzose Monier ein Patent für die Bewehrung von Beton erhalten! Aus dem Jahre 1894 sind zwei Bauwerke in Verbundbauweise bekannt, die beide in den USA erstellt wurden: die Brücke von Rock Rapids (nach einem Patent von Melan) und das Methodist Building in Pittsburg. Dieses Bauwerk wurde unfreiwillig der frühe Beweis für die Feuerwiderstandsfähigkeit von Verbundbauwerken, als es drei Jahre nach seinem Entstehen einen Brand überstand.

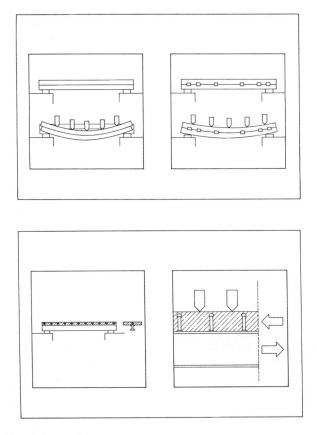

Abb. 2.2: Das Verbundprinzip

Unabhängig von der Verbundträgerentwicklung wurden Stützen mit einbetonierten Walzprofilen untersucht. Stand bei den Trägern von Anfang an die optimale Werkstoffkombination - Stahl auf Zug, Beton auf Druck - im Vordergrund, war es bei den Stützen zuerst der Brandschutz. Bereits 1888 untersuchte man mit Mörtel ummantelte gußeiserne Stützen. Natürlich merkte man bald, daß dieser Mörtel die Tragfähigkeit erhöht, was sich schnell in den Bemessungsregeln niederschlug. Aber erst in den sechziger Jahren nutzte man I-Profile als Schalung. Dies war der Anfang für die heute in Deutschland wegen ihrer Wirtschaftlichkeit und funktionalen Vorteile weit verbreiteten Profilverbundtechnik. Schnell wurde diese Technik auch auf Träger übertragen, da mit ihr eine hohe Feuerwiderstandsdauer erzielt werden kann.

Abb. 2.3: Verbundstützentypen

Verbundstützen können auch aus betongefüllten Hohlprofilen hergestellt werden, wobei der Stahl vollständig sichtbar bleibt - eine architektonisch sinnvolle Lösung. Der Stahlbaucharakter kann aber auch mit ausbetonierten I-Profilen erzielt werden, wenn der Beton leicht zurückgesetzt wird oder eine Schattenfuge mit Dreikantprofilen eingebaut wird. Die hierbei entstehenden Absätze können bei Unterzügen und Deckenträgern von den Ausbaugewerken zum Anklemmen von Installationen verwendet werden.
Ursprung der Verbunddecke sind Trapezbleche, denen man durch eine Betonbeschichtung bessere bauphysikalische Eigenschaften gab oder die als verlorene Schalung den Beton bis zu dessen Erhärten trugen. Bald wurde das Blech als Bewehrung des Aufbetons entdeckt, und die weitere Forschung konzentrierte sich darauf, den Verbund zwischen Blech und Beton zur Übertragung der Schubkräfte zu optimieren.

Zwar ist das Blech im Brandfall scheinbar einer vollständigen Beflammung ausgesetzt, da es an der Unterseite des Deckenquerschnittes liegt, mit einer hinterschnittenen Geometrie gelingt es jedoch, viel Material im Beton einzuhüllen. Infolgedessen sind viele Verbunddecken feuerbeständig. Die Bleche mit hinterschnittener Geometrie besitzen auch für die Ausbaugewerke einen großen Vorteil:

sie liefern unzählige Ankerschienen für die Abhängung aller denkbaren Installationen. Bohren und Dübeln kann entfallen.

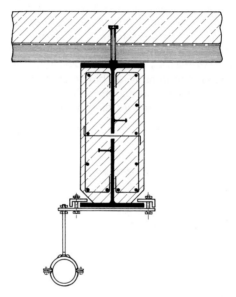

Abb. 2.4: Befestigung einer Rohrleitung an einem Verbundträger

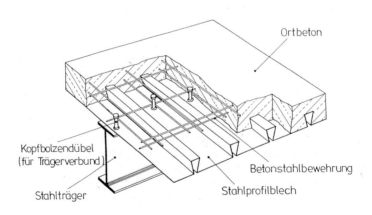

Abb. 2.5: Aufbau einer Verbunddecke

2.2 Wirtschaftlichkeit

Dem Stand der Technik sei noch ein kurzes Kapitel über die Wirtschaftlichkeit und die wichtigsten Anwendungsgebiete vorangestellt.

Der Verbundbau ist ein hervorragendes Beispiel dafür, wie unter Beachtung **aller** Bau- und Folgekosten das für die gesamte Nutzungsdauer kostengünstigste Tragwerk ermittelt werden kann.

Es sind drei Hauptgründe, die immer wieder zur Entscheidung für den Verbundbau führen:

1. Bauablauf
   - geringe Baustelleneinrichtung,
   - industrielle Vorfertigung,
   - kurze Montagezeit,
   - weitgehende Witterungsunabhängigkeit.

2. Kleine Querschnitte bei Trägern und Stützen
   - größere nutzbare Flächen in der Deckenebene, besonders in der Längs- und Querrichtung als durchgängig nutzbare Fläche.
   - Große Spannweiten der Träger ohne Stützen möglich.
   - Durch die geringe Bauhöhe der Träger verringert sich das zu klimatisierende Volumen und die Fassadenfläche.

3. Flexibilität und Installationsmöglichkeiten
   - Ankerschienen überall in der Decke.

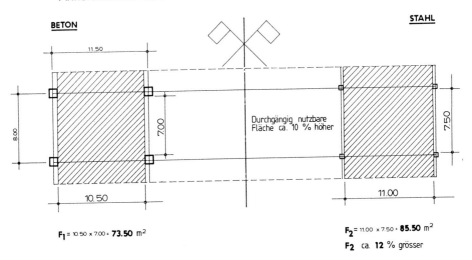

$F_1 = 10.50 \times 7.00 = \mathbf{73.50} \ m^2$

$F_2 = 11.00 \times 7.50 = \mathbf{85.50} \ m^2$

F_2 ca. **12** % grösser

Abb. 2.6: Nutzflächengewinn durch Verbundstützen:
Im Mittel erhöht sich die durchgängig nutzbare Fläche um 10% bzw. könnte das Gebäude entsprechend verkleinert werden.

35

- Träger und Stützen haben freie Flansche zum Befestigen (Klemmen, Schweißen, Schrauben) von Konsolen, Laufkatzen, Bühnen oder sonstigen Installationen.
- problemlose Verstärkung von Trägern und Stützen bei Lasterhöhung.

In Deutschland werden Verbundbauten hauptsächlich in folgenden Bereichen eingesetzt:

– Industriebau, da dort große Spannweiten und große Lasten auftreten.

– Parkhäuser: bei der großen, stützenfreien Spannweite (ca. 16 m) sind Verbundträger die wirtschaftlichste Bauweise. Bei oberirdischen Anlagen ist weder für Träger noch für Stützen ein Brandschutz erforderlich!

– Krankenhäuser: wegen des hohen Installationsgrades ist die Verbundbauweise im technischen Bereich von Krankenhäusern die optimale Lösung.

– Verwaltungsgebäude: bei den üblichen Bürogebäuden ist die Spannweite (7 m) für die volle Ausnutzung der Verbundbauweise zu gering. Immer mehr Bauherren gehen jedoch dazu über, ihre Bauten für heute noch unbekannte zukünftig Nutzungen zu konzipieren. Durch die daraus folgenden größeren Spannweiten wird auch der Verbundbau attraktiver.

– Kaufhäuser: wegen der teuren Innenstadtlagen ist hier der Bauzeitfaktor (Zinsen für das Grundstück) sehr bedeutend. Hinzu kommt der geringe Platzbedarf für die Baustelleneinrichtung, ein Kennzeichen für den Stahlbau allgemein.

Die Vielzahl von zur Verfügung stehenden Materialien (leichte bis schwere Walzprofilreihen und Schweißprofile) und die Abstufung der Stahlqualität (St 37, St 52 und StE 460) geben die Möglichkeit, auf praktisch alle Anforderungen zu reagieren.

2.3 Stand der Technik

2.3.1 Träger

Je nach Spannweite und Belastung werden Einfeld- oder Durchlaufträger ausgeführt. Als Betongurt kann eine Ortbetonplatte, ein Stahlbetonfertigteil, ein Teilfertigteil mit Aufbeton oder eine Verbunddecke genutzt werden.

Bei gedrungenen Querschnitten darf die Schnittgrößenermittlung nach der Fließgelenktheorie, d.h. mit Ausnutzung der Momentenumlagerung, durchgeführt werden. Dies führt zur optimalen Momentenverteilung, da die Momente in die Feldmitte gezogen werden können, wo der Verbundquerschnitt seine Eigenschaften optimal zum Wirken bringt.

36

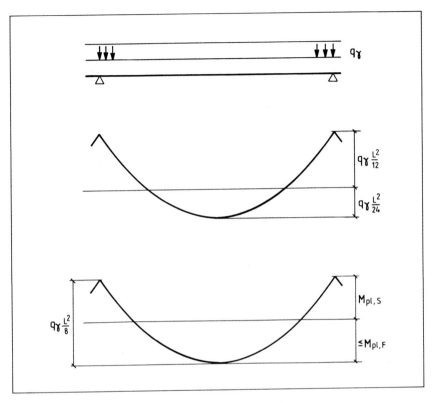

Abb. 2.7: Schnittgrößen an einem Durchlaufträger nach

a) Elastizitätstheorie,
b) Fließgelenktheorie.

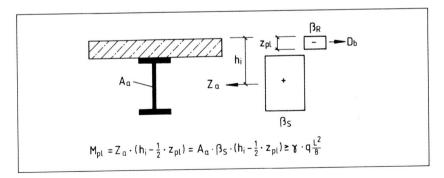

$$M_{pl} = Z_a \cdot (h_i - \tfrac{1}{2} \cdot z_{pl}) = A_a \cdot \beta_S \cdot (h_i - \tfrac{1}{2} \cdot z_{pl}) \geq \gamma \cdot q \tfrac{L^2}{8}$$

Abb. 2.8: Ermittlung des vollplastischen Momentes in Feldmitte

Bei weniger gedrungenen Querschnitten (der Eurocode gibt hier Grenzwerte in Form von b/t- und h/s-Verhältnissen) darf man zwar die Querschnittswerte vollplastisch ermitteln, die Schnittgrößenumlagerung darf jedoch nicht berücksichtigt werden.

Der früher erforderliche Spannungsnachweis unter Berücksichtigung von Kriechen und Schwinden, der wegen der Bauzustände sehr aufwendig ist, kann heute entfallen. Nur bei sehr schlanken Querschnitten, wie sie allerdings nur im Brückenbau auftreten, oder wenn eine genaue Berechnung der Rißbreiten erforderlich ist, muß noch auf ihn zurückgegriffen werden.

Besondere Beachtung muß der Verbundfuge geschenkt werden. Für die Verbindung von Stahl und Beton stehen zwar eine ganze Reihe von Mitteln zur Verfügung, als wirtschaftlich und technisch günstigstes hat sich jedoch der Kopfbolzendübel erwiesen.

Er wird in der Regel im Werk aufgeschweißt. In England und den USA wird die Durchschweißtechnik angewendet, mit deren Hilfe die Dübel erst auf der Baustelle durch die vorher verlegten Verbunddeckenbleche geschweißt werden. Das Verfahren hat den Vorteil, daß das Verlegen der Bleche wesentlich vereinfacht wird. Nachteile sind die Witterungsabhägigkeit und Probleme beim Durchschweißen von Beschichtungen (Korrosionsschutz). Weiterhin muß man bedenken, daß in der Werkstatt die hohen Qualitätsanforderungen an eine Schweißverbindung leichter befriedigt werden können als auf einer Baustelle.

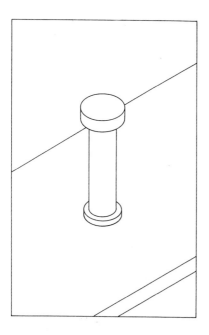

Ein großer Vorteil des Kopfbolzendübels ist seine Fähigkeit, Lasten auf benachbarte Dübel umzulagern. Sie erlaubt - in vorgegebenen Grenzen - die Dübel gleichmäßig über den Träger zu verteilen. Natürlich sollte hierbei eine Anpasung an den Querkraftverlauf angestrebt werden. Bei der Verwendung von Verbunddecken ist der Dübelabstand durch den Abstand der Sicken vorgegeben, so daß in diesem Fall die gleichmäßige Dübelverteilung einen großen Vorteil darstellt.

Abb. 2.9: Kopfbolzendübel

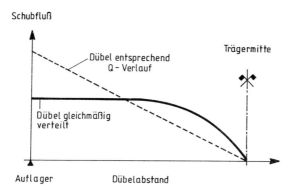

Abb. 2.10: Schubkraftverlauf in der Verbundfuge

2.3.2 Decken

Verbunddecken verwenden dasselbe Tragprinzip wie Träger: das Profil übernimmt im Endzustand die Zugkräfte, nachdem es im Bauzustand den Beton unterstützt hat. Der wiederum übernimmt die Druckkräfte. Wenn erforderlich, kann eine Deckenebene in Verbund ohne jegliche Montageunterstützung gebaut werden. Die Vorteile für die Baugeschwindigkeit liegen auf der Hand. Folgegewerke können früh und unbehindert mit ihrer Arbeit beginnen. Bei großen Geschoßhöhen kann auf aufwendige und teure Rüsttürme verzichtet werden.

Zu beachten ist, daß bei sehr hohen Blechprofilen die Tragfähigkeit der Kopfbolzendübel abgemindert wird.

2.3.3 Stützen

Die Bemessung von Verbundstützen erfolgt nach der Traglasttheorie, d.h. auch hier gibt es keinen Spannungsnachweis mehr. Ausgehend von den vollplastischen Querschnittswerten und der Knicklänge, erfolgt der Nachweis mit Hilfe der europäischen Knickspannungskurven, also analog zum Nachweis von Stahlstützen nach DIN 18800.

Selbst einfachsymmetrische Querschnitte oder eine Beanspruchung durch zweiachsige Biegung sind kein Problem.

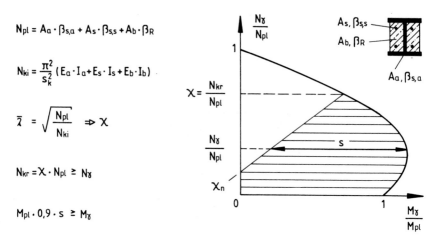

$$N_{pl} = A_a \cdot \beta_{s,a} + A_s \cdot \beta_{s,s} + A_b \cdot \beta_R$$

$$N_{ki} = \frac{\pi^2}{s_k^2} (E_a \cdot I_a + E_s \cdot I_s + E_b \cdot I_b)$$

$$\bar{\lambda} = \sqrt{\frac{N_{pl}}{N_{ki}}} \Rightarrow X$$

$$N_{kr} = X \cdot N_{pl} \geq N_\delta$$

$$M_{pl} \cdot 0{,}9 \cdot s \geq M_\delta$$

Abb.2.11: Bemessung von Verbundstützen

2.3.4 Anschlüsse

Während beim Einfeldträger einfache Querkraftanschlüsse möglich sind, gibt es beim Durchlaufträger für den Bereich des Stützmomentes viele unterschiedliche Lösungen.

Der einfachste Anschluß ist möglich, wenn das Stahlprofil durchlaufen kann. Eine Bewehrungszulage in der Deckenplatte erhöht die Tragfähigkeit und sorgt für eine Verteilung der Risse. Liegen die Oberkanten der Deckenträger und Unterzüge auf gleicher Höhe oder muß der Träger an einer Stütze gestoßen werden, so kann die Querkraft mit Knaggen oder Stegblechen abgetragen werden. Das Biegemoment wird in ein Kräftepaar zerlegt, dessen Zugkomponente von einer auf der Baustelle aufzuschweißenden Stahllasche und/oder einer Bewehrungszulage in der Deckenplatte aufgenommen wird. Die Druckkomponente wird mit Kontakt übertragen. Reicht dies nicht aus, so kann auch eine Drucklasche angeschweißt werden.

2.3.5 Rahmen

Die Aussteifung von Verbundbauwerken erfolgt am kostengünstigsten mit Verbänden oder über Treppenhauskerne. Dies ist jeoch nicht immer möglich, da oft betriebliche Belange einem Verband entgegenstehen und aussteifende Kerne nicht in ausreichender Größe oder Anzahl vorhanden sind.

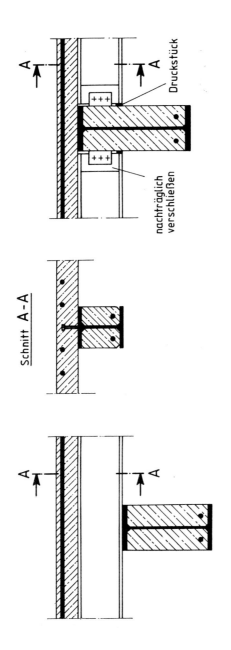

Abb. 2.12: biegesteife Anschlüsse
links: durchlaufendes Stahlprofil
rechts: Laschenanschluß mit Druckstück und Zugbewehrung

41

In diesen Fällen können Verbundstützen und Träger biegesteif zu einem Rahmen gekoppelt werden. Da es sich in diesem Fall um ein verschiebliches System handelt, ergeben sich zwar für die Stützen sehr große Knicklängen, wegen der großen Tragfähigkeit und Steifigkeit von Verbundbauteilen lassen sich Verbundrahmen jedoch mit vergleichsweise kleinen Querschnitten realisieren.

2.3.6 Vorteile für den Ausbau

Neben den bereits oben beschriebenen Vorteilen für den Ausbau ist noch zu erwähnen, daß Verbundbauten auch in Bezug auf die Bauhöhe optimale Randbedingungen anbieten. Öffnungen für Installationen aller Art stellen kein Problem dar, wenn auch wegen der Erwärmung im Brandfall für den Restquerschnitt bestimmte Mindestabmessungen eingehalten werden sollten. Statisch günstig sind runde Durchbrüche, die möglichst nicht zu nah am Auflager verlaufen sollten.

Ist der Installationsgrad sehr hoch, so sollte eine gestapelte Trägerlage eingesetzt werden. Sie bietet in beide Richtungen großen Freiraum, hat aber den Nachteil, daß die untere Trägerlage nicht im statisch besonders günstigen Verbund mit der Decke steht.

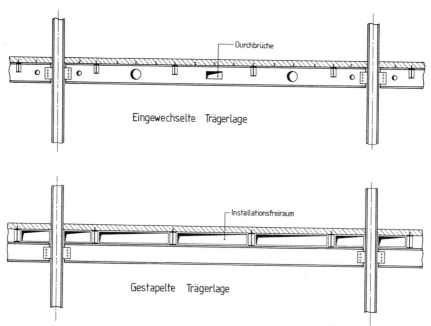

Abb. 2.13: Freiräume für Installationen bei
a) gestapelter, b) eingewechselter Trägerlage

2.4 Normen und Literatur

Zur Zeit ist die Normung von Verbundteilen auf unterschiedliche Vorschriften verteilt. Grundlage der Verbundträger ist die "Richtlinie zur Bemessung und Ausführung von Stahlverbundträgern" aus dem Jahre 1981, die 1984 und 1991 erweitert und ergänzt wurde. Für Verbundstützen gilt die DIN 18806, Teil 1, und Verbunddecken bedürfen gegenwärtig einer bauaufsichtlichen Zulassung. Es liegt jedoch bereits ein Entwurf zum Eurocode 4 vor, in dem alle Verbundbauteile europaweit genormt werden. Mit seiner bauaufsichtlichen Einführung ist demnächst zu rechnen.

Es würde den Rahmen des vorliegenden Aufsatzes sprengen, wenn zusätzlich zu den allgemeinen Ausführungen über den Verbundbau noch ausgeführte Projekte vorgestellt würden. Deshalb werden dem daran interessierten Leser im folgenden einige Literaturquellen mitgeteilt, in denen er praxisnahe Berichte über Verbundbauwerke findet:

H. Muess / W. Schaub: Feuerbeständige Stahlverbundfertigteile - Eine neue Bauweise für den mehrgeschossigen Industriebau. Stahlbau 3/1985

D. Spang / R. Hass: Das Doppelinstitut IWF/IPK in Berlin. Stahlbau, 9/1986

W. Gehm / H. Muess / W. Schaub: Neubau eines mehrgeschossigen Werkstattgebäudes in Stahlverbundbauweise für das Forschungs- und Ingenieurzentrum der BMW AG. Stahlbau, 9/1987

R. Braschel / S. Schmid: Das Parkhaus P 10 am Flughafen Stuttgart in Verbundbauweise. Bauingenieur, 1989

H.-W. Mascioni / H. Muess / H. Schmitt / U. Seidel: Schraubenloser Verbundbau beim Neubau des Postamtes 1 in Saarbrücken. Stahlbau 3/1990

Stahl-Informations-Zentrum (Herausgeber):
Neue Wege im Stahl- und Verbundbau, 1991

Landesmuseum für Technik und Arbeit, Mannheim, Stahl und Form 1991

Parkhaus Lederstraße, Reutlingen. Stahl und Form 1989

P. Lieberum: Neubau eines achtgeschossigen Büroturmes als Hängehaus in Stahlverbundbauweise. Stahlbau 11/1991

E: Jöst / G. Hanswille / R. Heddrich / H. Muess / D.A. Williams: Die neue Opel-Lakkiererei in Eisenach in feuerbeständiger Verbundbauweise. Stahlbau 1992

Video-Film "Bauen mit Stahl-Verbund", Verleih durch: Verein Deutscher Eisenhüttenleute, Düsseldorf

Parkhaus Bahnhof Albstadt
Architekten: Hochbauamt Albstadt und Siegel, Wonneberg & Partner,
Foto: Archiv DSTV

3. Parkhausbau in Stahlverbundbauweise

Volkmar Bergmann / Fernando Kochems

3.1. Einleitung

Die Entscheidungen zum Bau von Parkhäusern resultieren ausschließlich aus der vielfältigen Problematik, die der Individualverkehr mit sich bringt. Bereits mit der ersten deutschen "Motorisierungswelle" wurde die Parkraumnot in den Zentren unserer Großstädte so deutlich, daß man Mitte der 50er Jahre die ersten größeren Parkhausbauten erstellte. Hierbei konnte man sich an den unterschiedlichsten Parkhaustypen orientieren, mit denen schon seit ca. 1935 in Nordamerika versucht wurde, den Individualverkehr und den Mangel an innerstädtischem Parkraum in den Griff zu bekommen.

Wurde noch Anfang der 80er Jahre von einem linearen Zuwachs der Personenkraftfahrzeuge ausgegangen, sieht man sich heute, nach dem "Zweitwagen", mit dem Trend zum "Drittwagen" konfrontiert.

Mit dieser Entwicklung sinkt notwendigerweise die durchschnittliche Kilometerleistung eines Pkw's - 1970 noch etwa 15.000 km/Jahr - auf den heutigen Wert von weniger als 12.000 km/Jahr. Setzt man ferner die ermittelte Durchschnittsgeschwindigkeit eines Pkw's von ca. 35 km/h an, ergibt dies eine durchschnittliche Fahrzeit von nur einer Stunde pro Tag, d.h. ein Kraftfahrzeug nimmt ca. 95% seiner Lebenszeit teuren und äußerst knappen Parkraum in Anspruch.

Die steigende Nutzungsintensität der innerstädtischen Baugebiete, die dringend notwendige Reduzierung des Individualverkehrs insbesondere in den Stadtzentren und die ständig steigenden Grundstückspreise zwingen die Verantwortlichen zur raum- und flächensparenden, rationellen und wirtschaftlichen Einordnung des ruhenden Verkehrs ins Stadtgefüge.

3.2. Kosten / Finanzierung

Ein wesentlicher Aspekt bei der Entscheidungsfindung zur Anordnung von Stellplätzen beim Bau von Parkhäusern sind die Kosten.

Die finanziellen Mittel zur Realisierung sind von der öffentlichen Hand nur selten aufzubringen. Private und gewerbliche Bauherren sind oft bei der Finanzierung überfordert oder setzen Prioritäten für primäre Bau- und Investitionsmaßnahmen.

Diese Aufgaben werden von Investoren oder von Unternehmen wahrgenommen, die Parkhäuser bauen und betreiben. Die Voraussetzung ist, daß mit den Einnahmen von Parkgebühren die Investition und die Betreibung wirtschaftlichen Erfolg versprechen. Dieser resultiert aus:

- den Grundstückskosten
- den Gestehungskosten
- der Bauzeit
- den Unterhaltungskosten
- der Akzeptanz
- der Lage
- der Benutzerfreundlichkeit
- den Erweiterungs-, Umbau- und Rückbaumöglichkeiten

im Sinne der ganzheitlichen Wirtschaftlichkeitsanalyse.

Als Richtwerte der Gestehungskosten lassen sich folgende Stellplatzpreise nennen:

- ebenerdiger Stellplatz nicht überdacht: ca. DM 1.500,--
- eingeschossiges Parkdeck: ca. DM 10.000,--
- mehrgeschossiges Parkhaus,
  je nach Fassadengestaltung und
  Ausstattung: ca. DM 8.000,-- bis 15.000,--
- Tiefgarage: ab DM 25.000,--

3.3 Herleitung der Stellplatzvarianten

In Abhängigkeit der Benutzerstruktur und der zur Verfügung stehenden Grundstücksgröße wird im wesentlichen zwischen 3 Bauwerksformen zur konzentrierten Unterbringung von Stellplätzen unterschieden:

a) **Das eingeschossige Parkdeck** erweist sich als wirtschaftlich für einen Bedarf von ca. 100 - 350 Stellplätzen für mittelständige Industrieunternehmen, Park + Ride-Anlagen sowie außerstädtische Einkaufszentren bei niedrigen Grundstückskosten.

b) **Mehrgeschossige Parkhäuser** sind ab einer Größenordnung von ca. 350 Stellplätzen wirtschaftlich.

Parkhäuser für Mitarbeiterstellplätze, vor allem im Bereich der Großindustrie, erreichen nicht selten eine Größenordnung von mehr als 2.000 Stellflächen. Auch bei der Planung von großen Wohnkomplexen und innerstädtischen Einkaufszentren werden zunehmend mehrgeschossige Parkhäuser dieser Größenordnung notwendig und behördlich vorgeschrieben.

c) **Unterirdische Parkmöglichkeiten** werden meist dann ausgeführt, wenn Stellflächen für Bürokomplexe, Wohneinheiten oder Kaufhäuser in innerstädtischen Lagen mit beschränkter Grundstücksfläche erforderlich werden. Die kostenintensive Faktoren für diese Bauweise sind:

- aufwendige Gründungs- und Wasserhaltungsmaßnahmen
- Brandschutzvorkehrungen in konstruktiver und präventiver Hinsicht
- wartungsintensive, mechanische Lüftungsanlagen

d) **Stellflächen auf Dächern** vor allem für Supermärkte oder ähnliche Gewerbeflächen gewinnen zunehmend an Attraktivität.

3.4. Planerische Einflußgrößen

Die folgenden Betrachtungen beschränken sich auf Parkdecks und oberirdische Parkhäuser.

Die maßgeblichen Einflußgrößen für die Form des Parkhauses sind die zur Verfügung stehende Grundstücksfläche und der Stellplatzbedarf.

Die zur Verfügung stehende Grundstücksgröße ergibt nach Abzug der Flächen für Verkehrswege die Anzahl der Stellplätze pro Geschoß. Aus der Stellplatzzahl pro Geschoß und dem Gesamtstellplatzbedarf resultiert die Anzahl der Geschosse.

Eine für diese Ermittlung ausschlaggebende Größe ist die Parkplatzbreite. Das Mindestmaß der Parkplatzbreite von 2,30 m regeln die Garagenverordnungen der Länder.

Ein Anhaltspunkt zur Festlegung der Stellplatzbreite ist die Benutzerstruktur, auf die später noch näher eingegangen wird. In Abhängigkeit von der gewählten Stellplatzbreite, dem Aufstellwinkel zur Fahrspur und der Festlegung, ob Einbahn- oder Gegenverkehr zulässig ist, ergibt sich die Fahrspurbreite. Bei rechtwinklig zur Fahrgasse angeordneten Stellplätzen beträgt die Länge des Stellplatzes 5,00 m. Aus diesen Ermittlungen ergibt sich das Raster von je 2 Stellplatzlängen und der Fahrspurbreite.

Die Rastermaße (s. Abb. 3.1), bestehend aus 2facher Stellplatzlänge und der entsprechenden Fahrspurbreite, werden durch die Stahlverbundbauweise stützenfrei überspannt. Die Abstände der Stützen in Längsrichtung richten sich sinnvollerweise nach der Breite des Stellplatzes oder einem Vielfachen dieses Wertes. In der Regel werden Abstände von 2,50 m, 5,00 m oder 7,50 m ausgeführt, wobei die zulässige Bodenpressung zu berücksichtigen ist.

Die Gründung erfolgt üblicherweise mittels Einzel- oder Streifenfundamente.

STELLPLÄTZE und FAHRGASSEN

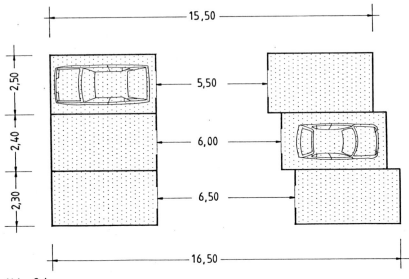

Abb. 3.1

Die Geschoßhöhe ist abhängig von der lichten Höhe, die die Garagenverordnungen der Länder regeln (z.B. Baden-Württemberg h min = 2,00 m) und der Konstruktionshöhe. Im Stahlverbundbau wird bei stützenfreier Überspannung des 16-m-Rasters eine Geschoßhöhe von 2,75 m im Allgemeinen nicht überschritten.

In der Anordnung der Parkebenen werden zwei Systeme unterschieden: (s. Abb. 3.2)

1. Parkebenen mit durchgehend gleicher Höhe, die bei einer durchschnittlichen Geschoßhöhe von 2,75 m und einer zulässigen maximalen Rampenneigung von 15% eine Rampenlänge von ca. 18,30 m erforderlich macht. Dies bedeutet, daß die Rampen außerhalb der Parkbereiche angeordnet werden. Die Vergrößerung des Grundflächenbedarfs des Parkhauses muß damit in Kauf genommen werden.

2. Die höhenversetzte Bauweise, auch bekannt als d'Humy-System, entsteht durch Verschiebung der Teilebenen um eine halbe Stockwerkshöhe. Der entscheidende Vorteil besteht in der Ausführung von wesentlich kürzeren Rampenlängen, der Anordnung von Rampen innerhalb der Parkbereiche, somit einer optimalen Nutzung der Grundfläche und besserem Fahrkomfort.

48

GRUNDRISS HALBRAMPE

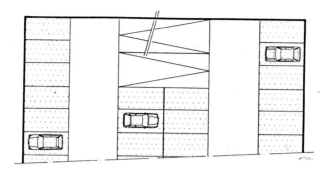

SCHNITT HALBRAMPE

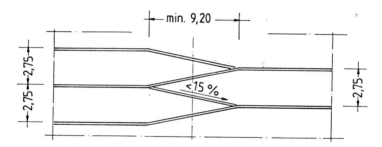

SCHNITT GESCHOSSRAMPE

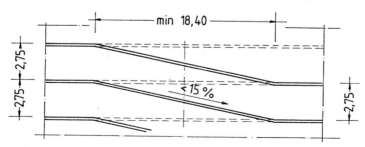

Abb. 3.2

Bei der Planung von Parkhäusern wird dringend empfohlen, die **Benutzerstruktur** zu berücksichtigen.

Die Stellplatzbreite als Grundmaß des Rasters wird durch den Personenkreis der Benutzer bestimmt.

Handelt es sich um ein Mitarbeiter-Parkhaus - also ortskundige Nutzer -, so ist durchaus die Mindestbreite von 2,30 m zumutbar.

Ist das Parkhaus der Öffentlichkeit - also ortsunkundigen Nutzern - zugänglich oder bestimmt für ein Einkaufszentrum, so sollte eine großzügige Stellplatzbreite zur Ausführung kommen, denn problemloses Ein- und Ausparken und Be- und Entladen der Fahrzeuge fördern die Akzeptanz der Parkhausbenutzer.

Ob ein Parkhaus vom Fahrzeuglenker angenommen wird, die planerischen Sollwerte zur Parkplatzbelegung erfüllt sind und damit die Amortisation der Baukosten im zu erwartenden Zeitraum zu realisieren ist, hängt wesentlich von der Akzeptanz der Nutzer ab.

Die Planung sollte ferner den zu erwartenden Fahrzeugwechsel pro Zeiteinheit berücksichtigen. Es wird wie folgt unterschieden:

– kontinuierlicher Parkplatzwechsel
– Langzeitparker
– Stoßzeiten
– Kombination dieser Benutzerfrequenzen

Das Ergebnis dieser Betrachtungen führt damit konsequent zur Festlegung der Verkehrsführung und der Rampenanordnung. Als Beispiel seien hier zwei Extremfälle näher beschrieben.

1. Extreme Stoßzeiten

Ein Parkhaus für ein Industrieunternehmen mit ca. 1.000 Stellplätzen sollte gewährleisten, daß zum Arbeitsbeginn die Mitarbeiter schnellstmöglich ihre Fahrzeuge plazieren und zum Feierabend binnen kurzer Zeit das Parkhaus verlassen können. Hierzu wird erforderlich, daß die Verkehrswege zwischen den einzelnen Ebenen sehr kurz gehalten werden. Es entstehen mehrere Rampeneinheiten mit breiten Fahrspuren, die nahe beieinander liegen. Aus Gründen des Fahrkomforts und den zu berücksichtigenden Radien sollten zwischen den Rampenblöcken mindestens 4 Stellplätze angeordnet sein. Durch diese Maßnahme wird sichergestellt, daß der Benutzer auf kürzestem Wege seinen Parkplatz erreicht und zu einem späteren Zeitpunkt das Parkhaus schnellstmöglich verlassen kann, ohne daß er die jeweiligen Parkebenen in der gesamten Länge befahren muß (s. Abb. 3.3).

VERKEHRSFÜHRUNG
mit KURZEM AUSFAHRWEG

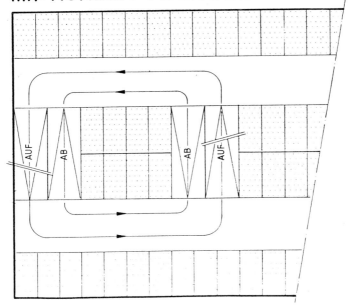

Abb. 3.3

2. Kontinuierlicher Parkplatzwechsel

Das innerstädtische öffentliche Parkhaus ist das typische Beispiel für diskontinuierliche Benutzerfrequenz. Während der Geschäftszeiten findet ein kontinuierlicher Parkplatzwechsel statt. Gleichzeitig werden Stellflächen von Dauerparkern gemietet, z.b. tagsüber von Geschäften und Büros bzw. nachts von Anliegern. Für diesen Verwendungszweck reicht es aus, eine, gegebenenfalls zwei Rampeneinheiten in den äußeren Bereichen des Parkhauses anzuordnen. Der Benutzer durchfährt, um von einer zur nächsten Ebene zu gelangen, sämtliche Parkplatzbereiche (s. Abb. 3.4).

Einer Kombination dieser Benutzerfrequenzen kann dementsprechend mit der Kombination der Rampensysteme begegnet werden.

Neben der Planung des Baukörpers, der Anordnung der Stellflächen, der Verkehrswege, der Rampen und der Gestaltung der Ein- und Ausfahrten

51

VERKEHRSFÜHRUNG
mit LANGEM AUSFAHRWEG

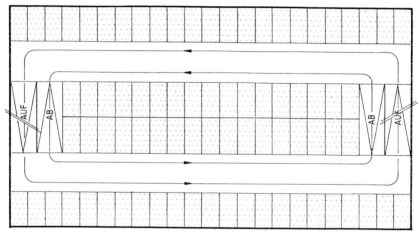

Abb.3.4

ist die Verkehrsleitplanung und die Beschilderung bis hin zu einer dringenden Empfehlung der Geschwindigkeitsbeschränkung ein weiteres Kriterium für die Benutzerfreundlichkeit und die effektive Verkehrsführung.

3.5. Vorschriften, Normen, Brandschutz

Die entscheidenden Vorschriften zur Planung von Parkhäusern sind in den jeweiligen Garagenverordnungen (GaVO) der einzelnen Länder geregelt.

Es soll im folgenden nur auf die wichtigsten Inhalte der GaVO's eingegangen werden.

Da diverse Vorschriften in den einzelnen GaVO's der Länder unterschiedlich gehandhabt werden, beziehen wir uns auf die des Landes Baden-Württemberg vom 13.09.1989.

Die folgenden Betrachtungen beschränken sich auf die offenen Mittel- und Großgaragen.

Mittelgaragen sind Garagen mit einer Nutzfläche von über 100 qm bis 1.000 qm, Großgaragen sind die mit einer Nutzfläche von über 1.000 qm.

52

Als offene Mittel- und Großgaragen sind jene zu bezeichnen, die unmittelbar ins Freie führende, unverschließbare Öffnungen in einer Größe von insgesamt mindestens einem Drittel der Gesamtfläche der Umfassungswände haben und bei denen mindestens zwei sich gegenüberliegende Umfassungswände mit den ins Freie führenden Öffnungen nicht mehr als 70 m von einander entfernt sind. Ebenfalls muß eine ständige Querlüftung gewährleistet sein.

Desweiteren sind als oberirdische Garagen zu bezeichnen, deren unterste Ebene im Mittel nicht mehr als 1,5 m unter der Geländeoberfläche liegt. Das bedeutet, daß bei einer Ausführung nach d'Humy-System das im Erdreich befindliche Halbgeschoß ebenfalls zu den oberirdischen Geschossen zu zählen ist.

Die Breiten der Fahrbahnen von Zu- und Abfahrten vor Mittel- und Großgaragen müssen mindestens 2,75 m breit sein. Neben den Fahrbahnen der Zu- und Abfahrten ist ein mindestens 80 cm breiter Gehweg zu berücksichtigen, soweit nicht für den Fußgängerverkehr besondere Wege vorhanden sind.

Die Rampen von Mittel- und Großgaragen dürfen nicht mehr als 15% geneigt sein. Die lichte Höhe wurde in der neuen GaVO auf mindestens 2 m festgelegt. Ursprünglich waren hier 2,10 m vorgeschrieben, die in einigen Bundesländern noch gültig sind!

In Mittel- und Großgaragen sind in jedem Geschoß mindestens 2 voneinander unabhängige Rettungswege anzuordnen. Es ist zulässig, daß einer dieser Rettungswege über eine Rampe führt. (Der vorgenannte Gehweg ist in diesen Bereichen ebenfalls vorgeschrieben.)

Treppen sind derart anzuordnen, daß sie von jeder Stelle der Parkebene in einer Entfernung von höchstens 50 m erreichbar sind.

Lüftungsanlagen werden für offene Mittel- und Großgaragen nicht gefordert. Hier ist eine natürliche Lüftung ausreichend.

Für geschlossene Mittel-und Großgaragen ist dies im Einzelfall zulässig, wenn mit geringem Zu- und Abgangsverkehr gerechnet werden kann und eine ständige Querlüftung mit entsprechend festgelegten Lüftungsöffnungen vorhanden ist (z.B. bei Wohnanlagen)!

Im Hinblick auf die Brandschutzvorschriften unterscheiden sich die GaVO's der einzelnen Länder mitunter wesentlich. In Baden-Württemberg sind die tragenden Wände, Decken, Dächer, Pfeiler und Stützen bei mehrgeschossigen offenen Mittel-und Großgaragen aus nicht brennbaren Stoffen herzustellen, soweit die tragenden Decken und Wände nicht feuerbeständig sind.

Für offene Mittel- und Großgaragen mit nicht mehr als einem Geschoß bestehen keine Brandschutzanforderungen.

Unterirdische Garagen sind feuerbeständig auszuführen.

Zur Bemessung des Tragsystems in Stahlverbund gelten die einschlägigen Normen und Richtlinien des Stahlverbundbaus. In DIN 1055, Teil 3, sind die Verkehrslasten geregelt, d.h. für Zufahrten und Rampen gilt die Belastung von 5,0 KN/qm. Für die Stellflächen ist eine gleichmäßig verteilte Belastung mit 3,5 KN/qm zu berücksichtigen. Die Horizontallasten regelt der Abschnitt 7.4.2, wobei in einer Höhe von 0,5 m eine horizontale Streckenlast von 2,0 KN/qm nach außen wirkend anzunehmen ist.

Außer den vorgenannten Vorschriften sei noch auf die Auflage der lokalen Gewerbeaufsichtsämter hingewiesen. Es ist daher dringend zu empfehlen, sich vor dem Bau eines Parkhauses mit dem zuständigen Gewerbeaufsichtsamt abzustimmen.

3.6. Konstruktionselemente und Gestaltungsmöglichkeiten

Ganz allgemein läßt sich ein Parkhaus in 4 einzelne Bauglieder zerlegen:

- Die Parkebenen, mit der Möglichkeit der Verwendung verschiedener Deckensysteme

- Die Fassade, bestehend aus Stützen als tragendes und den Fassadenelementen als raumabschließendes Bauteil

- Die Rampen, als die verschiedenen Parkebenen verbindendes und gleichzeitig aussteifendes Bauelement und

- die Treppenhäuser, als Zugang und Fluchtweg bei gleichzeitiger Wirkung als aussteifendes Element.

Für die Wahl der Deckensysteme stehen im Prinzip alle im Stahlverbundbau bekannten Deckenelemente zur Verfügung, sofern diese den ordnungsgemäßen Verbund zwischen Betondecke und Stahlträger gewährleisten.

Durchgesetzt haben sich im wesentlichen zwei Deckensysteme:

- Die Verwendung von Stahlbetonfertigteilen, bei denen der Verbund nach der Montage durch Vergießen der Fugen mit hochfestem Mörtel erzielt wird, wobei aus den Stahlbetonfertigteilen herausragende Bewehrungsschlaufen über die auf den Stahlträgern aufgeschweißten Kopfbolzendübeln gezogen werden.

Alternativ wird der Verbund speziell bei demontier- und wiederverwendbaren Parkhäusern zwischen der Stahlbetonfertigteilplatte und dem Stahlträger durch Verschrauben mit Hilfe von HV-Schrauben erzielt. Diese Bauweise erfordert eine sehr hohe Fertigungsgenauigkeit, sowohl im Stahlbetonfertigteilwerk als auch im ausführenden Stahlbauunternehmen und ist im allgemeinen mit höheren Gestehungskosten verbunden.

– Als weiteres Deckensystem bietet sich die Ortbetondecke mit konventioneller Schalung an. Doch hat sich hier zunehmend die Bauweise unter Verwendung sogenannter Halbfertigteile mit anschließendem Aufbeton durchgesetzt. D.h. unmittelbar nach der Montage des Stahlskeletts werden die Halbfertigteile, die erforderliche Zug- und konstruktive Bewehrung verlegt und anschließend der Ortbeton aufgebracht.

Die Verbundwirkung mit dem Stahlträger wird fast ausschließlich durch bereits im Stahlbauwerk aufgeschweißte Kopfbolzendübel erzielt. Durch die Verbundwirkung erreicht man einen um etwa 20% geringeren Stahlverbrauch oder eine um 20% verringerte Bauhöhe bei etwa gleichem Stahlvolumen.

Die Deckenträger bestehen vorwiegend aus Walzträgern der leichten IPE-Reihen. Als Stahlgüte bietet sich der St 52 und zunehmend auch der StE 460 an.

Die feuerbeständige Ausführung der Deckenträger erfolgt wirtschaftlich durch das Ausbetonieren der Trägerkammern mit zusätzlich eingelegter Bewehrung (s. Abb. 3.5). Diese wird in vorgeschriebenen Abständen zu Unterflansch und Außenkante angeordnet und übernimmt im Brandfall die Traglast des Unterflansches. Hierbei ist positiv zu berücksichtigen, daß im Brandlastfall der Sicherheitskoeffizient auf 1,0 reduziert wird. Dementsprechend muß also nicht die gesamte Querschnittsfläche des Unterflansches durch die Bewehrung ersetzt werden.

Grundsätzlich ist zu empfehlen, die Deckenträger bereits im Stahlbauwerk zu überhöhen und während der Montage zu unterstützen, so daß der Verbund nach Entfernen der Unterstützung voll zur Wirkung kommt.

Einer der wesentlichen Vorteile der Stahlverbundkonstruktion besteht in der großen Spannweite und damit der Möglichkeit, die Stützen ausschließlich in den Außenrandbereichen anzuordnen. Das Stützenraster folgt üblicherweise der Stellplatzbreite bzw. einem Vielfachen derselben. Die Bemessung ergibt in der Regel einen Stahlprofilquerschnitt in der Größenordnung von ca. 16 x 16 cm. Zur Ausführung gelangen überwiegend Walzprofile der HEA- oder HEB-Reihen. Vorzugsweise wird die Stahlgüte St 52 eingesetzt.

Vertikale Kräfte werden über die Stahlverbundträger und die Stützen abgeleitet.

Horizontale Kräfte werden über die Scheibenwirkung der Stahlbetondecken in vertikale Verbände, die üblicherweise innerhalb der Fassadenbereiche liegen, in Längsrichtung abgetragen.

DECKENPLATTE mit VERBUNDTRÄGER

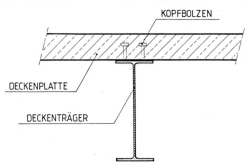

FEUERBESTÄNDIGER VERBUNDTRÄGER

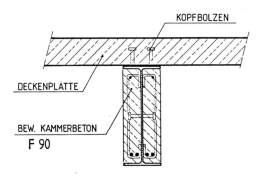

Abb. 3.5

Es ist wirtschaftlich und konstruktiv sinnvoll, Treppenhäuser und Erschließungsgebäude als stabilisierende Bauteile heranzuziehen.

In Querrichtung bieten sich bei der versetzten Bauweise zur Stabilisierung die Rampen an.

Der Korrosionsschutz der Stahlskelettkonstruktion wird vorzugsweise durch die Feuerverzinkung oder konventionell durch Beschichtung ausreichend erzielt.

Grundsätzlich sind die unterschiedlichsten Formen eines Parkhauses möglich. Ausgehend von der kleinsten funktionsbestimmenden Einheit, dem Stellplatz, ergibt sich als wirtschaftlichste Grundrißform eines Parkhauses das Rechteck.

3.7. Ausblick

Durch die verschiedensten Gestaltungsmöglichkeiten der Fassaden, der Dachkonstruktionen, der Erschließungsbereiche und der Farbgebung sind in der Vergangenheit von Architektenhand ausgezeichnete Parkhäuser entwickelt und ausgeführt worden.

Insbesondere die Kombination von Gewerbebereichen und Parkebenen gibt den heutigen Architekten die Möglichkeit, die unterschiedlichen Funktionen deutlich zu machen. Die Zeit der eintönigen Fassadengestaltung gehört der Vergangenheit an. Gerade die gestalterische Abrenzung der einzelnen Funktionsbereiche steigert die Attraktivität auch der reinen Zweckbauten erheblich.

Die durch die Stahlverbundbauweise erreichte Stützenfreiheit und offene Fassadengestaltung bewirken eine Transparenz, die im Inneren der Bauwerke nicht im entferntesten an eine Krimi-Atmosphäre denken läßt.

4. Konstruieren mit Gußwerkstoffen

Anton-Peter Betschart

Metallische Gußwerkstoffe bereichern die Architektur erneut mit gestalterischen und wirtschaftlichen Perspektiven. Sie ermöglichen völlig neue Konstruktionsformen, die vor wenigen Jahren noch nicht machbar waren.

In langjähriger Grundlagen- und Entwicklungsarbeit ist es mir gelungen, - oft gegen harte Vorurteile - hierfür die Voraussetzungen zu schaffen, um die Gußwerkstoffe als festen Bestandteil in die Architektur wieder zu integrieren.

Mit einem kurzen historischen Rückblick, neuen Anwendungsbeispielen und einigen unterstützenden technischen Angaben, möchte ich Ihnen das Konstruieren mit Gußwerkstoffen näher bringen.

Mit Bewunderung erinnern wir uns an die ästhetisch reizvollen Bauten der Gußarchitektur des 19. Jahrhunderts. Damals schienen dem Ideenreichtum und der Vielseitigkeit in der Anwendung von Gußeisen im Hochbau kaum Grenzen gesetzt. (Abb. 4.1)

Gleichzeitig mit der Entwicklung neuer Verfahren zur kostengünstigeren Massenherstellung von Stahl, trat im konstruktiven Hochbau eine Wende ein, die das Gußeisen verdrängte.

Grund dafür waren die besseren Festigkeitseigenschaften der Walzstähle, die zur Weiterentwicklung der anfänglich gußeisernen Skelettbauweise führten. Daraus entstand der heutige Stahlbau.

Gegen Ende des 19. Jahrhunderts verlor das Gußeisen immer mehr an Bedeutung. Folglich gingen auch die Kenntnisse über die damalige Gießtechnik und deren Werkstoffe für die Anwendung im konstruktiven Hochbau verloren. Die Weiterentwicklung auf diesem Gebiet ging an der Bautechnik vorbei.

Dies sind wohl die Hauptgründe, weshalb noch wenig bekannt ist, daß uns heute duktile, d.h. in begrenztem Umfang verformbare Gußwerkstoffe zur Verfügung stehen, die mit den Baustählen vergleichbare Festigkeitseigenschaften aufweisen.

Obwohl für andere Verwendungszwecke entwickelt, entsprechen einige duktile Gußwerkstoffe - im Gegensatz zum früheren Gußeisen - weitgehend den statischen Anforderungen heutiger Baukonstruktionen. Damit sind die wichtigsten Voraussetzungen geschaffen, um Gußkonstruktionen im Stahlbau einzusetzen.

Abb. 4.1

Im Gegensatz zu den herkömmlichen Stahlkonstruktionen aus zusammen-
gefügten Stahlprofilen, bestehen Gußkonstruktionen aus Formteilen, die in
ihrer Gestalt nicht mehr verändert werden. Sie sind derart konzipiert, daß
sie sich mit oder ohne Bearbeitung, ähnlich wie ein Bauteil im Maschinenbau, in die Gesamtkonstruktion einfügen lassen.

Wenn wir heute wieder mit Gußwerkstoffen in der Bautechnik konstruieren, so ist es wichtig, daß die alten Vorurteile gegenüber dem früheren
spröden Gußeisen, dem Grauguß, überwunden werden. Damals gab es
nur diesen einen Eisengußwerkstoff. Inzwischen stehen uns aber über 100
verschiedene Sorten zur Verfügung.

Abb. 4.2

Die Plastik (Abb. 4.2) zeigt das Formänderungsvermögen der geeignetsten Gußwerkstoffe, welche derzeit im Bauwesen einsetzbar sind. Die Stäbe wurden bis zum Anriß auf Biegung belastet. Von links nach rechts bestehen sie aus folgenden Gußwerkstoffen:

Temperguß, Gußeisen mit Kugelgraphit, Aluminiumguß, Grauguß und Stahlguß. Als Gegenüberstellung dient der ebenfalls bis zum Anriß auf Biegung belastete, zweite Stab von rechts, der aus Grauguß (Gußeisen mit Lamellengraphit) besteht. Die Umformbarkeit dieser modifizierten Gußwerkstoffe (außer dem Grauguß) ist für die meisten Anwendungsfälle im konstruktiven Hochbau ausreichend. Ein höheres plastisches Formänderungsvermögen ist vorwiegend nur dort erforderlich, wo stark umgeformt wird, zum Beispiel bei umgeformten Blechkonstruktionen.

Und nun zu den Gußwerkstoffen im einzelnen:

4.1 Stahlguß

Neben dem Gußeisen mit Kugelgraphit ist Stahlguß der gebräuchlichste Gußwerkstoff für den Stahlbau, besonders wenn es sich um sehr hoch beanspruchte Formteile handelt, oder solchen, die mit Walzstahl verschweißt werden müssen.

Es gibt eine große Anzahl von Stahlgußlegierungen. Man unterscheidet zwischen zwei Hauptgruppen: zwischen Stahlguß für allgemeine Zwecke (niedriglegiert) und Edelstahlguß (hochlegiert).

Im Normalfall genügen Stahlgußsorten für allgemeine Zwecke. Sie weisen gute Schweißeigenschaften auf, besonders die modifizierte Sorte GS 20 Mn 5, welche derzeit am häufigsten eingesetzt wird.

Edelstahlguß läßt sich zwar auch verschweißen, ist aber entsprechend der Legierungsanteile teurer. Er kommt überwiegend dort zur Anwendung, wo korrosionsfreie oder säurebeständige Konstruktionen erforderlich sind.

Die zulässigen Spannungen des GS 20 Mn 5 sind in der Neufassung der DIN 18800 (Oktober 1990), Teil 1, Seite 11, in der Tabelle 401 aufgeführt. Es wird jedoch leider nicht erwähnt, daß sich die Festigkeitswerte durch Wärmebehandlung erheblich steigern lassen. In der Praxis wird dies fast immer durchgeführt. So kann beispielsweise die Streckgrenze durch Vergüten bis mindestens 360 N/mm^2 erhöht werden. Angaben darüber enthält die Werkstoffnorm DIN 17182 (Juni 85).

Im Vergleich zu anderen Gußwerkstoffen ist der Stahlguß wegen der höheren Gießtemperatur schwieriger zu gießen. Deshalb ist auch die Gußoberfläche bedeutend rauher als bei anderen Gußwerkstoffen.

Bedingt durch die hohe Schwindung wird bei Stahlguß eine gelenkte Erstarrung notwendig, die einen hohen Speiseraufwand erfordert. Damit verbunden sind Vorgaben in der Wanddickenausbildung, wobei gußspezifische Grundregeln eingehalten werden müssen. Aus diesen Gründen sind die Herstellungskosten von Stahlguß z.T. erheblich teurer als beispielsweise diejenigen von Gußeisen mit Kugelgraphit.

4.2 Gußeisen mit Kugelgraphit

Ein relativ neuer, im Bauwesen noch wenig bekannter Gußwerkstoff, ist das Gußeisen mit Kugelgraphit. Jedoch gerade dieses Gußeisen wird im Hochbau bzw. in der Architektur künftig einen hohen Stellenwert einnehmen.

Der Grund, weshalb diese Gußeisensorte ein hohes Formänderungsvermögen mit hoher Zugfestigkeit aufweist, liegt in der kugelförmigen Graphitausbildung, (Abb. 3). Dadurch wird die ferritische Grundmasse nur geringfügig durchbrochen und demzufolge die Kerbwirkung stark herabgesetzt. Deshalb kann das Gußeisen mit Kugelgraphit fast wie Baustahl auf Zug und Biegung beansprucht werden. Die geringe Schwindung ermöglicht zudem eine wirtschaftliche Herstellung.

Für Baukonstruktionen eignen sich insbesondere die Sorten GGG-40 und GGG-50. Bei der Sorte GGG-40 werden an Probestäben ohne Gußhaut Bruchdehnungswerte über 15% erreicht. Am Bauteil selbst jedoch ist die Bruchdehnung geringer, besonders bei dünnen Wanddicken. Für hochbeanspruchte Bauteile schlage ich deshalb aus Sicherheitsgründen vor, eine Bruchdehnung von mindestens 3% am Bauteil mit Gußhaut nachzuweisen.

Zur Ermittlung von Konstruktions- und Bemessungsgrundlagen haben wir am Entwicklungsinstitut für Gießerei- und Bautechnik (EGB), früher in Stuttgart, jetzt in Bad Boll, neue Zug- und Druckproben entwickelt, die es ermöglichen, die tatsächlichen Festigkeitswerte zu erfassen, welche in Bauteilen mit Gußhaut vorhanden sind.

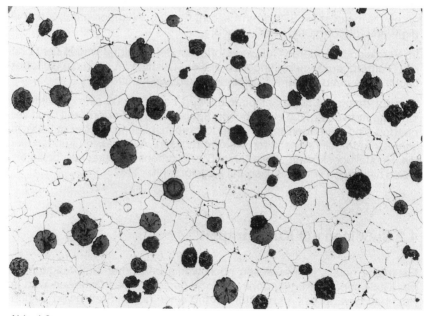

Abb. 4.3

Die zulässigen Zugspannungen von Gußeisen mit Kugelgraphit habe ich in meiner Dissertation ermittelt. Für die Sorte GGG-40 beträgt sie 140 N/mm^2. (siehe: A.P. Betschart, "Untersuchungen neuer Gußwerkstoffe für Baukonstruktionen", Dissertation, VDI Verlag).

Dieses Ergebnis enthält auch die DIN 4421, Seite 13, in Tabelle 4: "Zulässige Spannungen für Gußwerkstoffe für Traggerüstbauteile".

Die Tabelle 4 enthält auch Angaben über die zulässige Druck- und Schubspannung für Gußeisen mit Kugelgraphit. Sie beträgt ebenfalls 140 N/mm^2 bzw. 60 N/mm^2. Außerdem sind zulässige Zug-, Druck- und Schubspanungen für Temperguß und Stahlguß angegeben. Die aufgeführten Stahlgußlegierungen werden heute jedoch nur noch selten angewendet.

Leider fehlen Angaben über das Gußeisen mit Kugelgraphit fast gänzlich in der Neufassung der DIN 18800. (Statt dessen wurden fragwürdige Änderungen vorgenommen, wie etwa die nach meiner Meinung zu hohe Belastbarkeit von Gewinden. Ein stärkerer Praxisbezug würde an dieser Stelle gut tun).

Gußeisen mit Kugelgraphit kann auch mit Baustahl verschweißt werden. Im Automobilbau gehört dies schon zum Stand der Technik. Für den Hochbau aber ist Schweißen von Gußeisen mit Kugelgraphit zur Zeit noch nicht zugelassen.

Die Herstellungskosten von Formteilen aus Gußeisen mit Kugelgraphit können je nach Gestalt und Stückzahl weit unter jenen von Schweißkonstruktionen liegen. Sie können aber auch höher sein, dann aber meist mit ästhetischem Zugewinn.

4.3. Temperguß

Eine weitere Gußeisensorte ist der Temperguß. Er besitzt ebenfalls ein ausreichendes Formänderungsvermögen und baustahlähnliche Festigkeitseigenschaften.

Der Temperguß entsteht durch das Tempern, einer Wärmebehandlung, bei der der Graphit aus den Randzonen ausgeschieden wird. Dadurch läßt sich - insbesondere auch der weiße Temperguß - mit Baustahl verschweißen. Das Tempern ist aber nur in Wanddicken bis etwa 10 mm möglich.

Die hohen Kosten des Temperns haben zur Folge, daß der Temperguß in den letzten Jahren fast vollständig durch das Gußeisen mit Kugelgraphit ersetzt wurde. Für Kleinteile ist der Temperguß jedoch nach wie vor geeignet.

4.4 Gußeisen mit Lamellengraphit

An Stellen, wo vorwiegend Druckkräfte auftreten, ist das Gußeisen mit Lamellengraphit - also der Grauguß - nach wie vor ein geeigneter Werkstoff. Die Sprödigkeit und das damit verbundene geringe Formänderungsvermögen resultiert aus der lamellenartigen Graphitform, die das Gefüge stark unterbricht und deren keilförmige Randzonen eine hohe Kerbwirkung verursachen (Abb. 4.4).

Insgesamt sind aber die Festigkeitseigenschaften des heutigen modifizierten Graugusses erheblich besser als diejenigen, welche wir vom Gußeisen aus früheren Zeiten kennen.

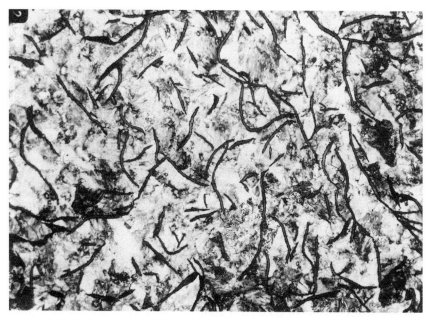

Abb. 4.4

4.5 Anwendungsbeispiele aus Stahlguß

Im Stahlbau sind die Anwendungsmöglichkeiten von Stahlguß sehr vielseitig. Der Hauptgrund dafür ist die gute Schweißbarkeit.
Inzwischen fast selbstverständlich sind Gußkonstruktionen für Seiltragwerke, z.b. bei Brücken oder zugbeanspruchten Konstruktionen für Hochbauten. Guß ist hierfür besonders gut geeignet, da sich die Formteile ideal an den Seilverlauf anpassen lassen. Anwendungsbeispiele sind u.a. Pylonköpfe, Umlenksättel, Verteilerknoten, Seilklemmen und Seilvergußhülsen.

Zunehmende Bedeutung und gleichzeitig beste Aussichten haben Stahlkonstruktionen, bei denen die linear verlaufenden Bauteile aus Stahlprofilen und die verbindenden Bauteile aus Guß bestehen.

Bei den im folgenden beschriebenen Beispielen handelt es sich größtenteils um eigene Entwürfe. Früher als Ideenskizzen vorgeschlagen, sind sie inzwischen gebaute Wirklichkeit.

Gußkonstruktionen erfüllen meist nicht nur eine rein konstruktive Funktion, sondern haben oft auch eine künstlerische Bedeutunng. In vielen Fällen erhalten wir deshalb die Aufgabe, nicht nur zu beraten, sondern sozusagen aus einer Hand die Gestaltung und die Detailzeichnungen auszuführen und die Modelle zum Abformen herzustellen. Seit der Neugründung unserer Firma Gußbau-Betschart in Bad Boll werden wir zunehmend beauftragt, auch die Gußteile einbaufertig bearbeitet zu liefern, was uns mit großem Erfolg gelingt.

Mit den gebauten Beispielen möchte ich auch die Entwicklung der Gußkonstruktionen aufzeigen, die in der heutigen Architektur stattfindet.
Zu den ersten Anwendungsbeispielen gehören mehrere Entwürfe von Gußkonstruktionen für ein schirmartiges Bausystem des Architektenteams Fahr und Partner, München.

Die stark gegensätzlichen Konstruktions- und Gestaltungsmöglichkeiten sollen jeweils zwei Entwürfe für die Pylonköpfe und für die Fügezonen im Bereich Stützen/Radialträger darstellen.
Für die Fügezone zwischen der Stütze und den zwölf Radialträgern zeigt Abb. 4.5 eine biegeweiche, überwiegend maschinenbauähnliche, und Abb. 4.6 eine biegesteife, organisch geformte Lösung.

Die biegeweiche Variante ermöglicht ein Justieren in vertikaler und horizontaler Richtung. Sie bietet Vorteile bei der Montage und dient gleichzeitig als Reduzierring zwischen den beiden unterschiedlichen Rohrdurchmessern.

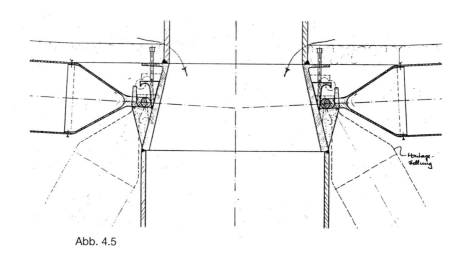

Abb. 4.5

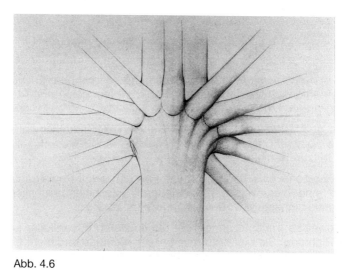

Abb. 4.6

Die biegesteife Variante kann nicht zentriert werden und setzt deshalb exakte Vorarbeit voraus, was durch eine mechanische Bearbeitung problemlos zu machen ist (siehe auch Knoten Flughafen Stuttgart). Bei dieser Lösung überwiegt besonders der ästhetische Reiz. Es wäre schön, wenn wir Gelegenheit finden würden, auch eine Konstruktion dieser Art zu realisieren.

Die Abb. 4.7, 4.8 und 4.9 zeigen Entwürfe für Pylonköpfe aus Edelstahlguß. Sie dienen zum Einhängen der zwölf Zugstäbe zur Abspannung der Radialträger.

Diese Formteile verdeutlichen wiederum die konstruktiven und ästhetischen Vorteile, welche für Gußkonstruktionen typisch sind. In diesem Fall ist Guß auch kostengünstiger als die anfangs vorgesehene Schweißkonstruktion.

Der Pylonkopf in Abb. 4.7 und 4.8 besteht aus einem einzigen Formteil. Die dem Kräftefluß entsprechenden Wanddicken sind derart dimensioniert, daß der erforderliche Querschnitt trotz der Kegelform an jeder Stelle etwa gleich bleibt. Die unterschiedliche Wanddickengestaltung ist beim Konstruieren mit Guß leicht möglich.

Abb. 4.7

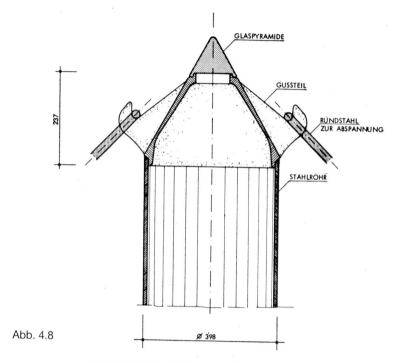

Abb. 4.8

PYLONKRONE MST1=5 (VARIANTE STAHLSTÜTZE)

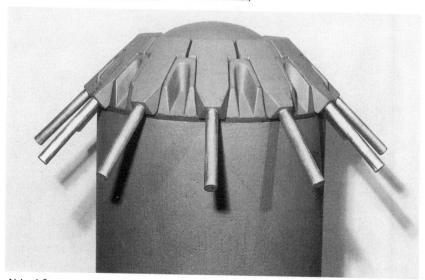

Abb. 4.9

68

In einem weiteren Entwurf versuchte ich, die Anker formschlüssig mit dem Pylonkopf zu fügen, Abb. 4.9. Wenn der letzte Anker eingelegt ist, kommt ein Formschluß zustande, der ein selbsttätiges Lösen nahezu verhindert, was bei der exponierten Lage dieses Pylonkopfes von besonderer Bedeutung ist. Mit diesem Beispiel möchte ich auf die hervorragenden Möglichkeiten hinweisen, welche die Gießtechnik für formschlüssige Verbindungen bietet.

Eine besonders reizvolle Aufgabe war, die Rahmenkonstruktion der Zisterne im Solebad Bad Dürrheim für die Architekten Geier + Geier, Stuttgart, zu entwerfen und zu gestalten. Die gesamten Kräfte aus dem Dach werden durch die sich in der Mitte kreuzenden Gußknoten und Rohre in das Fundament übertragen, Abb. 4.10 und 4.11. Aus dem zunächst als Schweißkonstruktion vorgesehenen, verwickelten voluminösen Mittelknoten wurde ein filigraner Gußknoten.

Bei der Gestaltung der Mittel- und Eckknoten im Ober- und Untergurt bot sich mir die Gelegenheit, eine organische Formgebung zu verwirklichen. Damit ist diese Rahmenkonstruktion die erste gebaute organische Stahl-Guß-Konstruktion geworden. Für die Entwicklung neuzeitlicher Gußkonstruktionen in der Architektur war das ein bedeutender Schritt. Hier ist uns der Anfang einer neuen Formensprache gelungen, mit den typischen, dem Kräfteverlauf angepaßten, trompetenförmigen sanften Übergängen, die im krassen Gegensatz zu dem sonst kantigen, eckigen Stahlbau stehen.

Ein weiteres Anwendungsbeispiel ist die Fügezone im oberen Bereich einer Zentralstütze, welche das gesamte Dach der Schalterhalle der KSK in Kirchheim/Teck trägt. Die gegossenen Enden der 16 unterspannten Stahlträger werden im ebenfalls gegossenen Stützenkopf gebündelt, Abb. 4.12. Die Gußteile der Stahlträger beginnen jeweils beim Knick im Obergurt, verjüngen sich kontinuierlich und münden als plattenförmiges Auflager in das Zentrum des Stützenkopfes.

Der Entwurf für die Gußteile entstand während eines meiner Seminare "Bauen mit Guß" an der Universität Stuttgart. Er wurde von den Architekten Beyer, Weitbrecht + Wolz, Stuttgart, ausgeführt.

Ein sehr vielfältiges und ebenso interessantes Anwendungsgebiet sind Zweigstützen. Sie werden an Stellen eingesetzt, wo große Spannweiten erforderlich und hohe Kräfte abzutragen sind. Deshalb werden solche Stützen sinnvollerweise nach oben hin verzweigt. Dieses Prinzip der Kraftableitung ist jedoch keine Erfindung unserer Zeit, es wird schon praktiziert seit der Mensch zu bauen begann.

Neu ist jedoch die Möglichkeit, verzweigte Stahlstützen mit organischen Übergängen herzustellen. Diese Konstruktionsform ist erst durch die modifizierten Gußwerkstoffe realisierbar geworden. Über die Ausbildung von Zweigstützen, insbesondere der Gußknoten, haben wir an unserem Entwicklungsinstitut zahlreiche Studien und Entwürfe durchgeführt.

Abb. 4.10

Abb. 4. 11

70

Abb. 4.12

Der Durchbruch gelang, nachdem ich für unsere Wanderausstellung "Neue Gußkonstruktionen in der Architektur" eine vollständig aus Guß bestehende Zweigstütze ganz aus Guß entworfen und hergestellt hatte, Abb. 13. Damit wollte ich beweisen, daß sich mit organisch verzweigten Konstruktionen, insbesondere im Stahlbau, eine neue Formensprache verwirklichen läßt.

Diese Zweigstütze ist nach statischen, funktionalen und ästhetischen, aber auch form- und gießtechnischen Gesichtspunkten konzipiert. Der Sinn dieser Stütze ist, außer dem Versuch, eine organische Stützenform zu realisieren, auch ein statisch-wirtschaftlicher, nämlich die Verkürzung der Spannweiten, die Verkürzung der Knicklängen, das Verhindern des Durchstanzens in der Decke und nicht zuletzt die Einsparung von Werkstoff.

Inzwischen sind zahlreiche Projekte mit Zweigstützen verwirklich worden, einige sind in Ausführung. In den meisten Fällen wurden wir mit dem Entwurf der Gußteile und dem Herstellen der Modelle zur Gußherstellung beauftragt.

Ein erstes Beispiel sind die Zweigstützen für das Freizeitbad "Aquatoll" in Neckarsulm, Abb. 4.14 und 4.15.

71

Abb. 4.13

Ein weiteres Beispiel sind die Zweigstützen für das Nordwestzentrum Frankfurt, Abb. 16. Das Projekt wurde von den Architekten Rhode, Kellermann, Wawrowsky + Partner, Düsseldorf, und den Ingenieuren Krebs + Kiefer, Darmstadt, geplant. Es wurde mit dem europäischen Holzbaupreis ausgezeichnet.

Die Geometrie dieser Zweigstützen verdeutlicht, daß Zweigstützen nicht mit dem Konstruktionsprinzip eines "Baumes" gleichzusetzen sind. Deshalb können es auch keine "Baumstützen" sein, sondern verzweigte Stützen, die nach technischen Anforderungen konzipiert sind. Die richtige Bezeichnung dafür ist logischerweise "Zweigstützen".

Abb. 4.14

Abb. 4.15

Abb. 4.16

74

Das derzeit bedeutendste Projekt mit Zweigstützen ist das neue Fluggast-abfertigungsgebäude für den Stuttgarter Flughafen. Das für seine Aus-maße sehr "dünne" Pultdach wird von zwölf, 17 m hohen Zweigstützen getragen. Abb. 4.17, 4.18 und 4.19.

Von der Flughafengesellschaft Stuttgart wurden wir direkt beautragt, die Knoten zu gestalten und die unterschiedlichen Modelle zur Gußherstellung zu modellieren und form- und gießgerecht herzustellen.

Die Zusammenarbeit mit den Architekten Gerkan-Marg + Partner, Ham-burg, den Ingenieuren Weidleplan Consulting und den Ingenieuren Schlaich-Bergmann + Partner, beide Stuttgart, war außerordentlich koo-perativ und kollegial.

Abb. 4.17

Abb. 4.18

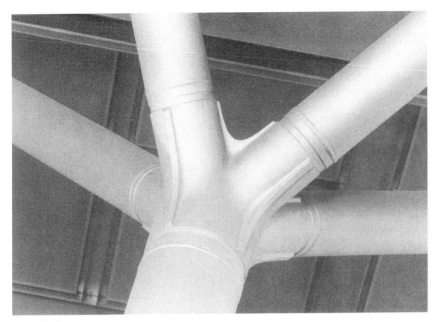

Abb. 4.19

Als erstes führte ich eine Formfindungsstudie für die Knoten durch. Anhand von Anschauungsmodellen im Maßstab 1:5 (Abb. 4.20) stellte ich verschiedene Varianten dar, beispielsweise für Knotenkonturen mit oder ohne Trennuten und mit oder ohne Rippen. Die 24 Gießereimodelle mit z.T. völlig unterschiedlichen Konturen modellierten wir im Maßstab 1:1 in unserer Modellwerkstatt, Abb. 4.21. Diese Tätigkeit glich eher der eines Bildhauers als der eines Modellbauers.

Auch die Verbindungen der obersten Zweige mit dem Trägerrost, die Knoten des Trägerrostes und die Enden der Kastenprofile bestehen aus Guß, Abb. 4.22.

Die Vorbereitung der Schweißnähte durch Entfernen der Gußhaut ergab eine einwandfreie Schweißung. Die Anschlußstellen wurden derart exakt bearbeitet, daß die Rohre, insbesondere in den Längsachsen, mit einer hohen Maßgenauigkeit paßten. Das war für die Montage eines Tragwerkes von diesem Ausmaß von größter Bedeutung.

77

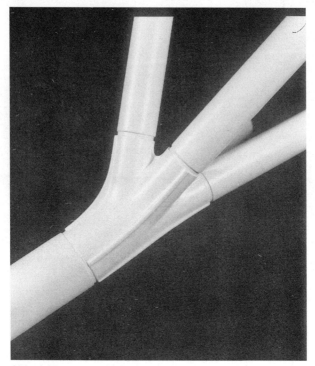

Abb. 4.20

Für herausragende Leistungen im Stahlbau erhielten wir für das Fluggast-
abfertigungsgebäude den Stahlbaupreis 1992. Das ist meines Erachtens
auch eine besondere Auszeichnug für die Stuttgarter Flughafengesellschaft, die als Bauherr den Mut hatte, mit der Zweigstützenlösung einen
architektonisch neuen Weg zu gehen und diese einem konventionellen
Tragwerk vorzog.

Auch im Brückenbau führen Zweigstützen zu interessanten Lösungen. Die
Ingenieure Schlaich-Bergmann + Partner haben im Stuttgarter Raum mehrere Fußgängerbrücken nach diesem Prinzip gebaut.

Abb. 4.21

Abb. 4.22

Bei den Fußgängerbrücken am Karl-Benz-Platz in Stuttgart-Untertürkheim konnten wir den Bauherren - die Stadt Stuttgart - mit einem Anschauungs- modell einer Stütze im Maßstab 1:5 davon überzeugen, daß außer den Verzweigknoten auch die Stützenfüße und die Übergänge der Zweige in die Brückenplatte in Guß schöner zu gestalten sind, Abb. 4.23 bis 4.26. Üblicherweise bestehen solche Übergänge aus Stahlplatten, die an die Rohre angeschweißt sind. Die Konturen des Anschauungsmodells waren schon so genau modelliert, daß wir diese bei der Ausführung in die Detail- zeichnungen und in die Gußmodelle übertragen konnten.

Abb. 4.23

Abb. 4.24

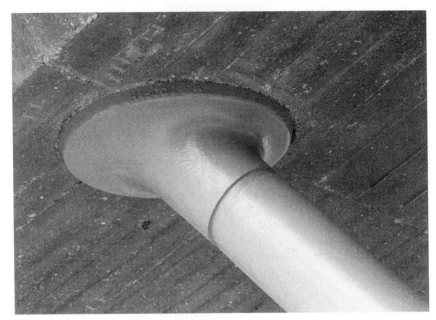

Abb. 4.25

Abb. 4.26

82

Die fließenden Übergänge in die Boden- und Brückenebene und die Zweigknoten der Stützen tragen wesentlich zur Leichtigkeit und Eleganz dieser Brücken bei.

Im konventionellen Stahlbau führt die Verwendung von Guß, insbesondere im Bereich der Fügezogen von Stahlprofilen, zu interessanten Detaillösungen. Dies bleibt nicht nur auf Rundrohre beschränkt. Beispielsweise bieten Gußteile, sowohl für einfache Verbindungen als auch für Knoten mit mehreren Abgängen und Stahlprofilen beliebiger Querschnitte, formschöne und wirtschaftliche Alternativen. Ein Beispiel dafür sind schwierig herzustellende Anschlußpunkte, die durch das Fügen von Trägern aus Rechteckrohren mit runden Stahlstützen entstehen, Abb.4.27. Dabei können Ausrundungen entsprechend dem Kräftefluß, zusätzliche Aussteifungsrippen und unterschiedliche Wanddicken in die Gußkonstruktion integriert werden.

Aus Guß problemlos zu lösen sind auch gelenkige Trägeranschlüsse aus gegossenen Formteilen, die mit den Stahlstützen bzw. den Doppel-T-Profilen verschweißt sind. Bei der Gestaltung lassen sich Durchbrüche für Installationen einbeziehen, Abb.4.28.

Ein aktuelles Praxisbeispiel sind die an Doppel-T-Profile angeschweißten Aufhängungen im Dach des neuen Wildparkstadions in Karlsruhe, Abb. 4.29 und 4.30. Mit diesem Bauwerk ist dem Ingenieur Thomas Grossmann, Göttingen, erneut ein herausragender Stahlbau gelungen. Die über der Abhängung liegenden Knoten aus unterschiedlichen Stahlprofilen hätten ebenfalls in Guß hergestellt werden können, wenn dies auch von der wirtschaftlichen Seite zu rechtfertigen gewesen wäre.

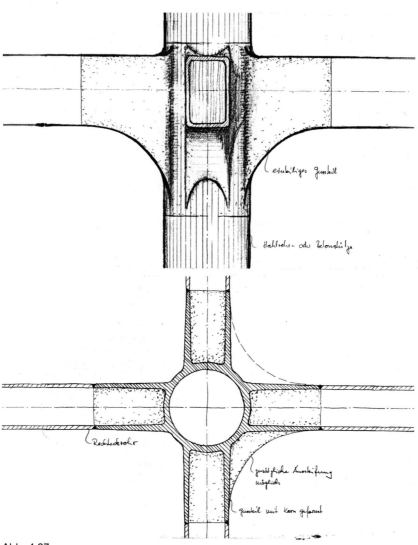

Abb. 4.27

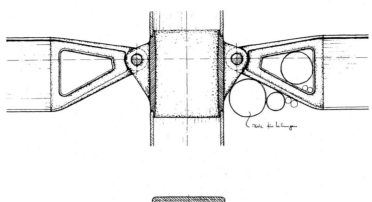

Abb. 4.28

Abb. 4.29

Abb. 4.30

4.6 Anwendungsbeispiele aus Gußeisen mit Kugelgraphit

Im Stahlbau gibt es noch wenige Anwendungsbeispiele aus Gußeisen mit Kugelgraphit. Ein Grund hierfür ist sicher die noch fehlende Zulassung für Schweißverbindungen. Zum Fügen reichen aber oft auch Schraubverbindungen oder mit Paßbolzen gesicherte Steckverbindungen.

Die meisten Gußkonstruktionen jedoch, die wir entworfen und hergestellt haben, bestehen aus Gußeisen mit Kugelgraphit.

Ein Beispiel für ein vollständig aus Gußeisen mit Kugelgraphit bestehendes Tragwerk ist das Trägerrostsystem, Abb. 4.31. Es besteht aus fachwerkförmigen Tragelementen mit Unter- und Obergurtknoten, die der jeweiligen Belastung entsprechend unterschiedlich dimensioniert sind.

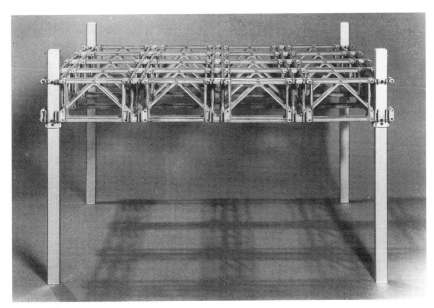

Abb. 4.31

Dieses Baukastensystem ist speziell zum Bau von Geschoßdecken für Gebäude mit verschiedenen Nutzungsbereichen und hohem Installationsaufwand konzipiert, beispielsweise für Verwaltungs-, Industrie-, Krankenhaus-, Schul- und Wohnbauten.

Durch die einfache Bolzenverbindung ist das Tragwerk in kurzer Zeit montier- und demontierbar, Abb. 4.32. Die statische Nutzlast kann bei einer Spannweite von 9,60 m x 9,60 m bis zu 10 kN/m^2 betragen.

Die Bemessung erfolgte nach der in meiner Dissertation ermittelten zulässigen Zugspannung von 140 N/mm^2. Durch Bauteilversuche an diesem Trägerrostsystem konnte ich diese Bemessungsgrundlage praxisgerecht testen und erfolgreich bestätigen.

Interessante Detaillösungen aus Gußeisen mit Kugelgraphit können auch im konventionellen Stahlbau realisiert werden.

Ein Beispiel dafür sind Stützenköpfe für gelenkig gelagerte Stahlstützen, Abb. 4.33. Das Prinzip mit einer von Kreuzrippen gefaßten Kugel konnten wir am Neubau der Fachhochschule Biberach erstmals anwenden.

87

Abb. 4.32

Abb. 4.33

Auch die stark ausgerundeten Stützenfüße sind aus Gußeisen mit Kugel-graphit, Abb. 4.34. Die Stützen gehen somit fließend in die Bodenfläche über, ähnlich wie bei den Zweigstützen der Fußgängerbrücken in Unter-türkheim. Die Form dieser Stützenfüße hat neben statischen auch ästheti-sche Vorteile. Außerdem wird die Bodenreinigung erleichtert.

Solche Details finden immer wieder großen Anklang. Für mich selbst sind sie eine Bestätigung, daß das Gußeisen mit Kugelgraphit im Stahlbau zu-nehmend an Bedeutung gewinnen wird.

Die Leistungsfähigkeit dieses Werkstoffes demonstriert besonders deut-lich unser patentrechtlich geschütztes Zugstabsystem BESISTA (Bet-schart-Sicherheits-Stabanker), Abb. 4.35. Es besteht aus einem Zugstab mit beidseitig eingeschraubten Stabankern aus Gußeisen mit Kugelgra-phit.

Abb. 4.34

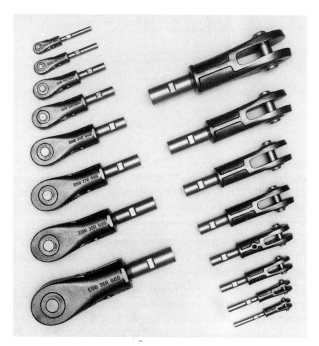

Abb. 4.35

90

Die ersten Stabanker habe ich schon 1986 entwickelt, nachdem ich mich schon längere Zeit mit Zugstabverbindungen befaßt hatte, z.B. beim Entwerfen der Pylonköpfe, Abb. 4.7 bis 4.9. Inzwischen ist daraus ein ausgereiftes, erfolgreiches Produkt entstanden, basierend auf langjähriger Gußerfahrung.

Das BESISTA-Sicherheits-Zugstabsystem ist ein hochbelastbares Designprodukt mit dem Ziel, ein sonst wenig beachtetes und doch so bedeutendes Konstruktionsdetail durch ansprechende Formgebung und größere Sicherheit aufzuwerten.

Für die industrielle und materialtypische Gestaltung der Stabanker und die herausragende Verzinkung aller Systemkomponenten, bei der fast alle Verzinkverfahren konsequent genutzt werden, erhielt das System den Deutschen Verzinkerpreis "Feuerverzinken 1991".

Das BESISTA-Sicherheits-Zugstabsystem findet Anwendung für ein weites Einsatzgebiet, beispielsweise für Windverbände (Abb. 4.36 + 4.37), unterspannte Träger (Abb. 4.38 + 4.39), und Abspannungen (Abb. 4.40 + 4.41). Es gibt sie in den Größen M 10 bis M 36 und darüber. Sie sind einbaufertig, komplett bearbeitet mit den dazugehörenden Bolzen und Sicherungsringen, in Rohguß oder feuerverzinkt ab Lager lieferbar.

Durch die Links- bzw. Rechtsgewinde an den Stabenden läßt sich das System ohne Spannschloß mühelos spannen. Die Schlüsselflächen, sowohl an den Zugstäben als auch an den Stabankern, ermöglichen auch ein kontrolliertes Vorspannen, ohne die Laschen der Stabanker und die Anschlußbleche zu verwinden.

Gegenüber anderen Zugstabsystemen unterscheidet sich das BESISTA-Sicherheits-Zugstabsystem durch zusätzliche Sicherheiten, u.a. durch den 3- bis 4fachen Sicherheitsabstand von der zulässigen Gebrauchslast zur Bruchlast oder durch den patentierten Spreizschutz und das Kontrolloch zur Überprüfung der Gewindeeindrehtiefe und zur Gewährleistung der Feuerverzinkung im Gewinde. Die Qualität wird zusätzlich durch die staatliche Materialprüfanstalt FMPA in Stuttgart überwacht.

Die Typenstatik für die gängigsten Werkstoffvarianten wurde vom Prüfamt für Baustatik, Stuttgart, unter der Prüfnummer Y1/91 erteilt. Bemessungsgrundlage ist die Neuausgabe der DIN 18800 November 1990.

Bei den zulässigen Gebrauchslasten sind wir vorerst nicht ganz an die nach der Neufassung der DIN 18800 möglichen Grenzen gegangen, da mir der Unterschied zwischen der alten und neuen Fassung praxisfremd groß erscheint. Eine weitere Tatsache ist, daß die Gewinde bei feuerverzinkter Ausführung aus technischen Gründen zuerst unterschnitten und

Abb. 4.36

Abb. 4.37

92

nach dem Verzinken auf das Normalmaß nachgeschnitten werden müssen, um eine wirksame Zinkschicht zu erhalten. Folglich ist der tragende Gewindequerschnitt kleiner. Auch aufgerollte Gewinde bringen hier keine Vorteile, denn dieser Prozeß ist bei aufgerollten Gewinden technisch sehr aufwendig und daher kostenmäßig unrealistisch.

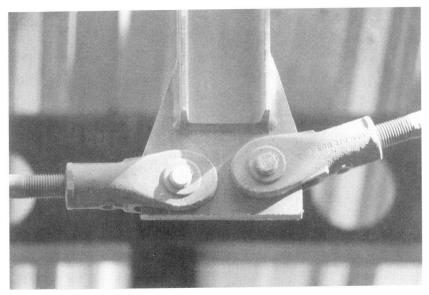

Abb. 4.38

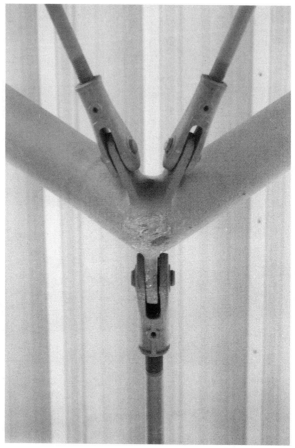

Abb. 4.39

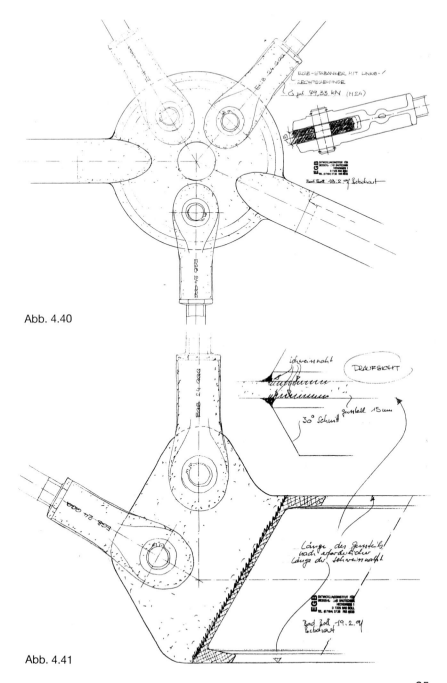

Abb. 4.40

Abb. 4.41

95

4.7 Zusammenfassung

Neben den derzeitigen Anwendungsgebieten wird sich im Gegensatz zur historischen, vorwiegend druckbeanspruchten Gußeisenarchitektur eine neue "Gußarchitektur" mit duktilen Gußwerkstoffen entwickeln, die sich entsprechend den Prinzipien des Urformens durch weiche Übergänge und organische Formen vom herkömmlichen Bauen unterscheidet, Abb. 4.42.

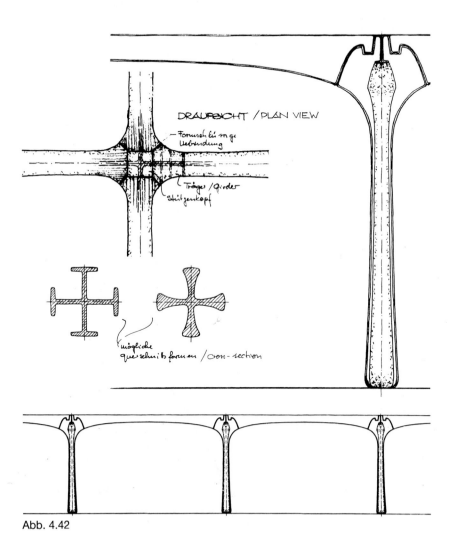

Abb. 4.42

Sicher konnten Sie erkennen, daß das Konstruieren mit Guß etwas ganz anderes ist, als das Zusammenfügen von Halbfabrikaten. Gießen bedeutet eben Urformen, und Urformen bedeutet das Entstehen eines Formteils aus einem zusammenhanglosen Stoff in einer eigens dafür bestimmten Form.

Dieser Entstehungsprozeß ist ein Erlebnis, bei dem die entscheidenden Vorteile - nämlich die fast unbegrenzten Möglichkeiten der Formgebung und die Integration mehrerer Funktionen - schon beim Konzipieren beeinflußbar sind.

4.8 Literatur:

A.P. Betschart: "Neue Gußkonstruktionen in der Architektur", Grundlagenbuch zum Konstruieren mit Gußwerkstoffen, Eigenverlag Gießen + Bauen, Heckenweg 1, 7325 Bad Boll (DM 78,-- + Versandkosten)

A.P. Betschart: "Untersuchungen neuer metallischer Gußwerkstoffe für Baukonstruktionen", Dissertation, A.P. Betschart, VDI Verlag

4.9 Normen

DIN 1691 - Gußeisen mit Lamellengraphit
DIN 1692 - Temperguß
DIN 1693 - Gußeisen mit Kugelgraphit
DIN 1725 - Aluminiumgußlegierungen, Teil 2
DIN 4421 - Traggerüste - Berechnung, Konstruktion und Ausführung (S. 13, zulässige Spannungen für Gußwerkstoffe)
DIN 17182 - Stahlguß für allgemeine Verwendungszwecke
DIN 18800 - Stahlbauten, Teil 1 (Neufassung Nov. 1990)

4.10 Herstellung und Vertrieb von Gußkonstruktionen:

Gußbau Betschart *gb*, Heckenweg 1, 7325 Bad Boll, Tel. 07164/3738, Fax 4833

Die Firma Gußbau-Betschart ist spezialisiert auf die Herstellung und Bearbeitung von gieß- und formgerechten Gußkonstruktionen.

5 Bauelemente aus Stahlblech

Ralf Möller

5.1 Allgemeines

Die Idee, aus ebenen Stahlblechen zur Erhöhung der Tragkraft prismatische Strukturen zu formen, wurde bereits in der zweiten Hälfte des letzten Jahrhunderts umgesetzt. Der Ursprung der Entwicklung ist in den Jahren 1850 - 1860 zu sehen, in welchen in England bereits Stahl-Wellblechelemente hergestellt wurden. In Deutschland wurde im Jahre 1875 von der Firma Hein, Lehmann und Co., Berlin, diese Entwicklung nachvollzogen. Ein großer Teil der uns heute geläufigen Profilformen wurde zu der Zeit bereits auf Pressen hergestellt.

Eine Industrialisierung der Fertigung von Trapezprofilen ist jedoch das Ergebnis der Entwicklungen der letzten 40 Jahre. Eine große Nachfrage nach raumabschließenden Elementen in den ersten Nachkriegsjahren setzte in Deutschland Entwicklungen in Gang, die nunmehr zu einer allseits akzeptierten Bauweise geführt haben. Die wichtigsten Meilensteine auf diesem Weg sind die Entwicklung sendzimir-verzinkten Bandstahls, die Entwicklung von Coilcoating-Anlagen und neuerdings auch das Glühen von Coils in kontinuierlichen Glühanlagen.

Die ersten Stahl-Polyurethan-Verbundelemente für den Baubereich wurden bereits 1962 hergestellt, als von einem namhaften deutschen Stahlhersteller, der Hoesch Stahl AG, die Sandwichtechnik für neue Produkte aus oberflächenveredeltem Stahlblech wiederentdeckt wurde; eine kontinuierliche Fertigungsmethode ebnete dem Bauelement den Weg in den Baumarkt.

5.2 Werkstoffe

5.2.1 Stahl

Für die Herstellung von Trapezprofilen und Deckschalen für Sandwichelemente wird heute neben Aluminium in erster Linie für die Kaltverformung geeigneter Stahl (z.B. Fe E 280 G nach DIN EN 10147) mit einer Streckgrenze von mindestens 280 N/mm^2 verwendet. Die bevorzugte Lieferform für diese Stahlbleche sind Bänder in Dicken von 0,4 bis 1,5 mm und Breiten von ca. 600 mm bis ca. 1800 mm zu Coils aufgerollt mit einem Gewicht von bis zu 30t (Abb. 5.1).

Hinsichtlich der Stufen in der Vormaterialerzeugung - Warmwalzen, Beizen, Glühen, Kaltwalzen - sei lediglich auf die Durchführung des kontinuierlichen Glühprozesses, eine Entwicklung der letzten zwei Jahrzehnte hingewiesen (Abb. 5.2).

Abb. 5.1: Coil-Lager

Konventioneller Prozeß

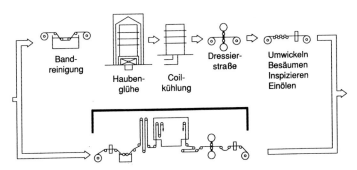

Band-
reinigung

Hauben-
glühe

Coil-
kühlung

Dressier-
straße

Umwickeln
Besäumen
Inspizieren
Einölen

Kontinuierliche Glühanlage

Abb. 5.2: Kontinuierlicher Glühprozeß

5.2.2 Polyurethan - Hartschaum

Seit tausenden von Jahren ist Eisen ein gutbekanntes Material; Polyurethan-Hartschaum ist ein Produkt dieses Jahrhunderts. Er entsteht durch Vermischen der flüssigen Rohstoffe Polyisocyanat und Polyol. Zusätzliche Komponente sind Aktivatoren und Zusatzmittel, um die Verarbeitbarkeit in kontinuierlichen Prozessen zu regeln und um die mäßige Entflammbarkeit gemäß DIN 4102 sicherzustellen.

Die chemische Reaktion der beiden Stoffe muß durch ein Blähmittel unterstützt werden, um das gewünschte feinporige Aufschäumen und die erforderliche Rohdichte zu erreichen (Abb. 5.3). Von allen Blähmitteln sind bis zum heutigen Tage die Fluorchlorkohlenwasserstoffe (FCKW) die geeignetsten.

Diese tiefsiedenden Flüssigkeiten werden den chemischen Komponenten während des Mischvorgangs zugefügt. Die Hitze, die bei dem exothermischen Prozeß zwischen dem Polyol und dem Polyisocyanat entsteht, läßt die flüssigen Treibmittel verdampfen und das Gemisch aufschäumen. Die Komponenten des Polyurethan-Hartschaums sind sorgfältig auf die gewünschte Anwendung zugeschnitten. Die Verwendung als Baustoff fordert gute mechanische Kennwerte (vergl. Tabelle 1).

Neben der mechanischen Beanspruchbarkeit des Polyurethan-Hartschaumes sind seine Wärmeisoliereigenschaften von hoher Bedeutung; das Treibmittel FCKW liefert hierzu mit einem Wärmeleitwert von 0,0065 W/(m x K) einen willkommenen Beitrag.

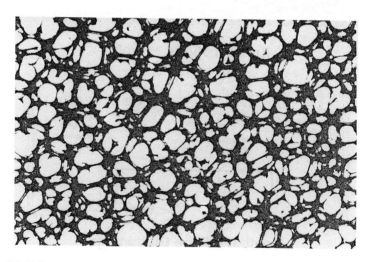

Abb. 5.3: Zellstruktur des Polyurethan-Schaumes (200-fache Vergrößerung)

Elastizitätsmodul:	E_S (N/mm²)	
bei ϑ = 20° C		4,00
bei erhöhter Temperatur		3,60
Schubmodul:	G_S (N/mm²)	
bei ϑ = 20° C		3,00
bei erhöhter Temperatur		2,70
Schubfestigkeit:	$\beta\pi$ (N/mm²)	
bei ϑ = 20° C		0,15
bei erhöhter Temperatur		0,10
für Langzeitbelastung		0,08
Druckfestigkeit:	β_d (N/mm²)	0,15

Tab. 1: Mechanische Kennwerte von Polyurethan-Hartschaum (Anhaltswerte bei der Verwendung als Kern bei Sandwich-Elementen)

Entsprechend dem Montrealer Protokoll von 1987 wird die Verwendung von Fluorchlorkohlenwasserstoff in jüngster Zeit erheblich reduziert. Für die Herstellung von Polyurethan-Hartschaum bedeutet dies, daß die Fluorchlorkohlenwasserstoffe durch teilhalogenierte Fluorchlorkohlenwasserstoffe, Pentan oder durch CO_2 ersetzt werden müssen. Die Folge davon ist eine leichte Erhöhung des Wärmeleitwertes des Polyurethan-Hartschaumes auf 0.025 W/(m x K). Die Entwicklung neuer Schäume ist zur Zeit noch nicht abgeschlossen.

Für PUR-Hartschaum wird DIN 18164 angewendet.

5.3 Korrosionsschutz

5.3.1 Metallische Überzüge [1]

In einer Bandverzinkungsanlage (Abb. 5.4) erhält der Bandstahl als erste Stufe zum Korrosionsschutz einen metallischen Überzug. Das Stahlblech - mehrere Coils zu einem endlosen Band zusammengeheftet - durchläuft kontinuierlich verschiedene Vorbehandlungsstufen - Reinigungs-, Vorwärm-, Reduktions- und Angleichungszonen - ehe es im Zinkbad bei ca. 450° seinen metallischen Überzug erhält. Beim Austritt aus dem Bad wird durch eine Düsenabstreifvorrichtung sichergestellt, daß ein Überzug mit gleichmäßiger Dicke entsteht. Die Endqualität erhält das Band in den folgenden Stufen - Kühlung, Dressierung, Streck-Richten.

Gängig sind heute drei unterschiedliche Arten von metallischen Überzügen auf Zinkbasis (vergl. Tabelle 2):

Metallische Überzüge

System	Oberfläche	Merkmale
Bandbeschichtung (HDG)		– ausreichender Schutz gegen Korrosion – gute kathodische Schutzwirkung – Anwendungbereich bis 230° C – gute Veformbarkeit
Mischmetall Zn – 5% Al Galvan®		– besserer Korrosionsschutz als HDG – ausgezeichnete Verformbarkeit – gute Haftung von organischen Beschichtungen
Mischmetall (55% Al Zn) Galvalume®		– ausgezeichneter Korrosionsschutz (2–6 × besser als HDG) – Anwendungsbereich bis 315° C – ausgez. Reflexionseigenschaften

Tabelle 2

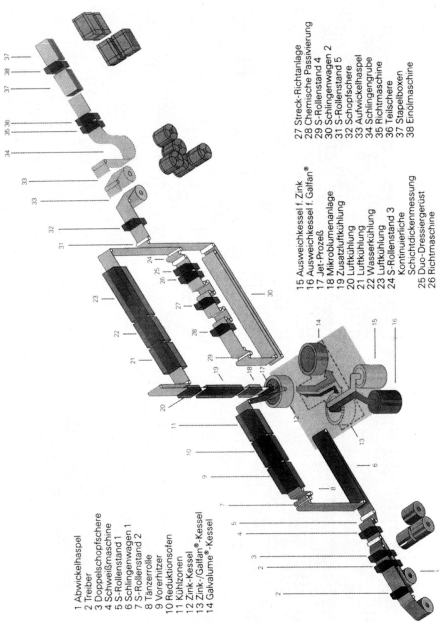

1 Abwickelhaspel
2 Treiber
3 Doppelschopfschere
4 Schweißmaschine
5 S-Rollenstand 1
6 Schlingenwagen 1
7 S-Rollenstand 2
8 Tänzerrolle
9 Vorerhitzer
10 Reduktionsofen
11 Kühlzonen
12 Zink-Kessel
13 Zink-/Galfan®-Kessel
14 Galvalume®-Kessel

15 Ausweichkessel f. Zink
16 Ausweichkessel f. Galfan®
17 Jet-Prozeß
18 Mikroblumenanlage
19 Zusatzluftkühlung
20 Luftkühlung
21 Luftkühlung
22 Wasserkühlung
23 Luftkühlung
24 S-Rollenstand 3
   Kontinuierliche
   Schichtdickenmessung
25 Duo-Dressiergerüst
26 Richtmaschine

27 Streck-Richtanlage
28 Chemische Passivierung
29 S-Rollenstand 4
30 Schlingenwagen 2
31 S-Rollenstand 5
32 Schopfschere
33 Aufwickelhaspel
34 Schlingengrube
35 Richtmaschine
36 Teilschere
37 Stapelboxen
38 Einölmaschine

Abb. 5.4: Bandverzinkungsanlage

Verzinkung (Z)

Wie oben beschrieben, wird auf das Stahlband eine beidseitige Zinkauflage nach DIN 17 162 von 275 g/m² aufgebracht. Dies entspricht einer Schichtdicke von ca. 20 μm beidseitig. Das gebräuchliche Kürzel lautet: Z 275. Die Einstufung dieses Überzuges erfolgt in die Korrosionsschutzklasse I nach Teil 8 der DIN 55 928.

Galfan ® (ZA)

Der Überzug besteht aus einer Legierung von 95% Zink und 5% Aluminium nebst geringen Mengen von Mischmetallen. Der Überzug Galfan® zeigt gegenüber dem feuerverzinkten Stahl ein verbessertes Umformverhalten und eine verbesserte Korrosionsbeständigkeit. Die Auflage beträgt 255 g/m²; dies entspricht einer Schichtdicke von 20 μm beidseitig; das gebräuchliche Kürzel ist ZA 255. Die Einstufung dieses Überzuges erfolgt in die Korrosionsschutzklasse I nach Teil 8 der DIN 55928.

Galvalume® (AZ)

Der Begriff Galvalume® wird als Bezeichnung für den Trägerwerkstoff Stahl einschließlich seines metallischen Überzuges verwendet. Dieser besteht aus einer Legierung von 55% Aluminium, 43,4% Zink und 1,6% Silizium; Patentinhaber ist die Firma Bethlehem Steel Corporation, USA. Eine typische Auflagegruppe ist AZ 185 (185 g/m², entsprechend 25 μm je Seite). Galvalume® hat gegenüber der Verzinkung ein vergleichbares Umformverhalten, ist jedoch hinsichtlich des Korrosionsschutzes deutlich besser. Eine Einstufung des Werkstoffes in die Korrosionsschutzklasse III nach Teil 8 der DIN 55928 wird zur Zeit durchgeführt.

Eine vergleichende Darstellung der Eigenschaften der gebräuchlichsten metallischen Überzüge enthält Tabelle 3 und Abb. 5.5.

Gegenüber der früher allgemein gebräuchlichen Tafelverzinkung hat die heute angewendete Bandverzinkung den Vorteil, daß die Übergangsschicht zwischen Eisen und Zink, die sog. Hartzinkschicht, sehr dünn bleibt; das Ergebnis ist, daß die Herstellung von profilierten Stahlblechen mit kleinen Radien (in der Größenordnung der Blechdicke) möglich ist.

Der Korrosionsschutz des Stahlbleches wird dadurch bewirkt, daß das im Überzug enthaltene Zink bei Bewitterung eine schützende und festhaftende Deckschicht aus Korrosionsprodukten des Zinks - wegen des Kohlendioxydgehaltes der Luft vorwiegend aus basischen Zinkcarbonaten - bildet, die im Laufe der Zeit durch Wind und Wetter flächig abgetragen wird, sich jedoch ständig aus dem darunter befindlichen Zink erneuert. Überzüge auf Zinkbasis verbrauchen sich daher im Laufe der Zeit, sofern sie nicht durch zusätzliche Maßnahmen geschützt werden.

	Feuerverzinkung	Galfan ®	Galvalume®
Verformbarkeit	3	1	2
Korrosionsschutz unbehandelt	3 *	2 *	1
Korrosionsschutz an Biegeschultern	3*	1 *	2
Korrosionsschutz beschichtet	2	1	2 **
Kathodische Schutzwirkung	2	2	2

1 = relativ bestes Verhalten
3 = relativ schlechtes Verhalten
* I.d.R. nicht ohne Beschichtung im Einsatz
** Aufwendig Vorbehandlung vor dem Aufbringen der Beschichtung erforderlich

Tabelle 3: Vergleichende Darstellung der Eigenschaften der gebräuchlichen Überzüge

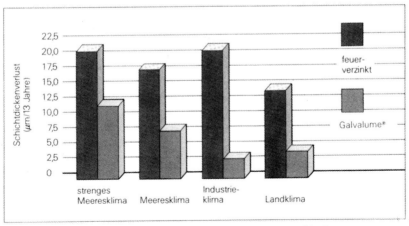

Abb. 5.5: Galfan/Galvalume im Vergleich zu feuerverzinktem Blech

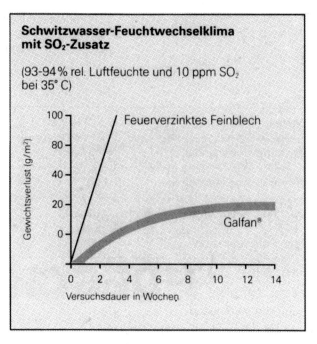

Schwitzwasser-Feuchtwechselklima mit SO₂-Zusatz

(93-94% rel. Luftfeuchte und 10 ppm SO₂ bei 35° C)

Feuerverzinktes Feinblech

Galfan®

Gewichtsverlust (g/m²)

Versuchsdauer in Wochen

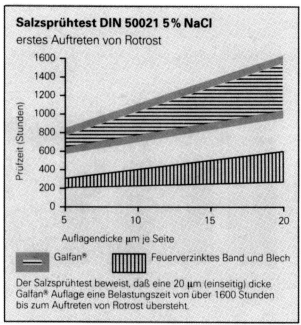

Salzsprühtest DIN 50021 5% NaCl
erstes Auftreten von Rotrost

Prüfzeit (Stunden)

Auflagendicke µm je Seite

Galfan®   Feuerverzinktes Band und Blech

Der Salzsprühtest beweist, daß eine 20 µm (einseitig) dicke
Galfan® Auflage eine Belastungszeit von über 1600 Stunden
bis zum Auftreten von Rotrost übersteht.

Der Abtrag wird in starkem Maße vom Typ der Atmosphäre, in dem sich das Bauteil befindet, beeinflußt:

– Meeresatmosphäre:
Vorwiegend feuchte und von Chloriden durchsetzte Luft; sehr starke Korrosionsbelastung.

– Industrieatmosphäre:
Mittlere Feuchtigkeit und durch verschiedene Schadstoffe - besonders Schwefeldioxid - verunreinigte Luft; sehr starke Korrosionsbelastung.

– Stadtatmosphäre:
Mittlere Feuchtigkeit und infolge Straßenverkehrs und Hausbrandes verunreinigte Luft; mäßige Korrosionsbelastung.

– Landatmosphäre:
Relativ saubere Luft; geringe Korrosionsbelastung.

Bei länger andauerndem Feuchteanfall bei dichter Lagerung, z.B. beim Transport, kann "Weißrost" (Zinkoxidhydrat) entstehen, der den Korrosionsprozess erheblich beschleunigt.

In der Landatmosphäre beträgt der Dickenverlust der Überzüge Z 275 und ZA 255 ca. 1 - 3 μm/Jahr; in der Industrieatmosphäre dagegen 3 - 8 μm/ Jahr und bei besonders aggressiven Umweltbedingungen sogar bis zu 19 μm/Jahr.

Dies besagt, daß unter ungünstigen Bedingungen die gesamte Auflage innerhalb eines Jahres abgetragen werden kann. Daher auch wird in der DIN 18 807 (Teil 1, 3.3.5) gefordert, je nach Erfordernis eine zusätzliche - i.d.R. organische - Beschichtung aufzubringen.

Lediglich Galvalume® kann ohne weitere Beschichtung der Bewitterung - auch in Meeres- und Industrieatmosphäre - ausgesetzt werden. Das in der Legierung des Überzugs enthaltene Aluminium bildet ein räumliches Gitter, aus welchem die Zinkbestandteile nur erschwert herausgewaschen werden können (Abb. 5.6a).

Zum Schutz gegen "Schwarzrost" bei feuchter Lagerung während des Transportes erhält dieses System zusätzlich eine Nachbehandlung mit einer organischen Chromatlösung.

Wird das mit einem Überzug versehene Stahlblech (bzw. ein Produkt aus diesem) durch Schneiden oder Sägen geteilt, entstehen zwangsläufig Schnittflächen, an denen das Grundmaterial Stahl ohne schützende Zinkschicht der Verwitterung ausgesetzt ist.

Der Schutz der Schnittflächen bei Blechstärken bis ca. 1,5 mm wird über den sogenannten "Kathodischen Schutz" erreicht, so daß sich tatsächlich kaum Korrosionserscheinungen ergeben.

Unter Kathodischem Schutz versteht man den elektrochemischen Vorgang, bei dem sich durch Potentialdifferenzen die im Elektrolyten in Lösung gegangenen Ionen des unedleren Zinks an der Oberfläche des edleren Metalls Eisen ablagern und dort eine korrosionshemmende Deckschicht bilden (Abb. 5.6a, b).

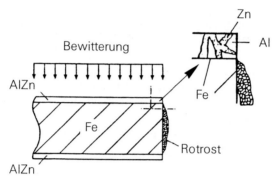

Material: Galvalume®
Zink opfert sich und schützt die Schnittfläche. Aluminium-Skelett bleibt bestehen und übernimmt die Schutzwirkung.

Abb. 5.6a: Korrosionsschutzwirkung von Galvalume®

Abb. 5.6b: Kathodische Schutzwirkung

5.3.2 Organische Beschichtungen [2]

Die Organische Beschichtung (Kunststoffbeschichtung) wird als Flüssigbeschichtung oder in Form einer Folie auf dem metallischen Überzug aufgebracht. Die Flüssigkeit kann als Anstrich im Spritzverfahren nach der Profilierung der Profile, aber auch als kontinuierliche Bandbeschichtung (Coilcoating) vor der Verformung der Bleche ausgeführt werden.

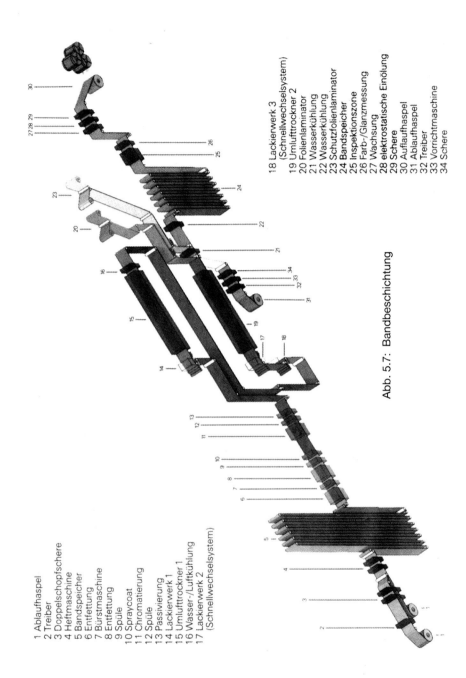

1 Ablaufhaspel
2 Treiber
3 Doppelschopfschere
4 Heftmaschine
5 Bandspeicher
6 Entfettung
7 Bürstmaschine
8 Entfettung
9 Spüle
10 Spraycoat
11 Chromatierung
12 Spüle
13 Passivierung
14 Lackierwerk 1
15 Umlufttrockner 1
16 Wasser-/Luftkühlung
17 Lackierwerk 2
(Schnellwechselsystem)

18 Lackierwerk 3
(Schnellwechselsystem)
19 Umlufttrockner 2
20 Folienlaminator
21 Wasserkühlung
22 Wasserkühlung
23 Schutzfolienlaminator
24 Bandspeicher
25 Inspektionszone
26 Farb-/Glanzmessung
27 Wachsung
28 elektrostatische Einölung
29 Schere
30 Auflaufhaspel
31 Ablaufhaspel
32 Treiber
33 Vorrichtmaschine
34 Schere

Abb. 5.7: Bandbeschichtung

109

Organische Beschichtungen

System	Symbol	Merkmale
Naßbeschichtung		– große Material- und Farbpalette das bedeutet: – Korrosionsschutz für nahezu alle Probleme
Folienbeschichtung		– gute Verformbarkeit – hervorragende Beständigkeit gegen – mechanische – chemische Beanspruchung
Pulverbeschichtung		– kratzfeste Oberfläche – große Schichtdicke – Schnittkantenschutz

Tabelle 4

Von dominanter Bedeutung ist heute das Coilcoating-Verfahren (Tabelle 4). Bei der Flüssigbeschichtung werden beidseitig thermoplastische oder duroplastische Kunststoffe in Breitband-Beschichtungsanlagen (Abb. 5.7) auf ein mit einem metallischen Überzug, Z 275 oder ZA 255, versehenem Stahlband in flüssiger Form über Walzen aufgebracht. Nach der Aushärtung des Lackes in Brennöfen beträgt die Schichtdicke bei duroplastischer Beschichtung bis 25 μm, bei thermoplastischer Beschichtung bei gängigen Beschichtungsverfahren ca. 200 μm.

Bei der Folienbeschichtung wird nach der Vorbehandlung und dem Kleberauftrag eine Kunststoffolie auflaminiert. Die Foliendicke erreicht bei Polyvenylfluoridfolien 40 μm, bei Plastisolfolien ca. 300 μm.

Eine Zusammenstellung der für das Bauwesen üblicherweise verwendeten organischen Beschichtungen enthält Tabelle 5.

Beschichtungssystem	Kurz-zeichen	Gesamtschichtdicke (μm)
1. Flüssigkeits-beschichtungen		
1.1 Duroplaste		
Polyester	Sp	25 (zweischichtig)
Acrylharz	Ay	25 (zweischichtig)
Silikonpolyester	Sp-SI	25 (zweischichtig)
Silikonacrylat	AY-SI	25 (zweischichtig)
1.2 Thermoplaste		
Polyvinylidenfluorid	PVDF	25 (zweischichtig)
Polyvinylchlorid-Plastisol	PVC (P)	bis 120 (")
2. Folienbeschichtung		
Polyvinylfluorid-Folie	PVF (F)	40
Polyvinylchlorid-Folie	PVC (F)	bis 300

Tabelle 5: Zusammenstellung der wichtigsten organischen Bandbeschichtungen

In den Breitband-Beschichtungsanlagen wird eine Bandgeschwindigkeit bis zu 150 m/min erreicht; in der Anlage befindet sich eine Bandlänge von ca. 500 m in Bearbeitung.

Durch die Kunststoffbeschichtung auf dem Trägermaterial wird ein sogenanntes Duplex-System geschaffen, bei welchem sich die beiden Schutzschichten in hervorragender Weise ergänzen:

Die organischen Beschichtungen verhindern zunächst den Abtrag des Zinks; da sie jedoch nicht völlig diffusionsdicht sind und auch Alterungsprozessen unterliegen, beginnt das Zink mäßig zu korrodieren; die Korrosionsprodukte verschließen wiederum die Poren und Mikrorisse der alternden organischen Beschichtung und verzögern somit ganz erheblich deren korrosive Unterwanderung und Abblättern.

DIN 18 807 regelt für die unterschiedlichen Einsatzfälle von Trapezprofilen den erforderlichen Korrosionsschutz; der Korrosionsschutz von Sandwichelementen wird durch die jeweils gültige Zulassung des Instituts für Bautechnik (IfBt) geregelt.

Übliche Korrosionsschutzsysteme sowie deren Bewertung sind in der DIN 55 928, Teil 8, festgelegt.

Somit muß das Beschichtungssystem sorgfältig den Witterungsbedingungen, denen das Bauwerk ausgesetzt ist, entsprechend angepaßt werden. Ein Anhaltspunkt über die Auswahlkriterien gibt die Tabelle 6 sowie [3].

Im Einzelfall ist bei der Herstellerfirma jedoch eine Beratung unerläßlich. Insbesondere muß festgestellt werden, daß nicht alle der in Tabelle 5 aufgeführten Beschichtungssysteme für den Einsatz im Dachbereich geeignet sind.

Das ausgewählte Korrosionsschutzsystem kann seine Aufgabe nur dann erfüllen, wenn der vorgesehene Schutzprozeß nicht durch Beschädigungen an der Oberfläche gestört wird. Sorgfältige Behandlung der Bauteile während der Fertigung, des Transportes und insbesondere während der Montage ist daher unumgänglich; bei hochwertigen Bauteilen, i.d.R. bei Sandwichelementen, wird daher auf der Oberfläche der Außenseite eine Schutzfolie aus Polyethylen aufkaschiert, die entsprechend den Herstellerangaben unmittelbar nach der Montage der Elemente abgezogen werden muß.

5.3.3 Ausblick:

Zur Zeit werden erhebliche Anstrengungen unternommen, auch die Pulverbeschichtung auf Polyesterbasis mit Schichtdicken von 40 - 50 μm für Außen- und Inneneinsatz im Bauwesen als Bandbeschichtung aufzubringen. Diese Beschichtung ist unempfindlicher gegenüber mechanischer

An-forderung	Kriterium	AY/SP Lack ca. 25 μm	PVDF	[3] PVC Plastisol 80-100 μm	[2] PVC Plastisol 150-200 μm	PVF Folie ca.40μm
	Beschichtungssystem					
ästhetisch	1. Glanzhaltung	x	xx	x	x	xxx
	2. Kreidungs-resistenz	x	xx	xx	xx	xxx
	3. Farbtonhaltung	x	xx	xx	xx	xxx
funktionell	4. Witterungsbe-ständigkeit (UV-Beständigkeit)	x	xx	xx	xx	xxx
	5. Wärme-beständigkeit	xx	xxx	x	x	xxx
	6. Chemikalien-beständigkeit	$(x)^1$	$(xx)^1$	$(xxx)^1$	$(xxx)^1$	$(xxx)^1$
	7. Widerstandsfähig-keit ggf. mechan. Beanspruchungen	x	x	xx	xxx	xx
	8. Elastizität Umformverhalten	x	xx	xxx	xxx	xxx

x   =   ausreichend beständig
xx   =   gut beständig
xxx   =   hervorragend beständig

1   =   im konkreten Einzelfall Rückfrage erforderlich
2   =   Sichtflächen nur in geprägter Ausführung
3   =   vorzugsweise für nicht einsehbare Flächen

Tabelle 6: Der für den Einsatz im Bauwesen wichtigen Eigenschaften der gebräuchlichen organischen Beschichtungen

Einwirkung und könnte als Beschichtung für Dachelemente - die bei der Montage begangen werden müssen - eine Zukunft haben.

Die europäischen Coil-Coater sind in der ECCA (European Coil Coating Association, Brüssel) als Dachverband vertreten, dessen Prüfverfahren [2] für eine ausgereifte Beschichtungsqualität bürgen.

5.4 Stahlprofilbleche

5.4.1 Herstellung

Stahlprofilbleche (Abb. 5.8) werden heute in kontinuierlich arbeitenden Rollform-Anlagen in Blechdicken von 0,63 mm bis 1,5 mm und mit Einlaufbreiten der Bänder von ca. 1100 mm bis ca. 1510 mm profiliert. Die Durchlaufgeschwindigkeit des verzinkten und beschichteten Bandes beträgt ca. 75 m/min.

Ein Rollformer (Abb. 5.9) besteht aus der Abhaspelvorrichtung, einer Anzahl von hintereinander angeordneten Walzenpaaren, einer Abläng- und der Abstapelvorrichtung. Das Flachblech wird von der Haspel abgerollt und durch stufenweises Umformen durch die Walzenpaare bis hin zum fertigen Profil profiliert. Die Anzahl der Umformstationen wird durch die Profilgeometrie (Höhe, Breite, Krümmungsradien, Hinterschnitte etc.) bestimmt, je höher und breiter oder um so komplizierter ein Profil ist, desto mehr Stationen sind erforderlich. Die Ablängung des Profiles geschieht entweder direkt hinter dem Haspel oder nach dem Profilieren am fertigen Profil durch eine profilfolgende Schere.

Auf einem Rollformer können durch Auswechseln der Walzenpaare die unterschiedlichsten Querschnittsformen hergestellt werden. Modernere Rollformer beherbergen heute in Revolvereinrichtungen bis zu vier unterschiedliche Rollensätze, die je nach Bedarf eingeschwenkt werden können. Somit werden die Rüstzeiten in der Produktion beim Profilwechsel bereits auf wenige Minuten reduziert.

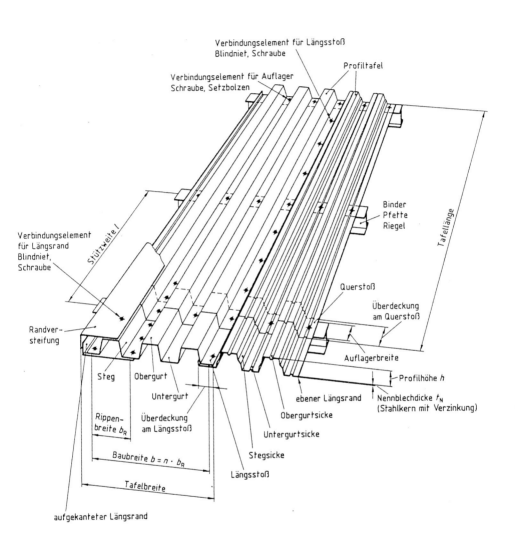

Abb. 5.8: Stahltrapezblech

Abb. 5.9: Endstufe beim Rollformprozeß eines Trapezprofiles

5.4.2 Trapezprofile für Dach und Wand

Abb. 5.10 zeigt die Entwicklung der einzelnen Bauelementgenerationen seit der Erfindung des Wellbleches. Die niedrigen Wandprofile in Höhen bis 50 mm haben in erster Linie eine raumabschließende Funktion, da sie aufgrund der vorliegenden statischen Nutzhöhe nicht in der Lage sind, größere Kräfte als die an Wandkonstruktionen vorherrschenden Windkräfte abzutragen. Die nächste Generation von Trapezprofilen zeigt höhere Profilierungen; hohe Stege und breite Gurte sind zum Zwecke der Stabilisierung mit Sicken versehen, so daß neben der raumabschließenden Funktion in hohem Maße die lastabtragende hinzukommt. Die dritte Trapezprofilgeneration erhält in den Obergurten planmäßig Querrippen, um das Tragvermögen quer zur Erzeugenden zu vergrößern. Abb. 5.11 enthält eine vergleichende Darstellung der statischen Tragfähigkeit.

Die Dicke des Stahls bewegt sich zwischen 0,75 und 1,5 mm.

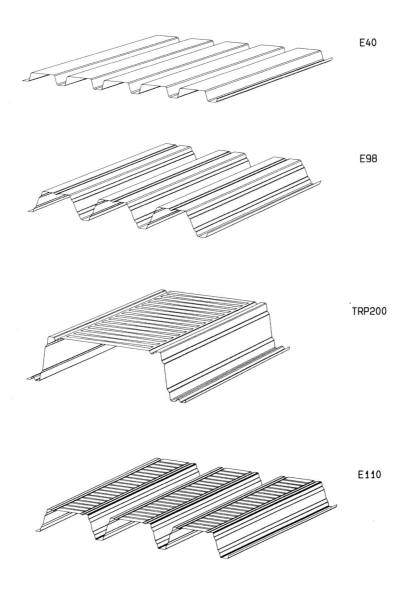

E40

E98

TRP200

E110

Abb. 5.10: TP-Generation

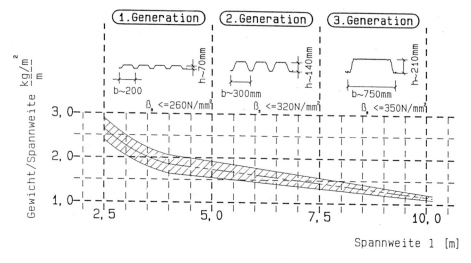

Abb. 5.11: Vergleich der Leistungsfähigkeit der unterschiedlichen Trapezprofilgenerationen

5.4.3 Wetterhäute aus Stahl

Für Wetterhäute aus Stahl für den Einsatz im Dachbereich werden Trapez-profile mit einer Höhe von ca. 50 mm verwendet; modernere Formen, spe-ziell für den Einsatz im Dach entwickelt, sind in Abb. 5.12 zu sehen. We-sentliches Merkmal dieser Profilformen ist, daß keine von außen sichtbare Befestigungsmittel verwendet werden. Die Blechdicke dieser Elemente ist in der Regel 0,63 mm.

5.4.4 Stahlkassetten

Ein Sonderprodukt stellt die Kassette dar (Abb. 5.13a). Sie ist als reines Tragwerk, als Ersatz für die Wandriegel horizontal von Stütze zu Stütze gespannt, im Einsatz. In den Kassettenboden wird eine Mineralwolldäm-mung eingelegt und dann ein Trapez- oder ein Wellprofil von außen befe-stigt (vergl. Abb. 5.13b).

Besonders im Kraftwerksbau, wo es auf hohe Schalldämmwerte ankommt und geringe Brandlasten gefragt sind, hat sich die Kassettenwand, wie man sie nennt, durchgesetzt. Die Anwendung von Kassetten ist durch Zu-lassungen des IfBT (Institut für Bautechnik) geregelt.

118

Hoesch clipdach omega®

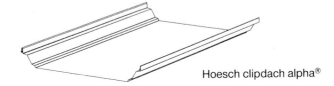

Hoesch clipdach alpha®

Abb. 5.12: Wetterhäute aus Stahl

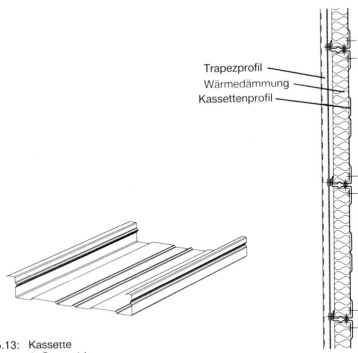

Trapezprofil
Wärmedämmung
Kassettenprofil

Abb. 5.13: Kassette
a) Geometrie
b) Anwendung in der Wand

119

5.4.5 Trapezprofile im Deckenbereich

Der Einsatz von Trapezprofilen ist in folgenden Varianten möglich:

1) Einsatz als verlorene Schalung ohne Mitwirkung im Gebrauchszustand

2) Einsatz als verlorene Schalung unter Berücksichtigung der Biegesteifigkeit des Trapezprofiles im Gebrauchszustand im Sinne eines additiven Bemessungskonzepts (Abb. 5.14).

3) Einsatz als verlorene Schalung unter Berücksichtigung der Verbundwirkung zwischen Stahlbetonkörper und Stahlprofil (Abb. 5.15).

In den ersten beiden Einsatzfällen werden vorzugsweise hohe tragfähige Profile gewählt, denn die Belastung aus Frischbeton soll möglichst ohne weitere Zwischenunterstützungen abgetragen werden. Im dritten Fall wird die Einsatzhöhe in der Regel auf 50 bis 70 mm begrenzt. Das Profil dient dann als Zugbewehrung im Sinne des Stahlbetonbaues. Die Aktivierung der Zugkraft erfolgt über Endverankerung bzw. durch kontinuierlichen Verbund zwischen Trapezprofil und Beton. Im Betonierzustand sind dementsprechend zusätzliche Sprießungen erforderlich.

Mit den oben gezeigten Konstruktionen wird bei Massivdecken die Einstufung F 90 nach DIN 4102 erreicht.

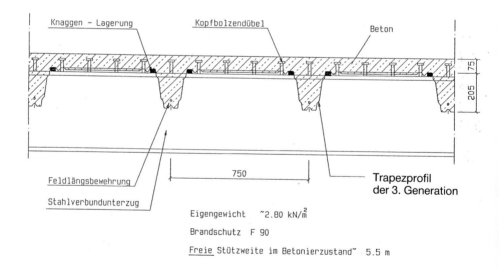

Eigengewicht ~2.80 kN/m²

Brandschutz F 90

Freie Stützweite im Betonierzustand~ 5.5 m

Abb. 5.14: Hoesch Additivdecke

120

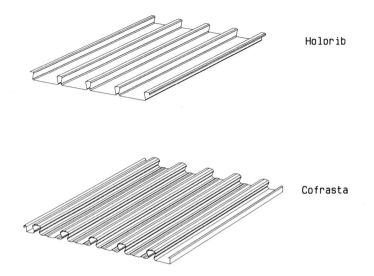

Holorib

Cofrasta

Abb. 5.15: Verbunddeckenprofile

5.4.6 Bemessung von Trapezprofilen [4, 5]

Die Tragkraft profilierter, prismatischer Strukturen wird heute nach DIN 18807, Teil 1 - 3 ermittelt; sie ist abhängig von:

— der Größe der "mittragenden Querschnittsbereiche"
— der Profillage, positiv oder negativ
— der Belastungsrichtung in Bezug auf die Profillage, z.b. Winddruck, Windsog
— der Befestigung an der tragenden Konstruktion
— der Auflagerbreite der tragenden Konstruktion

Die möglichen Versagensformen sind:

— Überschreiten der Fließgrenze im mittragenden Querschnitt
— Beulen der Druckgurte bzw. der Stege
— Krüppeln der Stege im Auflagerbereich

Querschnitts- und Bemessungswerte (vergl. Tab. 7) werden entweder nach DIN 18807, Teil 1, berechnet oder nach DIN 18807, Teil 2, durch Versuche ermittelt, wobei die Querschnittswerte für Normalkraftbeanspruchung nur durch Rechnung, die Bemessungswerte für die Begehbarkeit nur durch Versuche zu ermitteln sind. Jeder Hersteller von Trapezprofilen berechnet aus den Querschnitts- und Bemessungswerten Belastungstabellen (vergl. Tab. 8), die in der Regel von den Prüfämtern für Baustatik

121

E 98 Positivlage

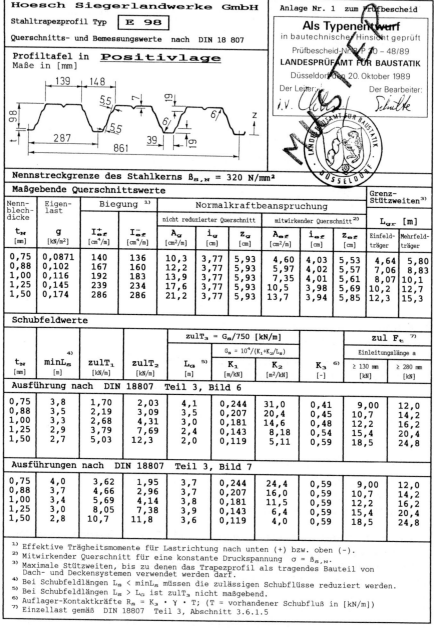

Nennstreckgrenze des Stahlkerns $\beta_{s,N}$ = 320 N/mm²

Maßgebende Querschnittswerte

Nenn-blech-dicke	Eigen-last	Biegung [1]		Normalkraftbeanspruchung						Grenz-Stützweiten [3]	
				nicht reduzierter Querschnitt			mitwirkender Querschnitt [2]			L_{gr} [m]	
t_N	g	I^+_{ef}	I^-_{ef}	A_G	i_G	z_G	A_{ef}	i_{ef}	z_{ef}	Einfeld-träger	Mehrfeld-träger
[mm]	[kN/m²]	[cm⁴/m]	[cm⁴/m]	[cm²/m]	[cm]	[cm]	[cm²/m]	[cm]	[cm]		
0,75	0,0871	140	136	10,3	3,77	5,93	4,60	4,03	5,53	4,64	5,80
0,88	0,102	167	160	12,2	3,77	5,93	5,97	4,02	5,57	7,06	8,83
1,00	0,116	192	183	13,9	3,77	5,93	7,35	4,01	5,61	8,07	10,1
1,25	0,145	239	234	17,6	3,77	5,93	10,5	3,98	5,69	10,2	12,7
1,50	0,174	286	286	21,2	3,77	5,93	13,7	3,94	5,85	12,3	15,3

Schubfeldwerte

					$zulT_3$ = G_s/750 [kN/m]				zul F_t [7]	
						$G_s = 10^4/(K_1+K_2/L_s)$			Einleitungslänge a	
t_N	minL$_s$ [4]	zulT$_1$	zulT$_2$	L$_G$ [5]	K$_1$	K$_2$	K$_3$ [6]		≥ 130 mm	≥ 280 mm
[mm]	[m]	[kN/m]	[kN/m]	[m]	[m/kN]	[m²/kN]	[-]		[kN]	[kN]
Ausführung nach DIN 18807 Teil 3, Bild 6										
0,75	3,8	1,70	2,03	4,1	0,244	31,0	0,41		9,00	12,0
0,88	3,5	2,19	3,09	3,5	0,207	20,4	0,45		10,7	14,2
1,00	3,3	2,68	4,31	3,0	0,181	14,6	0,48		12,2	16,2
1,25	2,9	3,79	7,69	2,4	0,143	8,18	0,54		15,4	20,4
1,50	2,7	5,03	12,3	2,0	0,119	5,11	0,59		18,5	24,8
Ausführungen nach DIN 18807 Teil 3, Bild 7										
0,75	4,0	3,62	1,95	3,7	0,244	24,4	0,59		9,00	12,0
0,88	3,7	4,66	2,96	3,7	0,207	16,0	0,59		10,7	14,2
1,00	3,4	5,69	4,14	3,8	0,181	11,5	0,59		12,2	16,2
1,25	3,0	8,05	7,38	3,9	0,143	6,4	0,59		15,4	20,4
1,50	2,8	10,7	11,8	3,6	0,119	4,0	0,59		18,5	24,8

[1] Effektive Trägheitsmomente für Lastrichtung nach unten (+) bzw. oben (-).
[2] Mitwirkender Querschnitt für eine konstante Druckspannung $\sigma = \beta_{s,N}$.
[3] Maximale Stützweiten, bis zu denen das Trapezprofil als tragendes Bauteil von Dach- und Deckensystemen verwendet werden darf.
[4] Bei Schubfeldlängen L_s < minL$_s$ müssen die zulässigen Schubflüsse reduziert werden.
[5] Bei Schubfeldlängen L_s > L$_G$ ist zulT$_3$ nicht maßgebend.
[6] Auflager-Kontaktkräfte R_s = K$_3$ · Y · T; (T = vorhandener Schubfluß in [kN/m])
[7] Einzellast gemäß DIN 18807 Teil 3, Abschnitt 3.6.1.5

Tab. 7: Querschnitts- und Bemessungswerte für Trapezprofile

Hoesch Siegerlandwerke GmbH
E 98 nach DIN 18 807

Positivlage

Die Werte über der Treppe gelten nur für nichttragende Dachschalen und Trapezprofilwände. Die Grenzstützweite ist überschritten.

Einfeldträger

Anlage N.. zum Prüfbescheid

Typenentwurf

in statisch technischer Hinsicht geprüft

Prüfbescheid-Nr. 3. P 30 – 118/90

LANDESPRÜFAMT FÜR BAUSTATIK

Düsseldorf, den 30. November 1990

Der Bearbeiter:

Leiter:

Stützweite l[m]			3,00	3,25	3,50	3,75	4,00	4,25	4,50	4,75	5,00	5,25	5,50	5,75	6,00	6,25	6,50	6,75	7,00	7,25	7,50	7,75	8,00
t_N	g	max f	Einfeldträger zul g [kN/m²]																				
0,75	8,71	*	3,44	2,93	2,52	2,20	1,93	1,71	1,53	1,37	1,24	1,12	1,02	0,94	0,86	0,79	0,73	0,68	0,63	0,59	0,55	0,51	0,48
		L/150	3,44	2,93	2,52	2,20	1,93	1,71	1,53	1,37	1,20	1,04	0,90	0,79	0,70	0,62	0,55	0,49	0,44	0,40	0,36	0,32	0,29
		L/300	2,79	2,19	1,76	1,43	1,18	0,98	0,83	0,70	0,60	0,52	0,45	0,40	0,35	0,31	0,27	0,24	0,22	0,20	0,18	0,16	0,15
		L/500	1,67	1,32	1,05	0,86	0,71	0,59	0,50	0,42	0,36	0,31	0,27	0,24	0,21	0,18	0,16	0,15	0,13	0,12	0,11	0,10	0,09
0,88	10,2	*	4,84	4,12	3,55	3,10	2,72	2,41	2,15	1,93	1,74	1,58	1,44	1,32	1,21	1,11	1,03	0,96	0,89	0,83	0,77	0,72	0,68
		L/150	4,84	4,12	3,55	3,10	2,72	2,34	1,97	1,68	1,44	1,24	1,08	0,94	0,83	0,74	0,65	0,58	0,52	0,47	0,43	0,39	0,35
		L/300	3,33	2,62	2,09	1,70	1,40	1,17	0,99	0,84	0,72	0,62	0,54	0,47	0,42	0,37	0,33	0,29	0,26	0,24	0,21	0,19	0,18
		L/500	2,00	1,57	1,26	1,02	0,84	0,70	0,59	0,50	0,43	0,37	0,32	0,28	0,25	0,22	0,20	0,18	0,16	0,14	0,13	0,12	0,11
1,00	11,6	*	6,12	5,21	4,49	3,91	3,44	3,05	2,72	2,44	2,20	2,00	1,82	1,67	1,53	1,41	1,30	1,20	1,12	1,05	0,98	0,92	0,86
		L/150	6,12	5,21	4,49	3,91	3,23	2,69	2,27	1,93	1,65	1,43	1,24	1,09	0,96	0,85	0,75	0,67	0,60	0,54	0,49	0,44	0,40
		L/300	3,82	3,01	2,41	1,96	1,61	1,34	1,13	0,96	0,83	0,71	0,62	0,54	0,48	0,42	0,38	0,34	0,30	0,27	0,24	0,22	0,20
		L/500	2,29	1,80	1,44	1,17	0,97	0,81	0,68	0,58	0,50	0,43	0,37	0,33	0,29	0,25	0,23	0,20	0,18	0,16	0,15	0,13	0,12
1,25	14,5	*	8,73	7,44	6,42	5,59	4,91	4,35	3,88	3,48	3,14	2,85	2,60	2,38	2,18	2,01	1,86	1,72	1,60	1,50	1,40	1,31	1,23
		L/150	8,73	7,44	5,99	4,87	4,02	3,35	2,82	2,40	2,06	1,78	1,54	1,35	1,19	1,05	0,94	0,84	0,75	0,67	0,61	0,55	0,50
		L/300	4,76	3,74	3,00	2,44	2,01	1,67	1,41	1,20	1,03	0,89	0,77	0,68	0,59	0,53	0,47	0,42	0,37	0,34	0,30	0,28	0,25
		L/500	2,86	2,25	1,80	1,46	1,20	1,00	0,85	0,72	0,62	0,53	0,46	0,41	0,36	0,32	0,28	0,25	0,22	0,20	0,18	0,17	0,15
1,50	17,4	*	11,3	9,62	8,30	7,23	6,35	5,63	5,02	4,51	4,07	3,69	3,36	3,07	2,82	2,60	2,41	2,23	2,07	1,93	1,81	1,69	1,59
		L/150	11,3	8,96	7,17	5,83	4,80	4,00	3,37	2,87	2,46	2,13	1,85	1,62	1,42	1,26	1,12	1,00	0,90	0,81	0,73	0,66	0,60
		L/300	5,69	4,48	3,59	2,92	2,40	2,00	1,69	1,43	1,23	1,06	0,92	0,81	0,71	0,63	0,56	0,50	0,45	0,40	0,36	0,33	0,30
		L/500	3,42	2,69	2,15	1,75	1,44	1,20	1,01	0,86	0,74	0,64	0,55	0,49	0,43	0,38	0,34	0,30	0,27	0,24	0,22	0,20	0,18

Tabelle 8: Belastungstabelle für das Trapezprofil E 98

123

geprüft und bestätigt werden. Genaue Hinweise für Festigkeitsnachweise und konstruktive Ausbildung werden in der DIN 18807, Teil 3, angegeben. Dieser Teil auch regelt den Einsatz von Trapezprofilen als Schubfelder. Stahltrapezprofildächer und -decken können nicht nur Vertikallasten aufnehmen, sondern sind auch in der Lage, Beanspruchungen als Scheibe aufzunehmen.

Stahltrapezprofilschubfelder ersetzen die Diagonalen von gedachten Fachwerksverbänden; ein Gelenkviereck, d.h. ein aus vier Stäben gebildetes Viereck, bei dem die Ecken nicht biegesteif ausgebildet sind, wird durch die Schubsteifigkeit der Stahltrapezprofile so ausgesteift, daß es wie ein Verbandsfeld eines Fachwerks wirkt. Dementsprechend können diese statischen Elemente Windkräfte und andere horizontale Lasten, wie z.b. Stabilisierungskräfte kippgefährdeter Binder, bis zu den für die Aufnahme dieser Lasten geeigneten Tragwerkskonstruktion weiterleiten.

Die Schubsteifigkeit eines Feldes ist abhängig von der Profilhöhe und der verwendeten Blechdicke. Bei gleichbleibender Blechdicke nimmt die Schubsteifigkeit mit höher werdenden Profilen ab. Die Lasteinteilung in das Schubfeld kann nur über die oben angeführten lastverteilenden Randstäbe erfolgen.

5.4.7 Brandschutz bei Trapezprofildächern

An Gebäuden im Industriebau mit normaler Nutzung wird seitens der Bauaufsichtsbehörden an Dächern in brandschutztechnischer Hinsicht in der Regel nur die Forderung gestellt, daß sie gegen Flugfeuer und strahlende Wärme widerstandsfähig sein müssen - man spricht von harten Bedachungen.

Dächer aus beschichteten Stahltrapezprofilen (A2 - Baustoff gemäß DIN 4102) als wasserführende Schicht erfüllen diese Bedingungen von Haus aus. Bei weitergehenden Anforderungen kann mit Spezialkonstruktionen und speziellen Dämmbaustoffen die Klasse F 90 nach DIN 4102 erreicht werden.

5.4.8 Verbindungstechnik

Die Verbindungstechnik behandelt die Verbindung der Profiltafeln mit der Unterkonstruktion sowie die Verbindung der Profiltafeln untereinander am Längsrand.

Die Verbindung der Profiltafeln mit der Unterkonstruktion hat nach Maßgabe der statischen Berechnung zu erfolgen. Jedoch ist mindestens jede zweite Profilrippe mit der Unterkonstruktion zu verbinden, an den Rändern der Verlegefläche sind sogar zwei Verbindungsmittel je Profilrippe erforderlich.

Für die Verbindung der Profiltafeln am Längsrand legt DIN 18807 fest, daß jede Profiltafel an ihrem Längsrand mit einer anderen Profiltafel bzw. an einem freien Rand mit einem mindestens 0,75 mm dicken Randversteifungsblech verbunden werden muß. DIN 18807, Abs. 4.5.2, gibt dazu die Abstände der Verbindungselemente an.

Wird eine Profiltafel als Schubfeld verwendet, so sind die Verbindungselemente entsprechend dem Schubfluß nachzuweisen.

Verbindungselemente

Folgende Verbindungselemente sind im Stahl-Leichtbau gebräuchlich:

A. Gewindefurchende Schraube, $\emptyset$ 6,3 mm, mit Unterlegscheibe $>= \emptyset$ 16 mm, 1 mm dick mit Neoprenedichtung (Abb. 5.16a). Die gewindefurchende Schraube formt sich in einem genau vorgebohrten Loch spanlos das Gewinde selbst.

B. Sechskant-Blechschraube nach DIN 7976, $\emptyset$ 6,3 bzw. 6,5 mm, Unterlegscheibe $>= \emptyset$ 16 mm, 1 mm dick, mit Neoprenedichtung (Abb. 5.16b). Diese Schraube bildet, wie die gewindefurchende Schraube, ihr Gewinde in vorgebohrten Löchern durch Materialverdrängung spanlos.

C. Selbstbohrende Schrauben $\emptyset$ bis 6,3 mm (Abb. 5.16c)
Die Spitze der Bohrschraube ist so ausgebildet, daß sie sich das Kernloch selbst bohren kann. Das Gewinde wird wie bei der Blechtreibscheibe durch Materialverdrängung gebildet.

D. Gewindeschneidschrauben mit Unterlegscheibe $>= \emptyset$ 16 mm, 1 mm dick, mit oder ohne Neoprenedichtung (Abb. 5.16d)
Diese Schraube formt sich gewindespanabhebend.

E. Holzschrauben nach DIN 571 mit $\emptyset$ 6 mm, mit einer Unterlegscheibe $>= \emptyset$ 16 mm, 1 mm dick (Abb. 5.16e)
Die Schraube dient für die Befestigung von Stahltrapezprofilen auf Holzunterkonstruktionen. Für das Vorbohren sind entsprechende Bestimmungen der DIN 1052 zu beachten.

F. Setzbolzen, $\emptyset$ 4,5 mm, mit Rondelle 12 bzw. 15 mm Durchmesser, 1 mm Dicke (Abb. 5.16f)
Der Setzbolzen wird durch Bolzensetzgeräte eingebracht. Die Ladungsstärke der Treibkatusche richtet sich nach der Dicke und Festigkeit der Bleche und nach der Festigkeit der Unterkonstruktion. Die Stahlunterkonstruktion muß eine Mindestdicke von 6 mm haben.

G. Blindniet, ⌀ 4,8 bzw. 5,0 mm, (Abb. 5.16g)
Blindniete aus den Werkstoffen Monell, Kupfer-Nickel-Legierung, Aluminiumlegierung, und Edelstahl sind nicht mehr lösbare Verbindungsmittel. Blindniete werden vorzugsweise für die Längsstoßverbindung bei Stahltrapezprofilkonstruktionen und für die Verbindung von Formteilen untereinander und mit Stahltrapezprofilen verwendet.

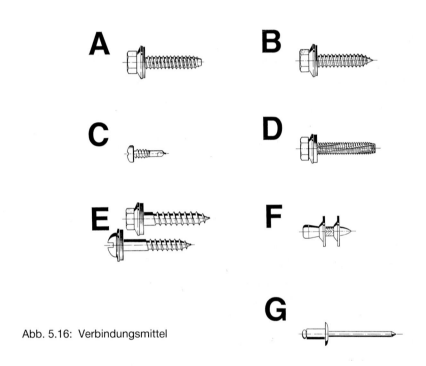

Abb. 5.16: Verbindungsmittel

Anwendung der Verbindungselemente (Tabelle 9)

Für die Verbindung Blech auf Blech werden vorzugsweise die Schrauben E und C bzw. das Blindniet G verwendet.

Für die Befestigung von Blech auf Holz werden die Schrauben vom Typ D und E verwendet.

Für die Befestigung von Blech auf Stahlunterkonstruktionen finden die Schrauben A, C, D und F Verwendung.

Nähere Angaben zum Verwendungszweck sowieVorschriften zur Verwendung von Verbindungsmitteln enthält die Zulassung Nr. Z 14.1-4, September 1991, des IfBt.

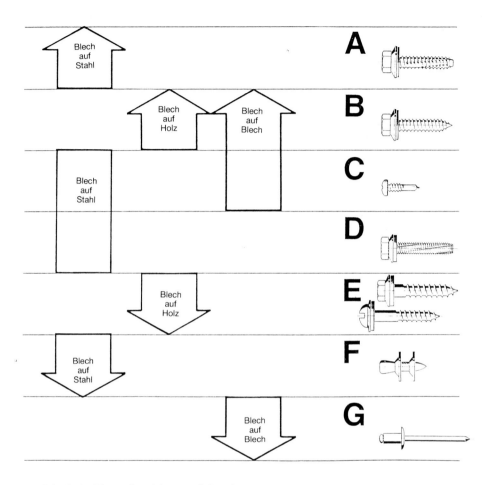

Tabelle 9: Einsatzbereiche von Schrauben

5.4.9 Konstruktionsbeispiele

Abb. 5.17 zeigt Konstruktionen mit Trapez- und Kassettenprofilen im Dach- und Wandbereich. Diese bautechnisch hochwertigen Konstruktionen funktionieren nur dann, wenn während der Planung neben den statischen und konstruktiven Belangen auch die bauphysikalischen Randbedingungen beachtet und bei der Bauausführung erfüllt werden. DIN 18807 Teil 3 fordert, daß die Nachweise für den Wärme-, Feuchtigkeits-, Schall- und Brandschutz unter Berücksichtigung des Zusammenwirkens aller Baustoffe und Bauteile des jeweiligen Systems nach den hierfür erlassenen Vorschriften, Normen und Richtlinien zu führen sind. Insbesondere sei an dieser Stelle auf die Regelungen der DIN 4108 hingewiesen; eine Dachkonstruktion kann nicht funktionieren, wenn das Verlegen der Dampfsperre nicht sauber geplant und durchgeführt wird.

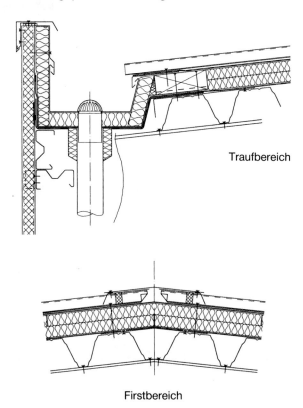

Traufbereich

Firstbereich

Abb. 5.17: Konstruktionen mit profilierten Blechen

Detailkonstruktionen sind in den Richtlinien des IFBS [8] bzw. in den von den Herstellern von Profilblechen herausgegebenen Regelzeichnungen zu finden [9].

5.4.10 Güteüberwachung

Nachdem das Trapezprofil als Bauelement Eingang in das Bauwesen gefunden hat, nahm auch das Interesse aller Baubeteiligten an einer Festlegung und Sicherung qualitativer Anforderungen an dieses Bauteil zu. Daher wurde zum Zweck der Qualitätssicherung die Gütegemeinschaft für Bauelemente aus Stahlblech e.V. gebildet. Diese ist Trägerin des vom RAL anerkannten und unter RAL-RG 617 registrierten Gütezeichens (Abb. 5.18).

In den Güte- und Prüfbestimmungen als Grundlage für den Güteschutz werden für die Werkstoffe die Streckgrenzen, Zugfestigkeiten, die Bruchdehnungen und die chemischen Zusammensetzungen entsprechend den jeweils geltenden Normen festgelegt. Des weiteren finden sich Bestimmungen für die Maßhaltigkeit der gütegesicherten Profile und für alle für die Tragfähigkeit wichtigen und für die Verlegung relevanten Größen.

Abb. 5.18: RAL-Gütezeichen

5.5 Polyurethan geschäumte Sandwich-Bauelemente

5.5.1 Allgemeines

Wie kein anderes Bauelement hat sich das Polyurethan-Sandwichelement (Abb. 5.19) im heutigen Industrie- und Gewerbehochbau in den letzten 20 Jahren seinen Markt erobert. Durch industrialisierte, kontinuierliche Fertigungsprozesse tragen sie zu einer Kostenreduzierung und auch zur termingerechten Fertigstellung der Bauwerke durch eine weitgehend witterungsunabhängige Montage der Elemente bei. Eine kontrollierte Werksfertigung sorgt für ein hohes Qualitätsniveau der mit diesen Bauteilen errichteten Gebäude.

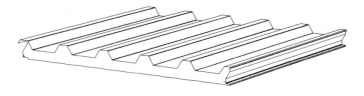

a) Dachelement

b) Wandelemente

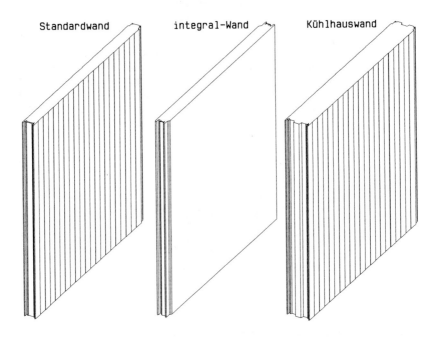

Standardwand   integral-Wand   Kühlhauswand

Abb. 5.19: PUR-Sandwichelemente

Die Materialkombination - dünnwandige Stahldeckschalen, mit zum Teil nur 0,5 mm Stärke und ein dazwischen eingeschäumter Polyurethan-Hartschaumkern, vorzugsweise ca. 60 mm Dicke - erzeugt ein Tragelement, welches sich hervorragend für wärmedämmende und lastabtragende Wand- und Dachverkleidungen eignet; die diffusionsdichten Deckschalen schützen den Schaum langfristig gegen Feuchte, so daß die guten Wärmedämmeigenschaften auf Dauer erhalten bleiben.

Während bei der Verwendung als Dachelement die Lebenserwartung die erforderliche Beschichtung bestimmt, werden bei der Verwendung als Wandelement auch ästhetische Gesichtspunkte für die Wahl von Beschichtung und Farbe relevant. Hier besonders zeigt sich ein weiterer Vorteil dieser Bauweise: Die Elemente werden mit endgültigem Oberflächen-Finish in Struktur und Farbton auf die Baustelle geliefert. Weitergehende Bearbeitung ist in der Regel nicht erforderlich.

5.5.2 Fertigung

Die Fertigung von Polyurethan-Sandwich-Elementen geschieht heute fast ausnahmslos in kontinuierlich arbeitenden Sandwich-Anlagen (Abb. 5.20a). Von zwei Haspelstationen werden zwei Stahlbänder abgezogen und in einem Profilierteil (Abb. 5.20b) zur äußeren und inneren bzw. unteren und oberen Deckschicht des Sandwich-Elementes verformt (Flächen- und Randprofilierung). Die Deckschichten werden im Bereich des Schäumportales bis auf die Nenndicke des zu erzeugenden Sandwich-Elementes zusammengeführt. Nach Zugabe der flüssigen Komponenten des Polyurethan-Hartschaumes werden die Deckschichten in das sogenannte Doppelplattenband von ca. 30 m Länge eingeführt. In diesem Bereich findet der Aufschäumprozeß statt. Die entstehenden Schäumdrücke werden durch die obere und untere Plattenbandlage aufgenommen. Da der PUR-Schaum während des Aufschäumens eine Klebephase durchläuft, verbindet er sich kraftschlüssig mit den Deckschalen. Nach dem Durchlaufen des Plattenbandes ist das Element so stabil, daß es mit einer Bandsäge abgelängt, durch spezielle Transportvorrichtungen gehoben und anschließend verpackt werden kann.

Die fertigen Elemente wiegen entsprechend ihrer Dicke zwischen 10 und 15 kg/m². Die Lieferlängen werden nur durch Transport- und Baustellenverhältnisse begrenzt.

5.5.3 Bemessung

Durch ihre hohe Eigensteifigkeit und hohe Tragfähigkeit können Stahl-Polyurethan-Verbundbauteile erhebliche Lasten übernehmen, die durch Wind oder Schnee auf ein Gebäude eingeprägt werden. Darum sind sie nicht nur für die Wand, sondern auch bei entsprechender Profilgeometrie, im Regelfall mit trapezförmiger Außenschale, auch hervorragend für den Einsatz im Dachbereich geeignet (Abb. 5.19a).

Die statischen Probleme, die diesen Elementen bei Verwendung als lastenabtragende Bauteile eigen sind, wurden in verschiedenen Veröffentlichungen [5, 6] gelöst und für baupraktische Zwecke aufbereitet [7].

Abb. 5.20: PUR-Sandwichanlage
    a) Sandwich-Anlage (Schema)
    b) Profilierteil (Randprofilierer obere Deckenschicht)

Das Tragverhalten wird durch folgende Arbeitsteilung zwischen Deckschichten und Polyurethanschaumkern beschrieben:

—   Die Deckschalen wirken als Membrane, die ein Kräftepaar zur Aufnahme des inneren Biegemomentes zur Verfügung stellen; bei stark profilierten, trapezförmigen Deckschalen, wie sie z.B. bei Dachkonstruktionen üblich sind, werden diese Membrankräfte durch ein Sekundärbiegemoment aus dem Trägheitsmoment der Trapezform ergänzt.

– Der Polyurethan-Hartschaumkern übernimmt die Aufnahme der Schubkräfte. Aufgrund des hohen Unterschiedes in der Dehnsteifigkeit zu den Deckschalen beteiligt er sich nicht an der Aufnahme des inneren Biegemomentes.

Die Verformungen aus der Membransteifigkeit der Deckenschalen und der Schubsteifigkeit des Polyurethanhartschaumkernes liegen in vergleichbarer Größenordnung. Die Gesamtverformung des Elementes wird daher mit Hilfe der Sandwich-Theorie beschrieben, dessen charakteristisches Merkmal die Anwendung eines Verformungsansatzes mit zwei unabhängigen Verformungsgrößen und der Zugrundelegung zweier unabhängiger Materialgesetze ist.

Spezielle Probleme in der statischen Berechnung von Sandwich-Elementen betreffen das Beulversagen (Knittern) der druckbeanspruchten Deckschicht sowie Kriechverformungen unter Dauerbelastung. Beide Probleme werden durch die vom IfBt ausgesprochene Zulassung für diese Bauelemente geregelt. Der Anwender der Bauelemente hat den von den Landesprüfämtern geprüften Typenentwurf für die Berechnung des Elementes zur Verfügung (Abb. 5.21, Tabelle 10).

Aufgrund der vorzüglichen Wärmeleitzahl von 0,025 W/(m x K) des PUR-Schaums übertrifft ein PUR-Sandwichelement mit der gängigen Dicke von 60 mm problemlos die in den Wärmeschutzverordnungen angegebenen Grenzwerte für den K-Wert.

5.5.4 Befestigungsmittel für Sandwichelemente

Prinzipiell kommen als Befestigungsmittel für Sandwichelemente alle die im Kapitel "Befestigungstechnik für Trapezprofile" angeführten Verbindungsmittel in Frage; d.h. in der Regel werden die Sandwichelemente sowohl im Dach- als auch im Wandbereich durchschraubt.

Sucht man jedoch Anwendungen in der anspruchsvollen Architektur moderner Fassaden, so ist das traditionelle Befestigungskonzept mit durchgeschraubten Wandelementen in Frage zu stellen. Einbeulen der Deckschalen des Elements aufgrund der Flexibilität des Schaumes in der Umgebung der durchgeschraubten Verbindungsmittel können bei entsprechender Beleuchtung der Wand unschöne optische Effekte erzeugen. Zweifellos wird auch diese Befestigungsmethode für Sandwichelemente in Zukunft noch Anwendung finden und den Ansprüchen vieler Bauherren genügen; doch die verdeckte Befestigung wird in wenigen Jahren Stand der Technik sein. Sie ist einer der ersten Schritte von einer Bauwerksverkleidung zur Bauwerksfassade.

Definitionen zu
Technische Daten für den Einzelnachweis

HOESCH-isodach TL 75
              TL 95
Definitionen zu
Technische Daten für den Einzelnachweis

Anlage Nr. 1 zum Prüfbescheid

Definitionen

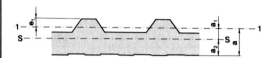

b = 100	cm	Baubreite HOESCH-isodach
t_{N1}, t_{N2}	cm	Nennblechdicke der Stahldeckschalen
$t_k = t_N - 0,04$	cm	Kerndicke der Deckschalen (ohne Zinkschicht)
Index 1		trapezprofilierte Deckschale (1) (außen)
Index 2		linierte Deckschale (2) (innen)
Index S		Verbundquerschnitt und Kernschicht
F_1, F_2	cm^2	Querschnittsflächen der Deckschalen
a	cm	Schwerpunktabstand der Deckschalen
a_1, a_2	cm	Abstand der Deckschalen von der Verbund-Schwerlinie S–S
J_1	cm^4/m	Trägkeitsmoment der trapezprofilierten Deckschale
J_s	cm^4/m	Verbundträgheitsmoment
W_1	cm^3/m	Einzelwiderstandsmoment der trapezprofilierten Deckschale
W_{S1}, W_{S2}	cm^3/m	Verbundwiderstandsmoment
B_1	kNm^2/m	Biegesteifigkeit der trapezprofilierten Deckschale
B_S	kNm^2/m	Verbundbiegesteifigkeit
F_S	cm^2/m	ideelle Schaumquerschnittsfläche
S	kN/m	Schubsteifigkeit der Kernschicht
$E_D = 2,1 \cdot 10^5$	N/mm^2	Elastizitätsmodul der Deckschalen
E_S	N/mm^2	Elastizitätsmodul der Kernschicht
G_S	N/mm^2	Schubmodul der Kernschicht
$\alpha = 1,60$	–	Erhöhungsfaktor der Knitterspannung für die linierte Deckschale
$\sigma_{k,G} = 0,5 \cdot \alpha \cdot \sqrt[3]{G_S \cdot E_S \cdot E_D}$	N/mm^2	Knitterspannung für den Gebrauchsfähigkeitsnachweis
$\sigma_{k,St} = \sigma_{k,G} \cdot \sqrt[3]{0,91^2}$	N/mm^2	Knitterspannung für den Standsicherheitsnachweis

Literatur:
      K. Stamm: Sandwichelemente mit metallischen Deckschichten als Wandbauplatten im Bauwesen.
DER STAHLBAU 5/84 (mit Formeln und Bemessungsbeispielen).

K. Stamm: Sandwichelemente mit metallischen Deckschichten als Dachbautafeln im Bauwesen.
DER STAHLBAU 8/84 (mit Formeln und Bemessungsbeispielen).

K. Schwarze: Numerische Methoden zur Berechnung von Sandwichelementen. DER STAHLBAU 12/84.

Abb. 5.21: Definition von Querschnittsdaten am "Hoesch isodach®"

Bemessungstabelle
Hoesch-isodach® TL 75/95

HOESCH-isodach TL 75
TL 95
Zulässige Schneebelastung
max. Stützabstände bei Windsog
Anlage Nr. 5 zum Prüfbescheid

Hoesch isodach TL

Tabelle 1   Zulässige Schneebelastung
Durchbiegung L/150

Einfeldträger

	ta [mm]	ti [mm]	2,00	2,25	2,50	2,75	3,00	3,25	3,50	3,75	4,00	4,25	4,50	4,75	5,00	5,25	5,50	5,75	6,00
									zul s [kN/m²]										
TL 75	0,63	0,55	3,14	2,55	1,93	1,49	1,15	0,90	0,70										
	0,75	0,55	3,59	2,84	2,15	1,65	1,28	0,99	0,77	0,60									
	0,88	0,55	4,07	3,15	2,37	1,82	1,41	1,09	0,85	0,66									
TL 95	0,63	0,55	3,72	3,19	2,53	2,01	1,61	1,29	1,05	0,85	0,68								
	0,75	0,55	4,18	3,53	2,74	2,17	1,73	1,39	1,13	0,91	0,73								
	0,88	0,55	4,67	3,83	2,97	2,34	1,87	1,50	1,21	0,97	0,78	0,63							

Zweifeldträger

	ta	ti	2,00	2,25	2,50	2,75	3,00	3,25	3,50	3,75	4,00	4,25	4,50	4,75	5,00	5,25	5,50	5,75	6,00
TL 75	0,63	0,55	3,14	2,63	2,24	1,94	1,70	1,50	1,33	1,19	1,07	0,96	0,87	0,79	0,71				
	0,75	0,55	3,59	2,99	2,55	2,20	1,93	1,70	1,51	1,35	1,21	1,09	0,99	0,90	0,82	0,74			
	0,88	0,55	4,07	3,38	2,87	2,47	2,16	1,90	1,69	1,51	1,36	1,22	1,11	1,01	0,92	0,83	0,71		
TL 95	0,63	0,55	3,72	3,19	2,79	2,46	2,20	1,97	1,78	1,61	1,47	1,34	1,22	1,12	1,03	0,94	0,87	0,80	0,71
	0,75	0,55	4,18	3,57	3,11	2,74	2,44	2,19	1,98	1,80	1,64	1,50	1,37	1,26	1,16	1,07	0,93	0,80	0,70
	0,88	0,55	4,67	3,97	3,44	3,03	2,69	2,42	2,18	1,98	1,80	1,65	1,51	1,39	1,28	1,09	0,94	0,81	0,70

Dreifeldträger

	ta	ti	2,00	2,25	2,50	2,75	3,00	3,25	3,50	3,75	4,00	4,25	4,50	4,75	5,00	5,25	5,50	5,75	6,00
TL 75	0,63	0,55	3,14	2,63	2,24	1,94	1,70	1,50	1,33	1,19	1,07	0,96	0,87	0,79	0,71				
	0,75	0,55	3,59	2,99	2,55	2,20	1,93	1,70	1,51	1,35	1,21	1,09	0,99	0,90	0,82	0,74			
	0,88	0,55	4,07	3,38	2,87	2,47	2,16	1,90	1,69	1,51	1,36	1,22	1,11	1,01	0,92	0,84	0,76	0,70	
TL 95	0,63	0,55	3,72	3,19	2,79	2,46	2,20	1,97	1,78	1,61	1,47	1,34	1,22	1,12	1,03	0,94	0,87	0,80	0,74
	0,75	0,55	4,18	3,57	3,11	2,74	2,44	2,19	1,98	1,80	1,64	1,50	1,37	1,26	1,16	1,07	0,98	0,91	0,84
	0,88	0,55	4,67	3,97	3,44	3,03	2,69	2,42	2,18	1,98	1,80	1,65	1,51	1,39	1,28	1,18	1,09	1,01	0,94

zul s = zulässige Schneebelastung [kN/m²]
t_a = Materialdicke Außenschale
t_i = Materialdicke Innenschale

max. Stützabstände in Tabelle 2 beachten

Tabelle 2   Maximale Stützabstände unter Berücksichtigung
von Windsog nach DIN 1055 Teil 4 8/86

Gebäudeart		geschlossen				seitlich offen			
Höhe über Gelände [m]		<8	<20	<100	>100	<8	<20	<100	>100
Windsog [kN/m²]		0,30	0,48	0,66	0,78	0,80	1,28	1,76	2,08
t_a [mm]	t_i [mm]				max L [m]				
TL 75 0,63	0,55	6,50	5,91	4,86	4,42	4,36	3,41	2,93	2,72
0,75	0,55	6,50	5,97	4,89	4,44	4,38	3,44	2,96	2,75
0,88	0,55	6,50	6,03	4,92	4,47	4,41	3,47	2,99	2,78
TL 95 0,63	0,55	6,50	6,50	5,70	5,15	5,08	3,92	3,33	3,07
0,75	0,55	6,50	6,50	5,74	5,19	5,11	3,94	3,36	3,10
0,88	0,55	6,50	6,50	5,79	5,22	5,14	3,97	3,38	3,13

max L = maximale Stützabstände [m]
t_a = Materialdicke Außenschale
t_i = Materialdicke Innenschale

Kragarme mit einer Länge bis zu 25 % der max. Stützabstände für seitlich offene Gebäude sind ohne
besonderen stat. Nachweis möglich

Tabelle 10: Bemessungstabelle "Hoesch isodach®"

Im Lösungsansatz für die verdeckte Befestigung sind folgende Randbedingungen zu beachten:

- beide Stahblechschalen, die innere und die äußere, müssen durch das Befestigungsmittel erfaßt werden, um ein Abreißen der Außenschale in speziellen Belastungsfällen zu verhindern.
- die Fuge muß auch im Bereich des Verbindungsmittels weitgehend luftdicht sein.
- das Befestigungsmittel muß eine thermische Trennung beinhalten.
- eine ausreichende Stabilität des Befestigungsmittels ist sicherzustellen.
- die Wand muß auch weiterhin leicht zu montieren sein.

Unter diesen Bedingungen wurde die bislang gebräuchliche Fugengeometrie bei Sandwichelementen (Nut- und Federverbindung) völlig umgestaltet (vergl. Abb. 5.19b, Mitte; Abb. 5.22); eine spezielle Halteklammer wurde dieser Fugengeometrie angepaßt. In Ergänzung der konventionellen Fuge erhält die neuentwickelte Fuge zwei kompressive Dichtbänder, so daß die Halteklammern fest umschlossen sind. Diese Ausbildung wurde in Deutschland zuerst bei der "Hoesch isowand integral [R]" ausgeführt.

Die in Abb. 5.22 gezeigte Klammer weist eine charakteristische Bruchlast unter Soglasten von mindestens 4,3 KN aus; Voraussetzung ist dabei die Befestigung der Klammer mit zwei Schrauben mit dem ∅ 6,3 mm an der Unterkonstruktion. Der Typ der Schraube richtet sich, wie oben erläutert, nach der Unterkonstruktion selbst.

Um die Wärmeleitung zu reduzieren, sind die Stege der Klammer perforiert; um den Korrosionsschutz sicherzustellen, erhält sie eine Einheits-Pulverbeschichtung von ca. 50 μm Stärke.

5.5.5 Das defensive Brandverhalten

Nach den gültigen Brandschutzvorschriften (DIN 4102) werden die Polyurethanhartschaum - Sandwichelemente der Baustoffklasse B 1 (schwer entflammbar) zugeordnet. Das läßt jedoch kaum Rückschlüsse auf das tatsächliche Verhalten im Brandfall zu. Hier konnten im Laufe der Jahre aus Brandversuchen und Brandunfällen Erfahrungen gesammelt und ausgewertet werden. Dabei zeigte sich, daß durch die PUR-Sandwichelemente keine nennenswerte Erhöhung der üblicherweise im Gebäude vorhandenen Brandlast eintritt, noch eine Brandweiterleitung bei Verwendung als raumabschließende Elemente erfolgt. Eine Brandausweitung innerhalb der Elemente oder an der Oberfläche kann ebenfalls nicht erfolgen. Nach Entfernen der äußeren Brandlast, z.B. durch Ablöschen, tritt wegen fehlender Sauerstoffzufuhr durch Aufkohlen des Polyurethan-Hartschaumkerns Selbstverlöschung ein.

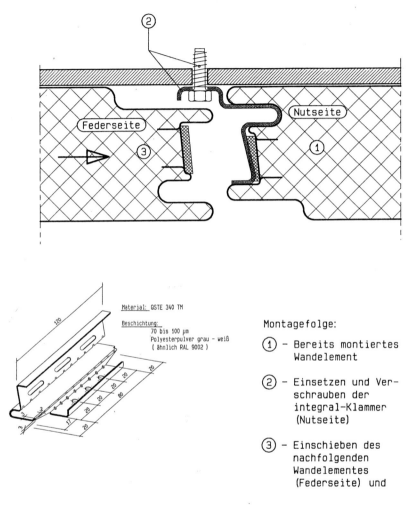

Material: QSTE 340 TM

Beschichtung:
70 bis 100 μm
Polyesterpulver grau – weiß
(ähnlich RAL 9002)

Montagefolge:

(1) – Bereits montiertes
Wandelement

(2) – Einsetzen und Ver-
schrauben der
integral-Klammer
(Nutseite)

(3) – Einschieben des
nachfolgenden
Wandelementes
(Federseite) und

Abb. 5.22: Fugenausbildung für die "Hoesch isowand integral®"

Der duroplastische Polyurethan-Hartschaumstoff schmilzt nicht und tropft nicht ab. Damit besteht nicht die Gefahr der Zündung von Sekundärbränden. Die Toxizität der Rauchgase, im Vergleich zu denen von herkömmlichen Stoffen, wie z.b. Fichtenholz, wird als deutlich geringer beurteilt.

Eine akute Gefährdung ist daher nicht gegeben; die Summe der Erkenntnisse führte bei den Sachversicherern zu der Entscheidung, bei Verwendung solcher Bauteile keine besonderen Risikozuschläge zu den üblichen Brandschutzprämien zu erheben.

5.5.6 Schallschutz

Die Begriffe "Anforderungen an den Schallschutz im Bauwesen" und "Allgemeine Beispiele für konstruktive Lösungen" werden in der DIN 4109 "Schallschutz im Hochbau" behandelt.

Schalldämpfung, die Dämpfung des Lärmpegels innerhalb eines Gebäudes selbst, ist mit Sandwich-Elementen mit Metalldeckschalen nicht zu erreichen; als Kennwert für die Schalldämmung, also die Minderung der Lärmweiterleitung aus dem Gebäudeinneren nach außen, erreicht das Polyurethan-Sandwichelement das bewertete Schalldämmaß R'_w nach DIN 52210 von ca. 25 dB.

5.5.7 Güteüberwachung

PUR-Sandwichelemente sind hochwertige Qualitätsbauelemente. Festlegungen hinsichtlich der Güteüberwachung sind Bestandteil der bauaufsichtlichen Zulassung für Sandwich-Elemente, die vom Institut für Bautechnik (IfBt), Berlin, ausgestellt wird. Neben der Eigenüberwachung durch den produzierenden Betrieb unterliegen die Elemente auch der Fremdüberwachung durch die Materialprüfungsämter. Die Prüfung der schaumtechnologischen Eigenschaften erfolgt durch die Güteschutzgemeinschaft "Hartschaum e.V." (Gütezeichen in Abb. 5.23).

Abb. 5.23: Gütezeichen für PUR-Sandwichelemente

5.5.8 Konstruktionsdetails

Wesentliche Konstruktionsdetails werden in Abb. 5.24 gezeigt.

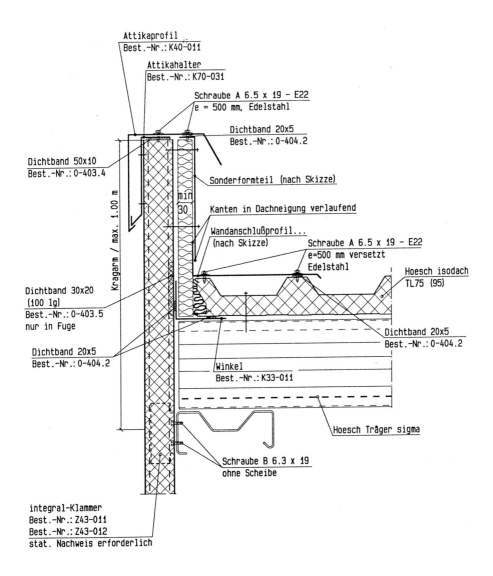

Abb. 5.24a: Konstruktionsvorschlag für eine Attika-Ausbildung

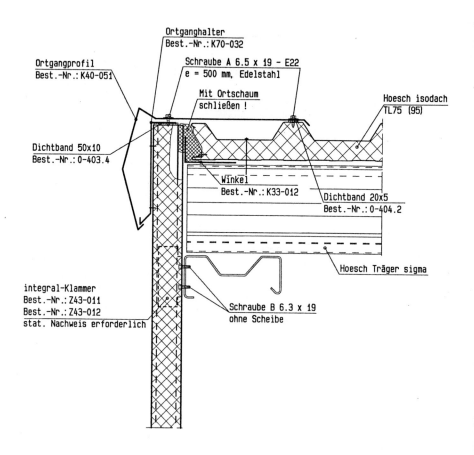

Ortganghalter
Best.-Nr.: K70-032

Ortgangprofil
Best.-Nr.: K40-051

Schraube A 6.5 x 19 - E22
e = 500 mm, Edelstahl

Mit Ortschaum
schließen !

Hoesch isodach
TL75 (95)

Dichtband 50x10
Best.-Nr.: 0-403.4

Winkel
Best.-Nr.: K33-012

Dichtband 20x5
Best.-Nr.: 0-404.2

Hoesch Träger sigma

integral-Klammer
Best.-Nr.: Z43-011
Best.-Nr.: Z43-012
stat. Nachweis erforderlich

Schraube B 6.3 x 19
ohne Scheibe

Abb. 5.24b: Konstruktionsvorschlag für eine Ortgangausbildung

140

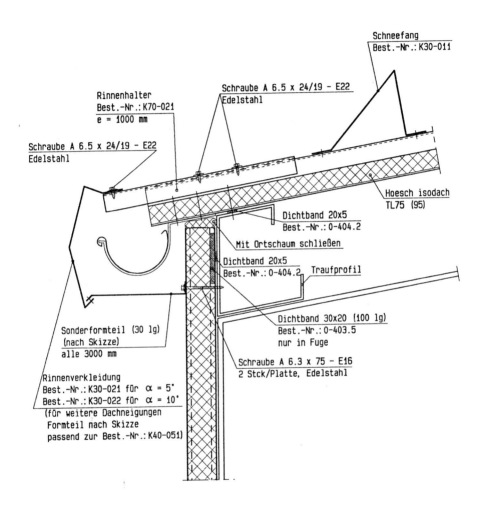

Schneefang
Best.-Nr.: K30-011

Rinnenhalter
Best.-Nr.: K70-021
e = 1000 mm

Schraube A 6.5 x 24/19 - E22
Edelstahl

Schraube A 6.5 x 24/19 - E22
Edelstahl

Hoesch isodach
TL75 (95)

Dichtband 20x5
Best.-Nr.: 0-404.2

Mit Ortschaum schließen

Dichtband 20x5
Best.-Nr.: 0-404.2

Traufprofil

Sonderformteil (30 lg)
(nach Skizze)
alle 3000 mm

Dichtband 30x20 (100 lg)
Best.-Nr.: 0-403.5
nur in Fuge

Schraube A 6.3 x 75 - E16
2 Stck/Platte, Edelstahl

Rinnenverkleidung
Best.-Nr.: K30-021 für α = 5°
Best.-Nr.: K30-022 für α = 10°
(für weitere Dachneigungen
Formteil nach Skizze
passend zur Best.-Nr.: K40-051)

Abb. 5.24c: Konstruktionsvorschlag für eine Traufausbildung

STATISCHER LÄNGSWECHSEL – HUTPROFIL

Blechdicke: 3,0 mm
Baulänge: nach Angabe (max. 7500 mm)
Oberflächen: verzinkt oder stücklackiert

Bestell-Nr.:	für Trapez-profil	I_x cm³	W_{xu} cm³	W_{xo} cm³	Maß A mm	Maß B mm	Maß H mm	Abwicklung mm	Gewicht kg/m
2 - 241.1	E 50	51	15	28	212	44	52	380	9,1

RINNENEINLAUFBLECH

Blechdicke: 0,75 mm
Baulänge: 5000 mm

Bestell-Nr.:	Abwicklung mm	Gewicht kg/m	geeignet für
2 - 282.1	247	1,5	isodach TL, Kaltdach und Warmdach

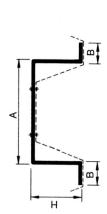

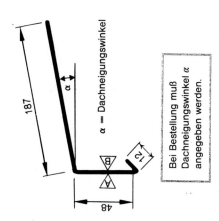

α = Dachneigungswinkel

Bei Bestellung muß
Dachneigungswinkel α
angegeben werden.

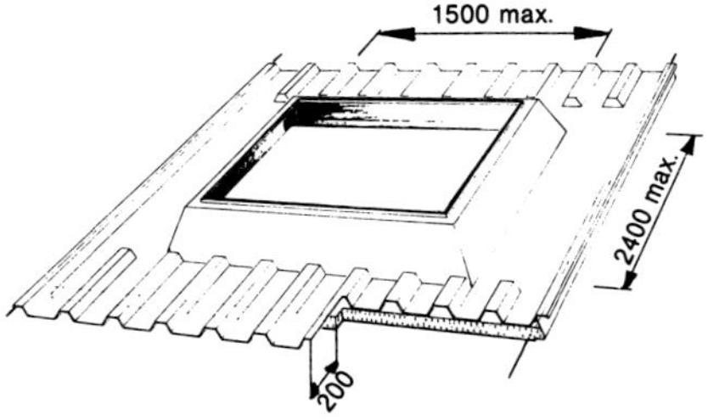

LICHTKUPPEL-AUFSATZKRANZ (wärmegedämmt)
für HOESCH isodach TL 75 und TL 95
Material: Aluminium
Oberflächen: Oberseite Alu-Natur oder stücklackiert
             Unterseite Alu-Natur oder stücklackiert

Bestell-Nr.	Nenngröße	Ausschnitt für	Lichteinfallfläche m²*	AW-Werte m²*
0 - 415.1	1000 x 1000	zwei Baubreiten	0,72	0,75
0 - 415.2	1200 x 1200	zwei Baubreiten	0,79	1,08
0 - 415.3	1200 x 1500	zwei Baubreiten	1,10	1,35
0 - 415.4	1500 x 1500	zwei Baubreiten	1,82	1,68
0 - 415.5	1500 x 2400	zwei Baubreiten	3,04	2,70

Kuppelfabrikat muß vor Fertigung angegeben werden.
Verlegeplan mit Hinweis auf die Verlegerichtung muß der Bestellung beigefügt werden!

* Fabrikatabhängig

Abb. 5.25: Formteile

143

5.6 Formteile für Trapezprofil- und Sandwichkonstruktionen

Dach-, Wand- und Deckenelemente aus Trapezprofilen und Sandwich-Elementen werden erst durch Formteile zu sinnvollen bautechnisch funktionierenden Konstruktionen zusammengefügt. Formteile aus beschichteten Stahlblechen werden auf Pressen oder Schwenkbiegemaschinen hergestellt. Die Materialstärke liegt üblicherweise bei 0,75 mm; die Länge solcher Formteile beträgt im allgemeinen 5 m. Für statisch wirksame Formteile werden auch Materialdicken bis 3 mm eingesetzt; unter speziellen Pressen sind sie bis zu einer Länge von 10 m herstellbar.

Für ständig wiederkehrende Konstruktionen werden bereits Formteile angeboten, die über eine einfache Formteil-Nummer bestellt werden können. Darüber hinaus besteht die Möglichkeit, Formteile unterschiedlicher Geometrie nach Zeichnung zu fertigen.

Wichtig ist, daß das Korrosionsschutzsystem der Formteile immer der Qualität der angrenzenden Bauteile entsprechen muß. Dadurch werden Schwachstellen im Gesamtsystem verhindert.

Bautechnisch sinnvolle Konstruktionsdetails, in welchen diese Formteile ihren Platz gefunden haben, sind in der Regel Eigenentwicklungen der Industrie und haben sich seit vielen Jahren bewährt. Abb. 5.25 zeigt ausgewählte Beispiele.

5.7 Entwicklungstendenzen

Raumabschließende Bauelemente aus Stahlblech gewinnen auch heute noch stetig an Bedeutung. Durch laufende Verfeinerung der Herstellungstechniken bleiben sie preislich attraktiv; durch Integration bautechnischer Funktionen wird der Anwendungsbereich derartiger Elemente erweitert (Tabelle 11).

Produkt	Funktion			
	Verkleidung	Lastabtrag	Isolierwirkung	Energie-speicherung und Erzeugung
∿	—			
⋀⋁	—	—		
▯	—	—	—	
???	—	—	—	?

Tab. 11: Entwicklungstendenzen

Literaturhinweise

[1] Zink für Stahl
Herausgeber: Zinkberatung e.V., Düsseldorf, 1984

[2] Charakteristische Merkmale für bandbeschichtetes Flachzeug
Herausgeber: Deutscher Verzinkereiverband e.V., 1983

[3] Beschichtungswähler
Herausgeber: Industrieverband zur Förderung des Bauens mit Stahlblech e.V., Düsseldorf, 1992 (z.Zt. in Druck)

[4] Schwarze, Kech: Bemessungen von Stahltrapezprofilen nach DIN 18807, Stahlbau 59 (1990), H. 9, S. 257 - 276, (1991) H. 3, S. 65 - 76

[5] Stamm: Sandwichelemente mit metallischen Deckschichten als Wandbauplatten im Bauwesen; Stahlbau 53 (1984), H. 8, Seiten 231 - 236

[6] Stamm: Sandwichelemente mit metallischen Deckschichten als Dachbautafeln im Bauwesen; Stahlbau 53 (1984) H. 8, Seiten 231 - 236

[7] Schwarze: Numerische Methoden zur Berechnung von Sandwichelementen, Stahlbau 53 (1984), H. 12, S. 363 - 370

[8] Zweischalige unbelüftete Dächer
Herausgeber: Industrieverband zur Förderung des Bauens mit Stahlblech e.V., Düsseldorf, 1991

[9] Zweischalige Dächer
Hoesch Siegerlandwerke GmbH, 1993

Deutsche Industrie-Normen

DIN 18807

DIN 18164

DIN 55928

DIN 4108

DIN 4102

6. Anwendung von Stahlbau-Hohlprofilen

Jürgen Krampen

6.1 Entwicklung

In den Stahlbaunormen werden die Hohlprofile definiert für quadratische, rechteckige und runde Querschnitte. Bei den "Rund-Hohlprofilen" soll damit der Unterschied zum "Leitungs-Rohr" deutlich gemacht werden. Da es aber innerhalb des Stahlbaus nicht zu Verwechslungen kommen kann, werden im folgenden die Begriffe so verwendet, wie sie sich im Stahlbau eingebürgert haben: Hohlprofile für quadratische und rechteckige Querschnitte und Rohrkonstruktionen für runde Querschnitte.

Rohre und Hohlprofile haben in den vergangenen Jahrzehnten in vielen Bereichen der Technik zunehmend an Bedeutung gewonnen. So werden sie nicht nur im Stahlhochbau verstärkt verwendet, wie z.B. als sichtbare Stützen oder als Fachwerke für weitgespannte Dachkonstruktionen, sondern auch auf dem weiten Feld des Maschinenbaus werden die vielfältigen Vorteile genutzt: hohe Knick- und Torsionsbeanspruchungen, kleine Oberflächen und speziell bei Hohlprofilen die einfachen und problemlosen Anschlußmöglichkeiten.

6.2 Herstellung

Hohlprofile werden im allgemeinen durch Umformung aus Rundrohren hergestellt. Diese Umformung kann kalt oder warm erfolgen, was für die Anwendung von besonderer Bedeutung ist, denn je nach Herstellverfahren weisen die Hohlprofile unterschiedliche technologische und statische Eigenschaften auf:

Während warmgefertigte Hohlprofile über dem gesamten Querschnitt eine gleichmäßige Härteverteilung und äußerst geringe Eigenspannungen aufweisen, besitzen kaltgefertigte beträchtliche Aufhärtungen im Kantenbereich und weitaus höhere Eigenspannungen. Daher werden die Hohlprofile in Abhängigkeit vom Herstellverfahren unterschiedlichen Knickspannungslinien zugeordnet. Um den Stahlbau-Bedingungen für das Schweißen in kaltgeformten Bereichen zu genügen, müssen die kaltgefertigten Hohlprofile größere Eckenradien haben, was aber wiederum zu geringeren statischen Werten führt.

Dies sind auch die Gründe dafür, daß kalt- und warmgefertigte Hohlprofile nach verschiedenen Normen geliefert werden.

Die Abmessungspalette der von den deutschen Herstellern angebotenen quadratischen Hohlprofile reicht von 40 x 40 mm bis 260 x 260 mm, die der rechteckigen von 50 x 30 mm bis 300 x 200 mm.

Die Wanddicken liegen je nach Außenabmessung breit gefächert zwischen 2,9 und 17,5 mm.

6.3 Werkstoffe

Üblicherweise werden Hohlprofile in den nachstehenden Werkstoffgüten hergestellt:

R St 37-2, St 37-3, St 44-3 und St 52-3

Diese Stähle sind Silizium-beruhigt (-2), in den meisten Fällen durch Zusatz von Aluminium vollberuhigt (-3), wodurch eine Feinkörnigkeit des Stahlgefüges erzielt wird, die sich in guten Zähigkeitseigenschaften bemerkbar macht.

Neben den allgemeinen Baustählen sei noch auf andere Stahlsorten hingewiesen, die in Sondergebieten Eingang gefunden haben.

Es sind dies zunächst die wetterfesten (Atomspheric Corrosion Resistant Structural Steels) Stähle wie WT St 37-2, WT 37-3 und WT St 52-3, welche festigkeitsmäßig mit dem St 37 und St 52 gleichzusetzen sind. Der Vorteil dieser Stähle ist, daß sich unter gewissen Witterungsbedingungen ein Anstrich erübrigt. Durch Deckschichtenbildung wird die Korrosionsgeschwindigkeit deutlich verringert. Dies wird durch gezielte Legierungselemente wie Kupfer, Chrom und Nickel erreicht.

Weiterhin sind die höherfesten Sonderbaustähle, die Feinkorn-Güten, zu erwähnen. Es sind dies die sogenannten FG-Stähle, die Mindeststreckgrenzen im normalisierten Zustand bis 500 N/mm^2 und im wasservergüteten Zustand bis 890 N/mm^2 erreichen. Letztere finden vorwiegend im Kran- und Maschinenbau Anwendung.

Neben der generellen Herstellbarkeit sind aber auch die Liefermöglichkeiten von großer Bedeutung. Es sei deshalb hier darauf hingewiesen, daß Hohlprofile in Deutschland üblicherweise in den Stahlgüten R St 37-2 und St 52-3 vom Handel gelagert werden, wobei der Trend zur vorzugsweisen Lagerung von St 52-3 deutlich erkennbar ist.

6.4 Normung

Mit der Einführung des Europäischen Binnenmarktes 1993 müssen sämtliche Regelwerke harmonisiert werden. Hierzu werden Europäische Normen

| | | Offene Profile | | Warmgefertigte Hohlprofile | | Kaltgefertigte Hohlprofile | |
		alt	neu	alt	neu	alt	neu
Tech-nische-Liefer-bedingun-gen	Allgem. Bau-stähle	DIN 17 100	EN 10 025	DIN 17 100	EN 10 210 Teil 1	DIN 17 119	EN 10 219 Teil 1
	Feinkorn-baustahl	DIN 17 102	EN 10 113	DIN 17 125		DIN 17 125	
Abmessungen Toleranzen		z.B. DIN 1025	z.B. EN 10 019	DIN 59 410	wie oben Teil 2	DIN 59 411	woe oben Teil2

Tab.1: Gegenüberstellung der DIN- und EN-Normen für Stahlprofile

(EN) geschaffen, die nach entsprechenden Übergangszeiten in allen beteiligten Ländern allein gültig sein werden und die nationalen Regelwerke ersetzen. Tabelle 1 gibt eine Gegenüberstellung der alten DIN-Normen und der neuen EN-Normen.

Zur besseren Vergleichsmöglichkeit sind auch die offenen Profile mit aufgeführt worden.

Wie einleitend schon erwähnt, gehören zu den EN-Hohlprofilnormen auch die nach den entsprechenden Herstellverfahren gefertigten Rundrohre.

Es sei noch angemerkt, daß die Anforderungen und Eigenschaften der im Stahlbau bekannten Werkstoffe im wesentlichen beibehalten werden, auch wenn die Güten-Bezeichnung geändert wird.

6.5 Eigenschaften

Welches sind nun die Gründe, die zu einem so stark steigenden Einsatz an Rohren und Hohlprofilen geführt haben? Zum Teil haben sie die gewalzten offenen Profile ersetzt, weil sie gegenüber diesen unter gewissen Beanspruchungen deutliche Vorteile aufweisen, insbesondere bei Knick- oder Torsionsbelastungen. In diesen Fällen bieten sie den idealen Querschnitt, d.h. ein Maximum an Widerstandsfähigkeit bei einem Minimum an Querschnittsfläche.

Abbildung 6.1 zeigt eine Gegenüberstellung verschiedener Querschnittsformen. Ausgehend von gleichen Metergewichten sind die unterschiedlichen Eignungen von Rohren, Hohlprofilen und offenen Profilen für die einzelnen Beanspruchungen deutlich erkennbar.

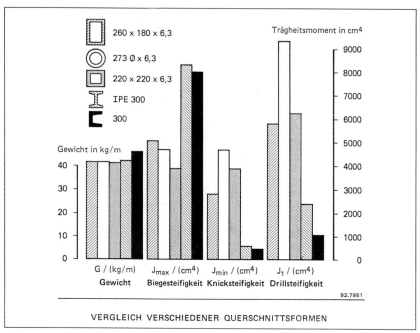

Abb. 6.1: Vergleich verschiedener Querschnittsformen

Abb. 6.2: Rohrknoten

150

Gegenüber dem Rohr gibt es darüber hinaus noch spezifische Vorteile des Hohlprofils. Man denke beispielsweise an eine Fachwerkkonstruktion aus Rohren (Abb. 6.2). Hierbei ist es notwendig, die Füllstabenden mit einem Kurvenschnitt zu versehen, der der Durchdringungskurve zweier Zylinder entspricht. Um dies wirtschaftlich durchführen zu können, bedarf es spezieller Rohr-Brennschneidemaschinen, die besondere Investitionen im Betrieb des Herstellers erforderlich machen.

Vergleichweise einfach ist das beim Hohlprofil.

Bei der Herstellung von Konstruktionen, bei denen die Hohlprofile direkt miteinander verschweißt werden müssen, genügen einfache Sägeschnitte (Abb. 6.3). Hohlprofile mit ihren ebenen Flächen bieten ebenso gegenüber runden Rohren konstruktive Vorteile bei Mischkonstruktionen mit offenen Walzprofilen.

Abb. 6.3: Hohlprofilknoten

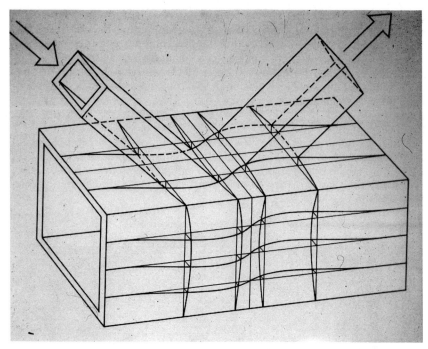

Abb. 6.4: Verformungverhalten eines Hohlprofilknotens

6.6 Besonderheiten von Konstruktion und Bemessung

Wie Abbildung 6.4 zu entnehmen ist, kommt bei der Bemessung von Hohlprofilkonstruktionen der Gestaltfestigkeit der Hohlprofil-Knoten eine besondere Bedeutung zu. Neben den üblichen Spannungs- und Stabilitätsnachweisen für die einzelnen Stäbe ist zusätzlich ein Knotentragfähigkeitsnachweis, der die Knotengeometrie berücksichtigt, zu führen. Diese Nachweise sind geregelt in einer besonderen Stahlbaunorm für Hohlprofilkonstruktionen: DIN 18 808. Auch diese wird demnächst durch die europäische Stahlbaunorm Eurocode 3 ersetzt, wobei die Besonderheiten der Hohlprofile im Annex K behandelt werden.

Grundlage sowohl der deutschen wie auch der europäischen Norm waren umfassende Versuche im In- und Ausland, an deren Finanzierung und Durchführung das CIDECT (Comité International pour le Dévelopment et l'Etude de la Construction Tubulaire - Internationales Komitee für Forschung und Entwicklung von Hohlprofilkonstruktionen) maßgebend beteiligt war. CIDECT ist ein Zusammenschluß von Rohr- und Hohlprofilherstellern aus aller Welt.

Beim Einsatz von Hohlprofilen ist in verschiedenen Fällen von der bisher üblichen Konstruktionsweise beim Einsatz von gewalzten offenen Profilen

Abb. 6.5: Lagerhalle im Freihafen Duisburg

abzuweichen, um zu einer optimalen Konstruktion zu kommen. Hierfür ist ein Hohlprofil-gerechtes Konstruieren notwendig. Das bedeutet, daß die durch die Querschnittsform bedingten Vorteile des Hohlprofils gegenüber dem offenen Walzprofil statisch als auch konstruktiv voll genutzt werden, um zur wirtschaftlichsten Lösung zu kommen.

Da Rohre und Hohlprofile günstigere Eigenschaften bei Knickbelastung aufweisen als offene Walzprofile, ist es somit wirtschaftlich (Gewichtsersparnis) besser, anstelle von Sägefachwerken ein System mit steigenden und fallenden Diagonalen zu wählen (Abb. 6.5).

Hohlprofile in der Güte St 52-3 sind besonders wirtschaftlich, wenn sie zum Beispiel bei Fachwerkträgern eingesetzt werden. Dieser Stahl läßt gegenüber dem St 37 eine um 50% höhere Spannung zu bei einem Mehrpreis, der weit unter 10% liegt.

Rohre und Hohlprofile eignen sich naturgemäß optimal für Schweißkonstruktionen. Für die Montage auf der Baustelle sind aber Schraubanschlüsse unverzichtbar, da man dort auf ein Schweißen wegen der unkalkulierbaren Schweißbedingungen verzichten sollte. Abbildung 6.6 zeigt einige Anregungen für Lösungsansätze von Schraubverbindungen innerhalb von Konstruktionen, und Abbildung 6.7 einige Schraubverbindungen an Binder-Auflagern.

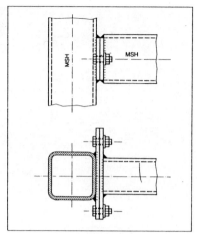

Geschraubte Verbindung zu MSH-Stütze und MSH-Riegel

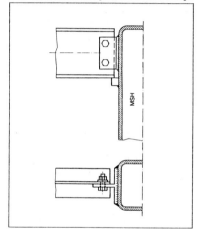
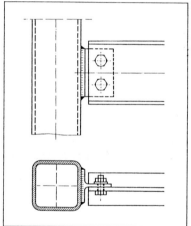

Geschraubte Verbindungen zu MSH-Stützen und Riegeln aus Walzprofilen

Abb. 6.6: Schraubanschlüsse zwischen Hohlprofilen untereinander
und mit Walzprofilen

In der modernen Architektur erlauben die Hohlprofile den sichtbaren Ein-
bau als gestaltendes Bauelement. Der Einsatz von Hohlprofilen ermöglicht
im Vergleich zu Stahlbeton oder offenen Walzprofilen schlanke Stützen,
welche die nutzbaren Flächen und die Übersicht, z.B. in Kaufhäusern und
Hochhäusern, vergrößern. Gewichtseinsparungen ermöglichen in vielen
Fällen Kosteneinsparungen beim Material, beim Transport und bei der
Montage von Konstruktionsteilen. Durch die einfache Verarbeitung können
die Fertigungskosten gesenkt werden.

154

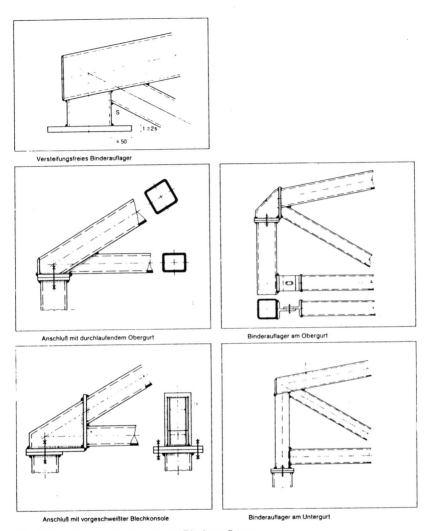

Versteifungsfreies Binderauflager

Anschluß mit durchlaufendem Obergurt

Binderauflager am Obergurt

Anschluß mit vorgeschweißter Blechkonsole

Binderauflager am Untergurt

Abb. 6.7: Schrauverbindungen an Binderauflagern

6.7 Korrosions- und Brandschutz

Konstruktionen aus Hohlprofilen, die im Inneren nicht gegen Korrosion geschützt sind, müssen feuchtigkeitsdicht verschweißt sein. Unter dieser Voraussetzung kann im Inneren einer Hohlprofilkonstruktion keine Korrosion auftreten. Da somit nur die im Vergleich zur Konstruktion mit offenen Walzprofilen um bis zu 50% kleinere Oberfläche gegen Korrosion geschützt werden muß, lassen sich hier erhebliche Einsparungen bei den Anstrichkosten erzielen.

Rohre und Hohlprofile lassen sich auch wie offene Profile verzinken. Es müssen hierbei nur entsprechende Öffnungen vorgesehen werden, damit die im Inneren enthaltene Luft entweichen kann und auch die Innenoberfläche verzinkt wird. Neben dem Hochhausbau mit tragenden Außenstützen aus Hohlprofilen gleicher Außenabmessungen und je nach Belastung unterschiedlichen Wanddicken sind die Hohlprofile mit Wasserkühlung in einigen Bauten als Brandschutz eingesetzt worden. Das Prinzip der Wasserkühlung ist recht einfach. Da die Stützen hohl sind, werden sie miteinander an ihren oberen und unteren Enden mittels Rohrleitungen zu einem geschlossenen Kreislaufsystem verbunden und mit Wasser gefüllt. Wenn bei einem Brand die von den Flammen angegriffenen Stützen erhitzt werden, setzt durch den Auftrieb des örtlich erwärmten Wassers in dem System ein Naturumlauf ein, der die zugeleitete Wärme abführt und dadurch die Stahlkonstruktion am Brandherd kühlt. Bei einer ganzen Reihe von Bauwerken im In- und Ausland hat sich herausgestellt, daß der Brandschutz mit Wasserkühlung zu wirtschaftlicheren Lösungen (ab etwa 5 Vollgeschossen) geführt hat als die konventionelle Feuerschutzummantelung.

In den letzten Jahren wird auch in Deutschland verstärkt der Verbundbau angewendet. Hier bieten sich Rohre und Hohlprofile in geradezu idealer Weise als Verbundstützen an. Neben der erhöhten Tragfähigkeit können diese auch für den Brandschutz herangezogen werden. Abbildung 6.8 zeigt ein Beispiel für ein Bürogebäude, bei dem die betongefüllten Hohlprofilstützen die Anforderungen an die Feuerwiderstandsklasse F 90 erfüllen.

6.8 Räumliche Strukturen

Raumfachwerke aus Rohren werden seit Jahrzehnten im Stahlbau eingesetzt. In den vergangenen Jahren sind auch Systeme für räumliche Strukturen aus Hohlprofilen entwickelt und angewendet worden.

Einige davon sollen hier beispielhaft erwähnt werden, die den innovativen Charakter des modernen Stahlbaus widerspiegeln. Die Abbildungen 6.9 und 6.10 zeigen ein kreuzweise gespanntes Dachtragwerk aus Hohlprofilen. Standard-Fachwerkträger werden in einem Rastermaß von z.B.

156

Abb. 6.8: Hohlprofil-Verbundstützen im Geschoßbau

Abb. 6.9: Schwimmbad-Überdachung in Hinsbeck
Tragwerk Delta, System Rüter

2,40 m kreuzweise zusammengesteckt und mittels Schlagschrauber zu einem form- und kraftschlüssigen Verband vereint. Dieses System zeichnet sich durch hohe Flexibilität und Montagefreundlichkeit aus.

Das in den Abbildungen 6.11 und 6.12 gezeigte Raumfachwerksystem für Hohlprofile zeichnet sich dadurch aus, daß der Gußknoten die gleichen Außenabmessungen aufweist wie die Hohlprofilstäbe, so daß bei der fertigen Konstruktion die Knoten optisch verschwinden und die Hohlprofile ineinander zu laufen scheinen.

Abb. 6.10: Detail von Abb. 6.9

Für die Globe Arena in Stockholm hat MERO das bekannte Rundrohr-Raumfachwerksystem modifiziert (Abbildungen 6.13 und 6.14). Damit kann die Obergurtebene mit Hohlprofilen ausgeführt werden, was den Vorteil mit sich bringt, daß die Dacheindeckung sofort auf die Obergurte aufgelegt werden kann.

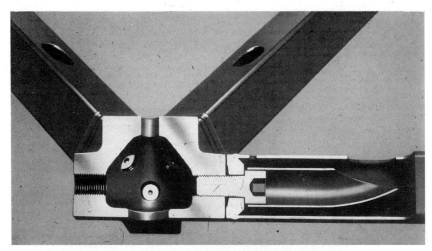

Abb. 6.11: Raumfachwerk-System Krupp Montal für Hohlprofile

Abb. 6.12: Luftpostleitstelle am Frankfurter Flughafen
mit System nach Abb. 6.11

Abb. 6.13: Globe Arena, Stockholm, Durchmesser 110 m, Höhe 85 m

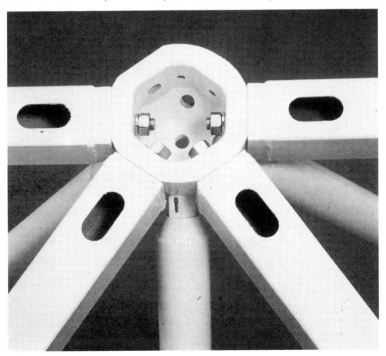

Abb. 6.14: MERO-Napfknoten-System

6.9 Wirtschaftlichkeit

Durch die Verwendung von Hohlprofilen im Stahl- und Hochbau können bei vielen Objekten wirtschaftliche Lösungen erreicht werden. Voraussetzung ist die Ausnutzung der statischen Vorteile gegenüber offenen Walzprofilen und der sich hieraus ergebenden Gewichtseinsparung. Einfache Fertigung durch die Möglichkeit, die Hohlprofile direkt miteinander zu verbinden, spart Betriebsaufwand. Kleinere Oberflächen und glatte Verbindungen ermöglichen niedrige Anstrich- und Unterhaltskosten. Günstige Montagebedingungen durch geringes Gewicht sowie hohe Torsionssteifigkeit reduzieren auch hier die Kosten.

Nicht zuletzt sie auf die architektonische Wirkung von frei sichtbaren Konstruktionen hingewiesen.

Bildnachweis

Der Autor bedankt sich für die freundliche Überlassung des Bildmaterials bei den folgenden Firmen:

Mannesmannröhren-Werke AG, Düsseldorf

MERO, Würzburg

Rüter, Dortmund

Literatur

1. Forschungsberichte der Studiengesellschaft Stahlanwendung e. V., Breite Straße 69, W-4000 Düsseldorf.

Projekt 27: Einfluß von Kriechen und Schwinden des Betons auf die Tragfähigkeit von ausbetonierten Hohlprofilstützen.
Prof. Roik, Ruhr Universität Bochum, Februar 1979.

Projekt 38: Untersuchungen an angeschraubten Stirnplatten-Regelanschlüssen für Rechteck- und Rund-Hohlprofile.
Prof. Mang, TH Karlsruhe, April 1981.

Projekt 43: Wirtschaftlich optimierte Raumfachwerke.
Prof. Scheer, TU Braunschweig, November 1980.

Projekt 52: Momentenfreier Anschluß an betongefüllten Hohlprofilstützen - Experimentelle Untersuchungen.
Prof. Roik, Ruhr Universität Bochum, Oktober 1981.

Projekt 70: Ermittlung des Tragverhaltens von biegesteifen Rahmenecken aus Rechteck-Hohlprofilen (St 37, St 52) unter statischer Belastung.
Prof. Mang, TU Karlsruhe, Juni 1981.

Projekt 71: Untersuchungen an Verbindungen von geschlossenen und offenen Profilen aus hochfesten Stählen.
Prof. Mang, TU Karlsruhe, Juni 1981.

Projekt 86: Brandverhalten von Stahl- und Stahlverbundkonstruktionen

Akt. 1.2 Einfluß der Umfassungsbauteile auf die Brandentwicklung - Abschlußbericht

Prof. Schneider, Februar 1982.

Akt. 2.3 Bemessungshilfen für Verbundstützen mit definierten Feuerwiderstandsklassen - Abschlußbericht -

Prof. Quast, Rudolph, Juni 1985.

Akt. 3.1 Projektdefinitionsstudie zum Brandverhalten kompletter Bauwerksysteme des Stahl- und Stahlverbundes - Abschlußbericht -

Verschiedene Verfasser, Februar 1982.

Akt. 4.4 Stahlkonstruktionen mit Wasserkühlung - Kurzfassung - und - Abschlußbericht -

Dr. Witte, Wiesbaden, Juni 1981.

2. Stahl-Informations-Zentrum, Breite Straße 69, W-4000 Düsseldorf.
Merkblatt 167 - Betongefüllte Stahlhohlprofilstützen

3. Handbuch Hohlprofile in Stahlkonstruktionen

Dutta, Würker
Köln: Verlag TÜV-Rheinland, 1988
ISBN 3-88585-528-3

4. CIDECT Design Guides
erschienen im Verlag TÜV-Rheinland, Köln
Berechnung und Bemessung von Verbindungen aus Rundhohlprofilen unter vorwiegend ruhender Beanspruchung, verschiedene Autoren 1991

ISBN 3-88585-976-9

Knick- und Beulverhalten von Hohlprofilen (rund und rechteckig)
verschiedene Autoren, 1992
ISBN 3-8249-0067-X

Knotenverbindungen aus rechteckigen Hohlprofilen unter vorwiegend ruhender Beanspruchung (erscheint in Kürze)

Brandverhalten von Hohlprofilstützen (erscheint in Kürze)

5. Technische Informationen (TI) über Mannesmann-Stahlbau-Hohlprofile (MSH) und Mannesmann-Stahlbau-Rohre (MSR):
der Mannesmannröhren-Werke AG, Verkaufsbereich RHQ-HP
Postfach 10 11 04, W-4000 Düsseldorf 1

TI 1 MSH   Mannesmann-Stahlbau-Hohlprofil (MSH)
Abmessungen, Statische Werte, Werkstoffe

Knicklasten für Hohlprofile (MSH)
(Ergänzungstabelle zu TI 1)

TI 1 MSH   Mannesmann-Stahlbau-Hohlprofil (MSH)
Abmessungen, Statische Werte, Werkstoffe

TI 2   Bemessung vorwiegend ruhend beanspruchter Fachwerke aus MSH-Profilen

TI 3   Biegesteife, rechtwinklige Rahmenecken aus MSH-Profilen unter vorwiegend ruhender Beanspruchung
Geschweißte Stumpfstöße im Stahlbau unter vorwiegend ruhender Beanspruchung (MSH und MSR)

TI 4   Stabilitäts- und Tragverhalten druck- und biegedruckbeanspruchter MSH-Profile, Schweißen von MSH-Profilen

TI 5   Konstruktive Ausbildung von Hohlprofilkonstruktionen (MSH und MSR)

TI 6   Verbundstützen aus betongefüllten Hohlprofilen (MSH und MSR)

TI 7   Brandschutz von Stahlbauten aus Hohlprofilkonstruktionen (MSH und MSR)

Weitere MSH/MSR-Druckschriften:

12 Pluspunkte für warmgefertigte Mannesmann-Stahlbau-Hohlprofile MSH.

Computer Service für Hohlprofil-Fachwerke (MSH und MSR).

164

7. Entwurfsgrundlagen räumlicher Stabwerke

H. Klimke

7.1. Einleitung

Nach Mengeringhausen ist der Raumfachwerkgedanke aus der mathematischen Raumlehre, insbesondere jedoch aus der Beschäftigung mit dem Problem der Raumpackungen entstanden [1].

Als Ergebnis des Studiums der dichtesten Kugelpackungen veröffentlichte Mengeringhausen 1940 die "Baugesetze für Raumfachwerke".

Zwei wichtige Einsichten haben den Gang der Entwicklung maßgeblich beeinflußt, nämlich daß

1. die Bildungsgesetze für Raumfachwerke aus den Polyedern ableitbar sind (Abb. 7.1 zeigt eine Darstellung der fünf regelmäßigen Polyeder aus Keplers Mysterium Cosmographicum)

2. der Bau von Raumfachwerken mit gleichen Stablängen und einheitlichen Knotenstücken möglich ist.

Damit konnte nun die baupraktische Umsetzung beginnen, die Mengeringhausen zu der Entwicklung der Mero-Verbindungstechnik führte (Abb. 7.2).

Unabhängig von dieser Entwicklung kam Buckminster Fuller in den USA zu gleichen Einsichten in die Baugesetze der Raumfachwerke, konzentrierte sich jedoch zunächst auf die aus dem Ikosaeder abgeleiteten geodätischen Kuppeln. Für diese Erfindung erhielt er 1954 ein US-Patent, das die Grundlage für eine Vielzahl von Ausführungen legte. Abb. 7.3 zeigt die Montage einer Aluminium-Kuppel mit mittragenden Paneelen.

Eine weitere Entwicklung Fullers, die Tensegrity-Strukturen (eine Wortschöpfung Fullers, die aus tensional integrity entstanden ist, d.h. daß die Struktur die Integrität = Stabilität durch Zug, i.a. Vorspannung erreicht), werden erst mit den heute vorhandenen Technologien baupraktisch umsetzbar, wie Fuller dies vorausgesehen hat. Als Beispiel seien die von Geiger aus dem Tensegrity-Prinzip entwickelten Seilkuppeln (cable domes) genannt, die ihre erste Anwendung bei den Sporthallen für die Olympiade 1988 in Seoul fanden (Abb. 7.4 zeigt einen Schnitt durch die kreisförmige Struktur).

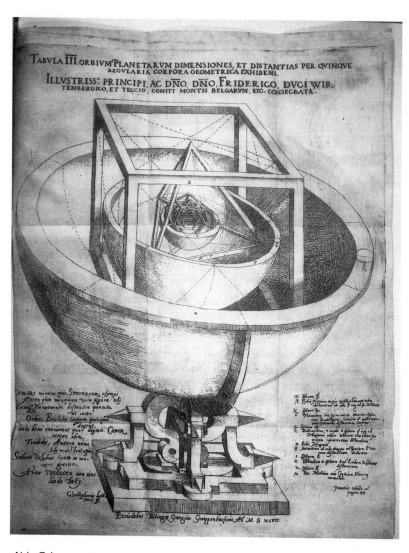

Abb. 7.1

166

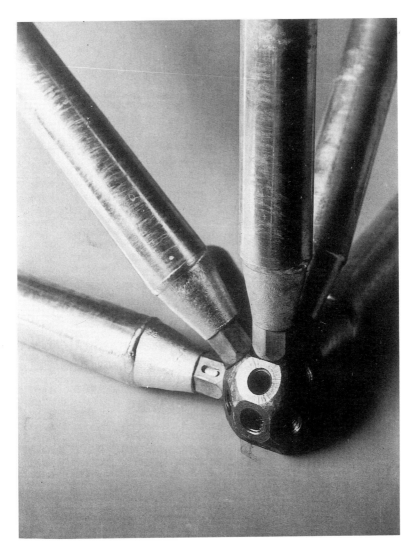

Abb. 7.2

Abb. 7.3

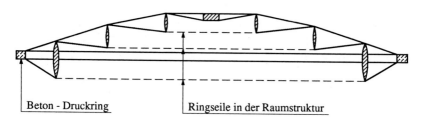

Beton - Druckring

Ringseile in der Raumstruktur

Abb. 7.4

So unterschiedlich Denken und Methoden von Mengeringhausen und Fuller immer waren, gemeinsam ist ihnen, daß sie in der Welt mehr sahen als die Summe ihrer Teile. Ihre frühen Einsichten in die Standardisierung und Integration des Bauens, beide haben sich intensiv u.a. mit der Haustechnik beschäftigt, warten noch auf die Umsetzung im großen Maßstab.

7.2 Geometrische Grundlagen

7.2.1 Strukturen und Netze

Die Struktur räumlicher Fachwerke entwickelt sich aus den Bedingungen der statischen Beanspruchung, Biegung der Platte und Membranwirkung der Schale.

Bei Biegebeanspruchung wird eine zweilagige Struktur notwendig, bei Membranbeanspruchung kann eine einlagige ausreichend sein. Die Stabilität großer Schalen wird jedoch wirtschaftlich sinnvoll nur durch eine zweilagige Struktur erzielt. Allerdings kann die zweite Lage sehr sparsam ausgeführt werden, da die Struktur kein planmäßiges Biegemoment erhält (d.h. auch die einlagige Struktur kann die planmäßigen Lasten tragen).

Die Feinstruktur ergibt sich aus Drei- (Abb. 6) und Vierecken (Abb. 5). Bei zwei- und mehrlagigen Strukturen kann in einer Lage "gespart" werden. Dies führt dann zu um den Faktor $\sqrt{2}$ vergrößterten Viereck- (Abb. 7) resp. Sechseck/Dreieck-Strukturen (Abb. 8) in der Sparlage. Bedingung bleibt die stabile Verbindung (Verbindungsnetz) mit der Primärlage.

Ein konsistentes Strukturprinzip läßt sich aus der Betrachtung der Naturformen (z.B. Kristalle und Radiolarien) ableiten. Schon Plato hat vor über 2000 Jahren die nach ihm benannten fünf regelmäßigen Polyeder (Tetraeder, Hexaeder, Oktaeder, Dodekaeder und Ikosaeder) beschrieben, die bereits den Pythagoreern bekannt gewesen sind. Aus der ersten Dreiergruppe (der Hexaedergruppe) lassen sich alle regelmäßigen zweilagigen Raumfachwerke, aus den verbleibenden Polyedern (der DI-Gruppe) die regelmäßigen einlagigen Dreiecks-Kugelnetze herleiten. Dieser Vorrat an Polyedern läßt sich durch Stutzen und Zelten um jeweils genau 13 weitere halbregelmäßige Polyeder (die Gruppen der Archimedischen und Catalanischen Körper) erweitern (Abb. 7.9). Eine Struktureigenschaft, die als Dualität (Abb. 7.10) beschrieben wird, ermöglicht die elegante Konstruktion von Sekundärnetzen zu gegebenen Primärnetzen. Ihre Anwendung wird lediglich dadurch eingeschränkt, daß sie nicht immer zu den wirtschaftlichsten Lösungen führt. In diesen Fällen wird von den oben (Abb. 7.7 und 7.8) beschriebenen Sparnetzen Gebrauch gemacht, die nur einen Teil der dualen Knoten der Sekundärlage benutzen.

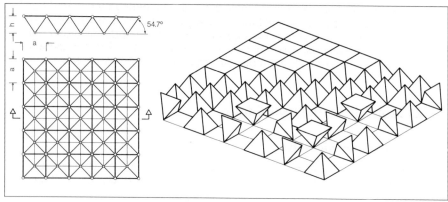

Abb. 7.5

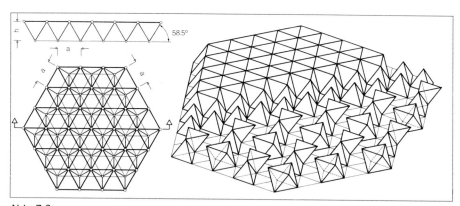

Abb. 7.6

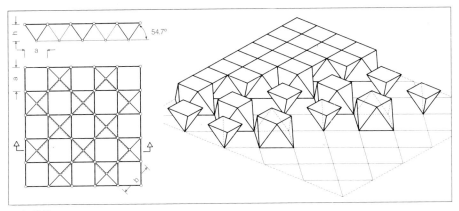

Abb. 7.7

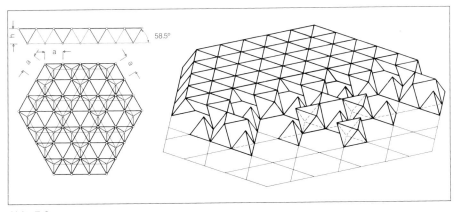

Abb. 7.8

171

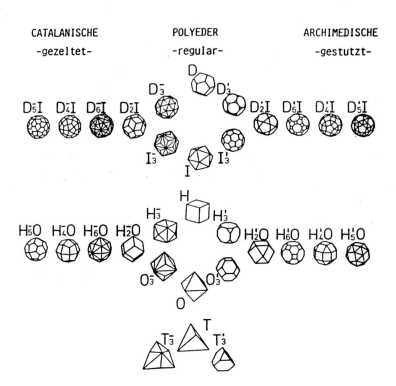

Abb. 7.9

STRUKTURFORMEL: p ⋇ P = k ⋇ K = f ⋇ F ≡ N

HEXAEDER : $8 \times 3 = 12 \times 2 = 6 \times 4 \equiv 24$

⟩|⟨ DUALITÄT

OKTAEDER : $6 \times 4 = 12 \times 2 = 8 \times 3 \equiv 24$

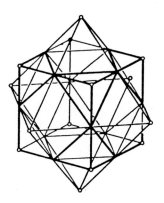

Abb. 7.10

Die Wirtschaftlichkeit der Sparnetze ergibt sich auch aus dem von Kollar [3] mitgeteilten Satz von Sved und Barta, nach dem unter den Raumfachwerken mit verschiedenen Netzen (Abb. 7.5, 7.6, 7.7, 7.8) dasjenige am wirtschaftlichsten ist, das den niedrigsten Grad der statischen Unbestimmtheit aufweist.

7.2.2 Topologie und Metrik

Die konsistente Strukturtheorie der räumlichen Netze, wie sie von Mengeringhausen, Fuller, Emde [4] u.a. begründet wurde, ist eine wesentliche Grundlage ihrer geometrischen Erfassung für die computergestützte Berechnung und Darstellung (CAD).

Ausgangspunkt für die Geometrieerfassung ist die Aufgliederung in topologische und metrische Beziehungen.

Die *Topologie* beschreibt die Knoten-Stab-Beziehung in einem ganzzahligen Koordinatensystem (Einheitsraster). Für die Bestimmung der Knoten der regelmäßigen Dreiecks- und Vierecksnetze reichen in einer Netzebene drei Vektoren aus. Mit einer zusätzlichen Quadrantenkennzeichnung können ganze Knoten-Ebenen mit einer einfachen FELD-Anweisung definiert werden (Abb. 7.11). Für die Definition der Verbindungsnetze zwischen den Ebenen werden weitere drei Vektoren mit Quadrantenkennzeichnung benötigt. Alternativ ist es möglich, die Definition direkt im Raum durchzuführen, indem elementare, nicht notwendig vollständige Raumkörper addiert werden.

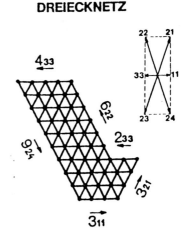

Abb. 7.11

173

Die *Metrik* ordnet den Knoten im Einheitsraster die tatsächlichen Koordinaten zu. Im Falle der aus den regelmäßigen Polyedern der Hexaedergruppe entwickelten Raumfachwerke geschieht dies durch einfache Faktorierung auf der Basis von $\sqrt{2}$ und $\sqrt{3}$. Für die DI-Gruppe hergeleiteten Raumfachwerke entwickeln sich die Koordinaten komplizierter aus dem "goldenen Schnitt" [g = 1/2 ($\sqrt{5}$ - 1)] (Abb. 7.12 und Tabelle 1).

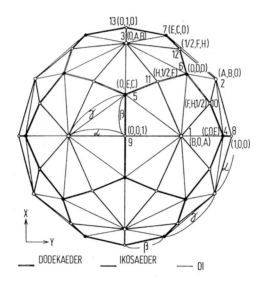

Abb. 7.12

Tabelle 1. Metrische Beziehungen der DI-Gruppe

	Parameter	Formel	Wert
Koordinaten	A	$(1 + g)/\sqrt{(3 + g)}$	0,850651
	B	$1/\sqrt{(3 + g)}$	0,525731
	C	$(1 + g)/\sqrt{3}$	0,934172
	D	$1/\sqrt{3}$	0,577350
	E	$g/\sqrt{3}$	0,356822
	F	$(1 + g)/3$	0,809017
	G	$1/2$	0,500000
	H	$g/2$	0,309017
Längen	α	arctg g	0,553574
	β	arctg g^2	0,364864
	γ	arctg $2g^2$	0,652358

174

Tabelle 2. Vergleich von Kugelteilungen

Nr.	Typ	Teil.zahl	Teileanzahl			Typenanzahl		
			Knoten	Stäbe	Facetten	Knoten	Stäbe	Facetten
1	1	8	341	980	640	12	20	22 (15)
2	2	8	341	980	640	10	11	12
3	3	4	257	728	472	11	16	16 (6)
4	3	5	396	1135	740	16	24	25 (10)
5	4	4	257	728	472	8	8	7
6	4	5	396	1135	740	10	10	9
7	5	4	257	728	472	8	8	7 (4)
8	5	5	396	1135	740	10	10	9 (4)

Typ 1 = Ikosaederteilung mit kongruenter Dreiecksteilung der Ikosaederfacetten; Typ 2 = Optimierte Ikosaederteilung mit äquidistanter Teilung der DI-Großkreise; Typ 3 = Dodekaederteilung mit kongruenter Dreiecksteilung der Dodekaederfacetten; Typ 4 = Optimierte Dodekaederteilung mit äquidistanter Teilung der D-Großkreise; Typ 5 = Optimierte Dodekaederteilung mit äquidistanter Teilung der I-Großkreise; ( ) = Teilezahl bei spiegelsymmetrischer Ausführung der Eindeckungspaneele

Dies ist auch der Grund dafür, daß Netzgeometrien auf Kugeloberflächen gerade im Hinblick auf die Optimierung bei höheren Teilungszahlen durch Spezialprogramme bearbeitet werden. Tabelle 2 gibt einen Überblick über die Optimierungsmöglichkeiten der Typenanzahl von Knoten, Stäben und Facetten beim Entwurf einer halbkugelförmigen Netzkuppel mit Ikosaeder- und Dodekaederteilung.

Die Teilung nach Typ 5 geht auf Buckminster Fuller zurück (US Patent Nr. 2682235 aus dem Jahre 1954) und ist unter dem Namen Triacon-Teilung (von Triacontaeder = gezeltetes Dodekaeder/Ikosaeder, siehe Abb. 7.9, D$\bar{2}$ I) bekannt.

Zur Erläuterung der grundsätzlichen Vorgehensweise soll diese Teilung nach Fuller ausführlicher dargestellt werden: Die gewählte Teilungsart nach Nr. 8 der Tabelle 2 ist in Abb. 7.13 an einer auf die Einheits-Kugel projizierten Rhomben-Facette des Triacontaeders dargestellt. Die Knoten ergeben sich auf Großkreisen durch die äquidistanten Teilungspunkte der I-Großkreise mit den in Abb. 7.13 dargestellten Längenbedingungen. Die Koordinaten der DI-Punkte können der Tabelle 1 entnommen werden. Die notwendigen trigonometrischen Berechnungen können mit dem Geometriekalkulator eines CAD-Programmes durchgeführt werden. Alle Koordinaten im charakteristischen Dreieck sind in Tabelle 3 angegeben.

Damit sind auch die Teilezahlen für Knoten, Stäbe und Facetten bestimmt. Diese sehr anschauliche Vorgehensweise kann grundsätzlich bei jeder Teilungsart angewendet werden.

Tabelle 3. Koordinaten im charakteristischen Dreieck

Punkt	X	Y	Z
1	0,5257	0	0,8507
2	0,4272	0,0800	0,9006
3	0,3261	0	0,9453
4	0,3220	0,1576	0,9335
5	0,2189	0,0800	0,9725
6	0,2137	0,2305	0,9493
7	0,1105	0	0,9939
8	0,1091	0,1576	0,9815
9	0,1055	0,2973	0,9489
10	0	0,0800	0,9968
11	0	0,2305	0,9731
12	0	0,3568	0,9342

Zur vollständigen Beschreibung aller Knoten kann die Symmetrie der DI-Gruppe ausgenutzt werden, so daß lediglich die Knoten in einem Viertel der Rhomben-Facette, dem o.g. charakteristischen Dreieck, ermittelt und die Transformationsbeziehungen aufgestellt werden müssen. Eine Anwendung der besprochenen Teilungsart zeigt die Kugel des "Spaceship Earth" im Epcot-Center in Orlando/Florida (Abb. 7.14).

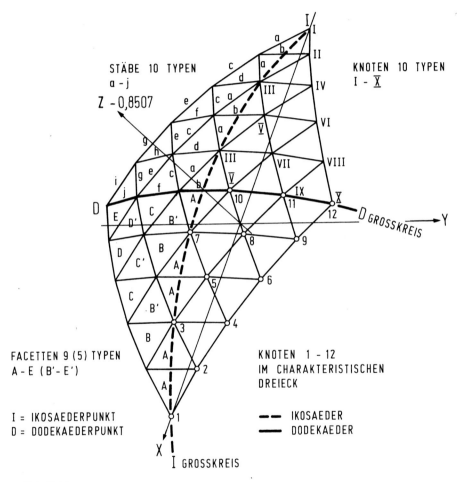

Abb. 7.13

Abb. 7.14

7.3 Statische Grundlagen

7.3.1 Statische und kinematische Einordnung

Bei der Feststellung der statischen und kinematischen Bestimmtheit kommt man oft zu dem verwirrenden Ergebnis, daß ein statisch bestimmtes Stabwerk auch kinematisch unbestimmt sein kann.

Wendet man das bekannte Abzählkriterium, das im deutschen Sprachraum nach Föppl [5], im englischen Sprachraum nach Maxwell [6] benannt wird,

$$3\,j - b - 6 = 0 \qquad\qquad \text{Gl. (1)}$$

wobei j die Anzahl der Knoten (joints) und b die Anzahl der Stäbe (beams) bezeichnen, auf die Struktur der Abb. 7.15 an, erhält man mit j = 12 und b = 30 das Ergebnis 3j - b - 6 = 36 - 30 - 6 = 0, d.h. daß die Struktur mit 6 Wegfesseln zur Verhinderung der je 3 Starrkörper-Verschiebungen und Verdrehungen statisch bestimmt ist. Die Struktur hat jedoch einen im Modell leicht nachweisbaren Mechanismus, dem der in Abb. 7.15 angegebene Verformungszustand entspricht.

Eine von Calladine [6] eingeführte Erweiterung des Abzählkriteriums,

$$3\,j - b - 6 = m - s \qquad\qquad \text{Gl. (2)}$$

wobei m die Anzahl der Mechanismen und s die Anzahl von möglichen Eigenspannungszustände bezeichnen, erlaubt eine Erklärung dieses scheinbaren Widerspruchs:

Zur Erfüllung des Abzählkriteriums (1) muß m = s sein, im Falle der Struktur der Abb. 7.15 heißt das, daß m = s = 1 ist. In Abb. 7.15 ist durch die Vorzeichen der Stabkräfte ein Eigenspannungszustand qualitativ angegeben, der den Mechanismus für größere Verformungen stabilisiert, so daß dieser nur für infinitesimale Verformungen dehnungslos ist (infinitesimaler Mechanismus).

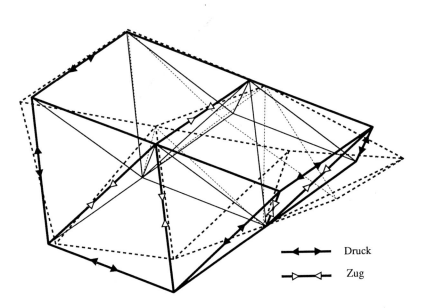

Druck

Zug

Abb. 7.15

Da das Stabwerk einen Ausschnitt aus der baupraktisch gebräuchlichsten Raumfachwerk-Topologie nach Abb. 7.5 darstellt, erklärt dieses Ergebnis zunächst einmal die fehlende Drillsteifigkeit dieses wichtigen Raumfachwerktyps, die dazu führt, daß eine Raumfachwerkplatte mit dieser Topologie eine Randunterstützung benötigt, um eine gleichmäßige Beanspruchung und Reduzierung der Verformungen zu erreichen, andererseits aber gegen Setzungen der Lager unempfindlich ist.

Darüber hinaus erlaubt das erweiterte Abzählkriterium eine Einordnung aller Raumstabwerke in der heute angewendeten Vielfalt (Tabelle 4).

Gruppe	I		II		III	
	1	2	1	2	1	2
m - s	> 0		= 0		< 0	
s / m	s = 0	s ≥ 1	s = 0	m ≥ 1	m = 0	m ≥ +
Typ	finite Mech.	infinite Mech.	statisch bestimmt	infinite Mech.	stat. unbestimmt	infinite Mech.

Tabelle 7.4

Zu den Tragwerken der Gruppe I/2 gehören die Tensegrity-Strukturen Buckminster Fullers, die lange keine baupraktische Bedeutung erlangt haben.

Erst in jüngster Zeit hat Geiger das Prinzip für die Entwicklung der Seilkuppeln adaptiert und für die Überdachung großer Sportarenen angewendet. Abb. 7.16 zeigt den Montagevorgang des in Abb. 7.4 dargestellten Tragwerks.

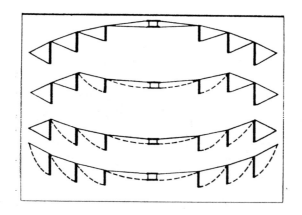

Abb. 7.16

180

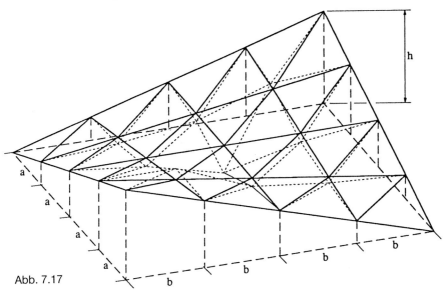

Abb. 7.17

Zu den Tragwerken der Gruppe II/2 gehören die statisch bestimmten Dreiecks-Netzstrukturen auf Hypar-Trägerflächen (Abb. 7.17), die Pellegrino in [7] untersucht hat.

Das dort mitgeteilte Ergebnis, das abhängig von der Teilungszahl n

$$m = n - 2 \quad \text{für } n = 2, 4, ...$$
$$m = 0 \qquad \text{für } n = 1, 3, ... \qquad \text{Gl. (3)}$$

ist, erklärt den von HP-Schalen bekannten Effekt der dehnungsarmen Verformungen. Die zugehörigen infinitesimalen Mechanismen sind von der Form mehrwelliger Beulfiguren (Abb. 7.17), die sich im überkritischen Bereich stabilisieren (die numerische Darstellung der Beulfiguren erfordert ein stabiles Iterationsverfahren in der Nähe der Verzweigungspunkte).

Zu den Tragwerken der Gruppe II/2 gehören auch die Raumfachwerke vom Typ der Abb. 7.15, die mit Abstand am häufigsten ausgeführt werden. Bei rotationssymmetrischer Topologie, wie bei der Stabwerkskuppel der Stockholm Globe Arena (Abb. 7.18), können sich die Mechanismen nicht dehnungsfrei ausbilden, so daß die rein elastischen Verformungen klein bleiben und sogar auf eine Berücksichtigung bei der Stabkraftermittlung (Theorie II. Ordnung) verzichtet werden kann.

Die Gruppen I/1, II/1 und III/1 betreffen Stabwerke, die

- kinematisch unbestimmt mit   s   = 0   (I,1)
- statisch bestimmt mit   m = s   = 0   (II,1)
- statisch unbestimmt mit   m   = 0   (III,1)

sind und für die das einfache Abzählkriterium (1) gültig ist.

181

Abb. 7.18

7.3.2 Statik und Stabilität

Als Grundlage von Computerprogrammen zur Berechnung räumlicher Stabwerke wird heute überwiegend die verallgemeinerte Deformationsmethode (stiffness method) verwendet, die sich für lineare Berechnungen (Theorie I. Ordnung) durch die Matrizengleichung

$$p = H_o K_{m\,o} \bar{H}_o \qquad\qquad Gl\ (4)$$

darstellen läßt.

$K_{m\,o}$, H_o und die Inverse $\bar{H}_o$ beziehen sich auf den unverformten Zustand; $K_{m\,o}$ ist die Matrix der Elementsteifigkeiten, H_o bezieht die Stabendschnittlasten r auf die Knotenlasten p, d sind die unbekannten Verformungen.

Durch Annäherung des Gleichgewichts der Stabendschnittlasten r_i, mit den Knotenlasten p im verformten Zustand d_i ergibt sich die iterativ zu lösende Grundgleichung der nichtlinearen Berechnung (Theorie II. Ordnung) zu:

$$(p - H_i r_i) = H_i\, K_{m\,i}\, \bar{H}_i\, (d - d_i) \qquad\qquad Gl.\ (5)$$

Der Klammerterm der linken Seite stellt die Ungleichgewichtskräfte dar, $K_{m\,i}$ ist die Matrix der Elementsteifigkeit im Verformungszustand d_i (tangentiale Steifigkeit). Die Methode der iterativen Lösung mit tangentialer Steifigkeit, die in jedem Iterationsschritt die erneute Dreieckszerlegung der Steifigkeitsmatrix $H_i\,K_{m\,i}\,\bar{H}_i$ zur Lösung nach den Verformungen d erfordert (Newton-Raphson-Verfahren), kann insbesondere bei inkrementeller Laststeigerung so abgewandelt werden, daß die Ungleichgewichtskräfte bei konstanter Steifigkeitsmatrix iteriert werden (modifiziertes Newton-Raphson-Verfahren).

Durch die Linearisierung der Winkelbeziehungen (kleine Verdrehungen) stellt das Verfahren der Theorie II. Ordnung immer eine Näherung dar. Für Gelenkfachwerke sind jedoch beliebig genaue Lösungen möglich, da die Stablängenänderungen exakt berechnet werden können.

Abb. 7.19 zeigt die Ergebnisse der Berechnung eines Vier-Stab-Testmodells, aus denen die Instabilitätsformen und die zugehörigen Grenzlasten ablesbar sind. Die Ergebnisse zeigen die Bedeutung der Größe und Richtung der Imperfektionsannahmen für die Ermittlung der maßgebenden Instabilitätsform. Die Verzweigungspunkte wurden an der perfekten Struktur mit symmetrischer Belastung als Lösung des Eigenwertproblems ermittelt. Für den Nachweis realer Kuppelstrukturen kann der Imperfektionsansatz durch unsymmetrische Lastkombinationen berücksichtigt werden.

7.4 Konstruktive Grundlage: Knoten und Stäbe

Wie in der Einleitung schon kurz gesagt, stand ganz am Anfang der Entwicklung der Raumfachwerke die Erfindung Mengeringhausens: eine Verbindungstechnik für Raumfachwerke unter Verwendung einer einzigen Schraube für jeden Anschluß und eines Kugelknotens mit den für den Bau der regelmäßigen Raumfachwerke notwendigen Bohrungen.

Die Erfindung wirkt wie ein Urknall noch heute nach und hat sich als die beste Lösung des Problems weltweit durchgesetzt, inkl. einer großen Anzahl intelligenter Modifikationen.

Daß man das Problem der Verbindungstechnik auch ganz anders lösen kann, hat zuerst Fuller (Abb. 7.3) und nach ihm Wachsmann [9] gezeigt. Die Notwendigkeit einer Integration der den Raumabschluß bildenden Elemente ist spätestens mit der Wiederbelebung des Glasbaus deutlich geworden: zusätzliche Pfettenlagen stören die Transparenz der Tragwerke und sind im allgemeinen auch konstruktiv unnötig, wenn die lokale Stützfunktion der Pfetten in die Tragfunktion der Hauptkonstruktion integriert werden kann.

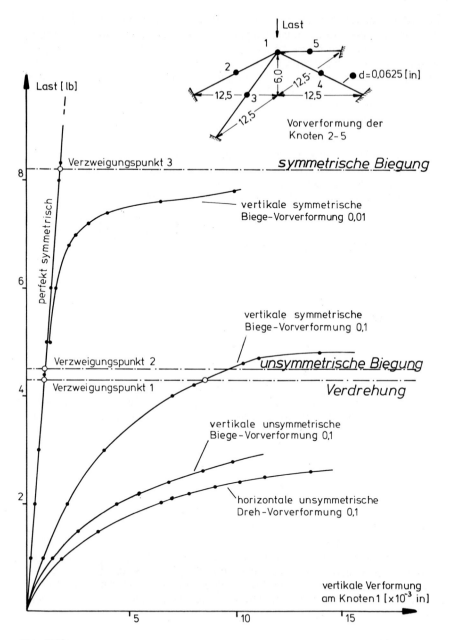

Abb. 7.19

Eine Lösung, die den Bau von Raumfachwerken mit all ihren wirtschaftlichen Vorteilen bei großen Spannweiten mit der Stützfunktion für die Eindeckung integriert, ist für die Kuppelkonstruktion der Stockholm Globe Arena angewendet worden: Ein napfförmiger Knoten erlaubt den Anschluß von rechteckigen MSH-Profilen im Obergurt der Raumfachwerkkonstruktion (Abb. 7.20).

Trotz der Biegebeanspruchung der Gurtprofile können diese mit einem Einschraubenanschluß mit dem Napfknoten verbunden werden. Dies erfordert eine Erweiterung des Bemessungskonzeptes für zugbelastete Einschraubenanschlüsse, die in [8] beschrieben wird.

Abb. 7.20

185

Einen interessanten Versuch des Elementierung eines Raumstabwerkes unter Umgehung der 'klassischen' Knoten-Stab-Konstruktion stellt der Entwurf von Polónyi/Wörzberger [10] für die neuen verglasten Vorhallen des Bahnhofs Köln dar.

Die vorgefertigten Bauteile einer elementierten Stabwerksschale werden durch Halbrund-Verbinder mit den T-förmigen Obergurten von Fachwerk-Halbrahmen und durch Doppelspante in der Stabwerkschale gefügt (Abb. 7.21).

Beim Bau der Überdachung für das Schwimmbad in Neckarsulm, einer verglasten Fachwerkschale, modifizierten Schlaich/Bergermann die von Seilnetzen bekannte Lösung für eine Stabwerksschale: die Form der Facetten auf der Oberfläche, und damit auch der Glasscheiben, stellt sich durch Vorgabe eines Netzes mit konstanter Maschenlänge ein, das in den Kreuzungspunkten drehbar ist.

Die Diagonalen werden von durchgehenden Seilen gebildet, die in den Kreuzungspunkten mit Rundscheiben geklemmt werden, ohne daß eine vorherige Bestimmung der Klemmlänge erforderlich wäre (Abb. 7.22).

Einziger Nachteil des Konstruktionsprinzips ist die sich ergebende Vielzahl unterschiedlicher Glasfacetten, die die Wirtschaftlichkeit negativ beeinflußt.

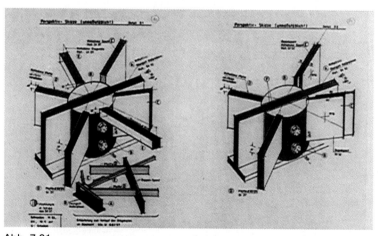

Abb. 7.21

186

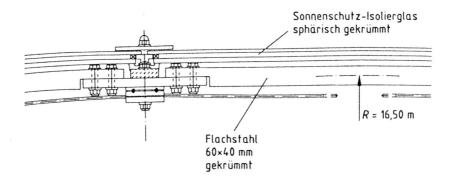

Sonnenschutz-Isolierglas
sphärisch gekrümmt

$R = 16,50$ m

Flachstahl
60×40 mm
gekrümmt

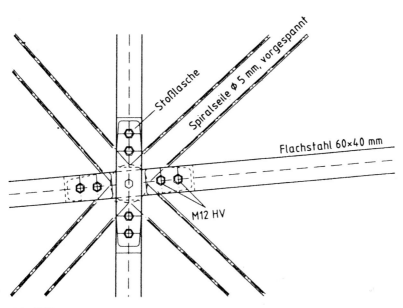

Stoßlasche

Spiralseile ø 5 mm, vorgespannt

Flachstahl 60×40 mm

M12 HV

Abb. 7.22

Die Wirtschaftlichkeit der Konstruktion stand auch bei der verglasten Louvre-Pyramide des Architekten I.M. Pei nicht im Vordergrund. Mit hochfesten Zugelementen, wie sie auch für den Bau von Hochseejachten verwendet werden, wurde ein Fachwerkträgerrost in den Querschnittsabmessungen minimiert, um eine maximale Transluzens zu erreichen.

Zur Stabilisierung gegen abhebende Windkräfte wurden durchgehende Seile verwendet, deren Befestigung an den vertikalen Stäben des Trägerrostes drehbare Hebel erforderte, um die Funktionalität der durchgehenden Seile zu gewährleisten (Abb. 7.23).

Abb. 7.23

Eine Kombination der bisher diskutierten Konstruktionselemente räumlicher Stabwerke findet man bei den Tragwerken für die Lichtdächer des Museums der schönen Künste in Montreal, dessen Architekt Moshe Safdie ist: die Konstruktion ist ein Fachwerk-Trägerrost, bei dem die Untergurte und Diagonalen, bei einer Schneebelastung bis 6 kN/m^2, aus hochfesten Edelstahl-Rundstäben von max. 20 mm Durchmesser bestehen.

Die Obergurte sind als biegesteife Roste ausgebildet: rechteckige MSH-Profile werden mit jeweils 2 Schrauben über Napfknoten verbunden, die auch den Anschluß jeweils eines Vertikalstabes und der diagonalen Zugelemente ermöglichen (Abb. 7.24). Zur Sicherung gegen Windsog wurden einige durchgehende Seile angeordnet, die über Rollen und Pendel gelagert sind: der biegesteife Trägerrost des Obergurtes ermöglichte, daß diese Seile nicht in jeder Fachwerkebene angeordnet werden mußten.

Einen vorläufigen Endpunkt im Entwurf extrem leichter und transluzenter Konstruktionen bilden die Glasfassaden für das Wissenschaftsmuseum im Parc de la Villette in Paris von Peter Rice u.a. (Abb. 7.25).

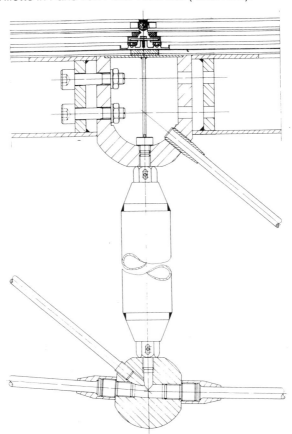

Abb. 7.24

Eine Gurtkonstruktion zur Lagerung der Glasscheiben fehlt hier völlig. Die in den Eckpunkten durch spezielle Kreuzgelenk-Knoten (ein Element der High Tech-Architektur) verbundenen Glasscheiben werden für Wind-Druck und -sog durch Seile gestützt und tragen ihr Eigengewicht für jeweils ein Fassadenfeld zum oberen Querriegel.

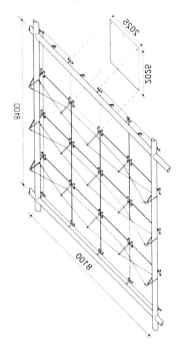

Abb. 7.25

7.5 Ausblick

Anhand der wesentlichen Grundlagen des Entwurfs räumlicher Stabwerke - Geometrie, Statik und Konstruktion - wurde versucht, die evolutionäre Entwicklung des Entwurfs räumlicher Stabwerke darzustellen.

Dabei konnten viele interessante Aspekte, wie z.B. die Gußknotentechnologie oder die Tragwerksoptimierung, wegen der notwendigen Beschränkungen des Umfanges nicht berücksichtigt werden. Es sollte jedoch deutlich werden, daß der technologische Fortschritt in Soft- und Hardware eine Vielzahl neuer Möglichkeiten des Bauens mit räumlichen Stabwerken eröffnet hat, die eine Herausforderung für Architekten und Tragwerksplaner darstellen. Dabei ist zu erkennen, daß individuelle Lösungen, die nicht immer wirtschaftlich sind, für architektonisch anspruchsvolle Gestaltungen zunehmen.

Die Entwicklung zu immer leichteren Konstruktionen erinnert an die Worte St. Exupery's aus 'Terre des Hommes': "Am Ende der Evolution verschwindet die Konstruktion".

Literatur

[1] Mengeringhausen, M.: Komposition im Raum - Raumfachwerke aus Stäben und Knoten, Bauverlag Wiesbaden, 1975

[2] Fuller, R.B.: Synergetics, Explorations in the geometry of thinking, Macmillan, New York, 1982

[3] Kollar, L.: Prinzipien für den Entwurf einiger räumlicher Tragwerke, Bauingenieur 67 (1992), 337-346

[4] Emde, H.: Geometrie der Knoten-Stab-Tragwerke, Strukturforschungszentrum Würzburg, 1979

[5] Föppl, A.: Das Fachwerk im Raum, Teubner Leipzig, 1892

[6] Calladine, C.R.: Buckminster Fuller's Tensegrity Structures and Clerk Maxwell's Rule for the construction of stiff frames", Int. J. Solids and Structures, Volume 14, 1978

[7] Pellegrino, S.: On the rigidity of triangulated hyperbolic paraboloids, Proc. R. Soc. London, 1988

[8] Klimke, H.; Kemmer, W.; Rennon, N.: Die Stabwerkskuppel der Stockholm Globe Arena, Stahlbau 58/1989

[9] Wachsmann, K.: Wendepunkt im Bauen, Krauskopf-Verlag Wiesbaden, 1959

[10] "Vom Sinn des Details", ARCUS-Heft 3, Verlag R. Müller, 1988

[11] Schlaich, J.; Schober, H.: Verglaste Netzkuppeln, BAUTECHNIK 69 (1992)

[12] Brookes, A.J.; Grech, CH.: Das Detail in der High Tech-Architektur, Birkhäuser-Verlag, 1991

8. Stahlgeschoßbau -
Konstruktion und Bauphysik

Rainer Pohlenz

Die Diskussion um die bauphysikalischen Probleme von Stahlbauten mit außen und innen sichtbaren konstruktiven Stahlelementen ist alt und bleibt doch immer jung. Waren es früher die "Modernen" und ihre Epigonen, die konstruktiv notwendige Stahlelemente zur Gliederung der Fassaden benutzten, sind es heute die "Nachpostmodernen", die durch Stahlbauteile, zusammen mit anderen Baumaterialien wie zufällig hingestreut, ihren Gebäuden einen unbeschwerten Ausdruck verleihen wollen. Einigen gelingt es, dank neuer Materialeigenschaften und Verbindungstechniken Bauteile auf spektakuläre Weise zu fügen und damit neue ästhetische Qualitäten zu schaffen. Andere frappieren lediglich durch ihre konstruktive Lässigkeit, wieder andere durch ihre planerische Ignoranz. "Man baut ja nicht, um Energie zu sparen, sondern um die Umwelt gestaltend zu ordnen." Doch die in diesem Geist entworfenen Gebäude sind es, die Probleme bereiten.

Der unbestrittenen ökologischen Notwendigkeit, durch verringerten Verbrauch fossiler Energieträger die CO_2-Emission drastisch zu senken, soll nach dem Willen der Bundesregierung durch Reduzierung des Wärmeverbrauchs der zukünftigen Neubauten um 30% im Vergleich zu heutigen Neubauten entsprochen werden. Die Anforderungen an die Wärmedämmung dieser Gebäude wird daher mit Inkrafttreten der novellierten Wärmeschutzverordnung [02] wesentlich verschärft. Auch wenn man sich dabei über die Methode streiten kann, in der Zielsetzung sollte Einigkeit bestehen.

8.1 Ziele des Wärme- und Tauwasserschutzes in der Gebäudeplanung

Hauptanliegen des Wärmeschutzes von Gebäuden ist es daher, im Sommer und Winter behagliche Temperaturen der Innenraumluft und der Bauteiloberflächen bei möglichst geringen Wärmeverlusten sicherzustellen. Dabei sind die Möglichkeiten eines auch im Winter zeitweilig durch die Verglasung gegebenen Wärmegewinns in die Beurteilung mit einzubeziehen. Unabhängig von den Aspekten der Energieeinsparung und der Behaglichkeit erfolgen Dämm-Maßnahmen zur Vermeidung von Tauwasserbildung im Bauteilquerschnitt und an der Bauteiloberfläche, sowie zur Verringerung der thermisch bedingten Bauteilbewegungen. Aus allen Aspekten folgt, daß ein Gebäude mit allen seinen Elementen von einer wärmedämmenden Hülle möglichst lückenlos umgeben werden sollte (vgl. z.B. Beispiele auf den Seiten 206 oder 225).

Die Dimensionierung der wärmedämmenden Schicht(en) erfolgt sinnvollerweise nach dem Kriterium, das die strengsten Anforderungen stellt. Für die Schichtenfolge gilt grundsätzlich: Die Wärmedämmung sollte möglichst weit außen im Bauteilquerschnitt liegen. Nur unter Außerachtlassung von Wärmespeicherung, Dampfdiffusion und Wärmedehnung und bei Zugrundelegung eines stationären Wärmedurchgangs spielt die Lage der Wärmedämmung im Bauteilquerschnitt keine Rolle.

Ob ein Baukörper wärmetechnisch günstig konzipiert ist, hängt u.a. davon ab, welches beheizte Volumen V von seiner Oberfläche A eingeschlossen wird. Bei konstantem Volumen und wachsender Oberfläche wird die Wärmebilanz eines Gebäudes ungünstiger. Dies trifft zum Beispiel auf stark gegliederte Baukörper zu. Bei gleicher Gebäudeforrm hat ein kleiner Baukörper immer ein ungünstigeres A/V-Verhältnis als ein großer. Für einge-

Abb. 8.1: Lloyd's Versicherungsgebäude [14]

schossige, kleine Gebäude sind daher höhere Anforderungen an den Wärmeschutz zu stellen als für mehrgeschossige. Daneben spielt bei eingeschossigen Gebäuden die Wärmedämmung des Daches und des Kellerbodens eine viel größere Rolle als bei mehrgeschossigen Häusern. Dementsprechend sind auch die planerischen Mittel zur Energieeinsparung bei beiden Gebäudetypen unterschiedlich.

Ein Lehrstück ohne Vorbildcharakter wird uns hierzu von den Architekten Richard Rogers und Partnern mit dem Lloyd's-Versicherungsgebäude vorgeführt. Exzessiver Umgang mit Außenoberflächen und lässige Details wie ungedämmte Betonstürze und -decken heben den Entwurf aus bauphysikalischer Sicht in leider negativer Weise hervor.

8.2 Fassaden

8.2.1 Allgemeine Problemstellungen

Konstruktionsprinzip, Materialwahl und Erscheinungsbild von Fassaden des Stahlgeschoßbaus werden bestimmt durch das statisch-konstruktive Grundelement des Stahlgeschoßbaus, das Stahlskelett.

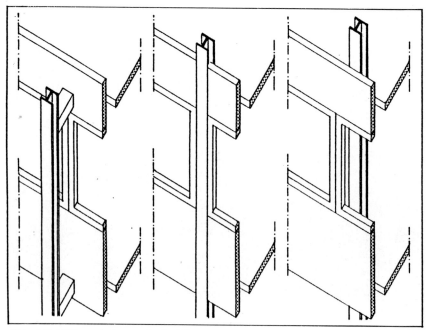

Abb. 8.2: Stützenstellungen im Stahlbau

Je nach Fassadentyp liegt die raumabschließende Ebene hinter, zwischen oder vor der Stützkonstruktion des Haupttragwerks. In den beiden ersten Fällen durchstößt oder durchschneidet die gut wärmeleitende Stahlkonstruktion die wärmedämmende Ebene. Die damit zusammenhängende Wärmebrückensituation muß konstruktiv oder auf andere Weise (z.b. Warmluftschleier) berücksichtigt werden. Die bauphysikalischen Gesichtspunkte der Wärmebrücken werden im Abschnitt 8.4 behandelt.

Bei der Ausbildung der Fassadenelemente ist nach [05] zu unterscheiden zwischen Vorhangfassaden und Verkleidungen von Stützen und Brüstungen. Beide Fassadentypen sind als mehrschichtige, aber einschalige Konstruktionen oder als zweischalige, hinterlüftete Konstruktionen ausführbar, wobei im Falle der Verkleidungen auch "schwere" Unterkonstruktionen, z.b. Stahlbetonbrüstungen, zur Anwendung kommen können.

Die Bauelemente sind in der Regel platten- und stabförmig. Elementvorfertigung bewirkt rationelle Bauweisen und kurze Bauzeiten. In allen Fällen sind daher Fugen zwischen den Elementen und zwischen Fassade und dem Haupttragwerk die Folge.

Fugenundichtigkeiten bewirken einerseits Wärmeverluste. Andererseits können (bei hinterlüfteten Konstruktionen) Tauwasserprobleme die Folge sein.

Die Fassadenelemente sind häufig nichttragend und weisen geringe Flächengewichte auf. Dies ermöglicht wirtschaftliche und schlanke Stützenquerschnitte als Ausdrucksmittel typischer Stahlbauarchitektur.

Auf die aus diesen konstruktiven Bedingungen resultierenden wärmetechnischen Probleme und die Problematik undichter Fugen wird in den folgenden Abschnitten eingegangen.

8.2.1.1 Klimaregulierung

Grundsätzlich hat die Leichtbauweise eine ungünstige klimaregulierende Wirkung der Fassade zur Folge, denn geringes Rohgewicht und geringe Schichtstärken ergeben einen geringen Wärmespeicherwert und eine geringe Wärmeträgheit. Dieser Nachteil kann auch durch einen erhöhten Wärmedurchlaßwiderstand, der bei Verwendung moderner Dämmstoffe auch bei vertretbaren Elementdicken leicht erreichbar ist, nur begrenzt kompensiert werden. So beträgt die Zeit, nach der eine sommerliche Temperaturspitze auf der Innenseite einer Außenwand, die sogenannte Phasenverschiebung, spürbar wird, bei einem 110 mm dicken Stahlblech-Sandwichpaneel trotz hoher Wärmedämmung nur 2.6 Stunden, bei einer außengedämmten Ziegel- oder Kalksandsteinwand dagegen 9.5 Stunden.

Das bedeutet, daß die Paneelwand während des gesammten Sommertages eine erhebliche unerwünschte Wärmestrahlung erzeugt, die schwere Wand dagegen ihre gespeicherte Wärme während der kühleren Nachtstunden abgibt.

Dabei ist selbstverständlich von Bedeutung, um wieviel sich die Temperaturschwankungen von außen nach innen verringert. Der sogenannte Temperaturamplitudendämpfungsfaktor sollte bei Bauteilen mit geringen Phasenverschiebungen möglichst klein ausfallen ($<$ 0.3). Er ist bei leichten Fassaden durchweg ungünstig (bei dem Paneel ca. 0.5 gegenüber 0.2 bei der Ziegelaußenwand). Ebenso ungünstig ist das Auskühlverhalten: Das Paneel kühlt etwa 30 mal so schnell aus wie die massive Außenwandkonstruktion.

Da in der Regel auch innere Speichermassen fehlen, sind zur Gewährleistung eines sommerlichen Wärmeschutzes zumindest entsprechend wirksame Sonnenschutzvorrichtungen, häufig aber auch Klimaanlagen erforderlich.

8.2.1.2 Fugen

Die durch Fugenundichtigkeiten bewirkten stündlichen Lüftungswärmeverluste q_L sind abhängig von der ausgetauschten Luftmenge V_h und der Temperaturdifferenz zwischen warmer und kalter Luft $\Delta T_{i/a}$.

$$q_L = 0.36 \cdot V_h \cdot \Delta T_{i/a} \quad [W]$$

Die ausgetauschte Luftmenge wiederum ergibt sich aus der Fugenlänge l, dem Druckunterschied $\Delta P_{i/a}$ zwischen innen/außen und dem Fugendurchlaßkoeffizienten a.

$$V_h = l \cdot a \cdot \Delta P_{i/a}^{2/3} \quad (m^3/h)$$

Der Druckunterschied entsteht in erster Linie durch Wind, der eine Fassade anströmt. Er steigt mit wachsender Windgeschwindigkeit überproportional an und hängt weiter davon ab, in welchem Maße auf der Leeseite des Gebäudes die Innenluft ausströmen kann. Abb. 8.3 gibt die ungefähr zu erwartenden Druckunterschiede wieder (nach [04]).

In Abb. 8.5 ist der durch Fugenundichtigkeit veränderte k-Wert eines 1 m^2 großen Außenwandpaneels mit 4 m umlaufender Fuge als wirksamer k-Wert dargestellt. Es zeigt, daß bei Wind die Fugendichtigkeit die entscheidende, der Dämmwert des Paneels fast keine Rolle mehr spielt.

Die DIN 4108 fordert mit Verweis auf die DIN 18540 [03] daher, daß "Fugen entsprechend dem Stand der Technik dauerhaft und luftundurchlässig abzudichten sind".

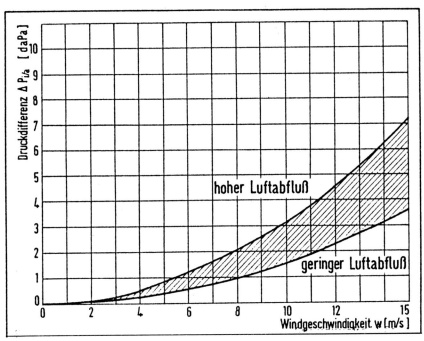

Abb. 8.3: Windgeschwindigkeit und Druckdifferenz [04]

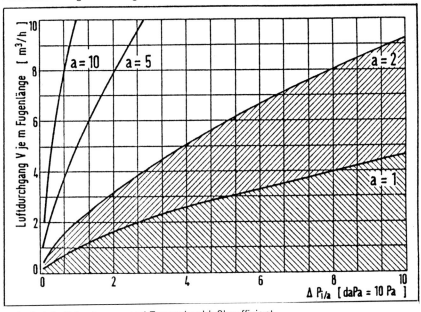

Abb. 8.4: Luftdurchgang und Fugendurchlaßkoeffizient

197

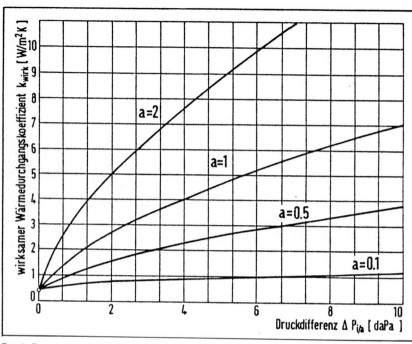

Durch Fugenundichtigkeiten im Anschluß an das Tragwerk wird der k-Wert von Außenwand-paneelen deutlich verschlechtert. Dargestellt ist der tatsächliche k-Wert eines 1 m² großen Paneels (k = 0,4 W/m² K) abhängig vom Fugendurchlaßkoeffizienten der umlaufenden 4 m langen Fuge.

Abb. 8.5: k-Wert undichter Fassaden

Diese Forderung kann nicht deutlich genug unterstrichen werden, denn selbst durch geringfügige Undichtigkeiten mit einem Fugendurchlaßkoeffizienten von nur a = 0.1 verdoppelt sich der wirksame k-Wert der Fassadenkonstruktion schon bei mittleren Windgeschwindigkeiten.

Metallfassaden unterliegen Oberflächentemperaturschwankungen von bis zu 100 °C. Dementsprechend starke Bewegungen, insbesondere bei dunklen Fassaden, sind die Folge. Elementverbindungen und Fugenabdichtungen müssen daher in der Lage sein, Bewegungen der Fassade schadensfrei aufzunehmen. Auf Dehnung und Stauchung beanspruchtes Dichtungsmaterial muß eine der zu erwartenden Bewegung entsprechende Dehnfähigkeit haben. Dehnungen von über 20% sollten dabei vermieden werden. Fugendichtungsmaterialien müssen alterungsbeständig sein.

Nach Möglichkeit sollten Fugen leicht zugänglich, die Fugendichtungsmaterialien u.U. auswechselbar sein. Ist dies nicht gewährleistet, so sind nach Möglichkeit mehrstufige Abdichtungen vorzusehen.

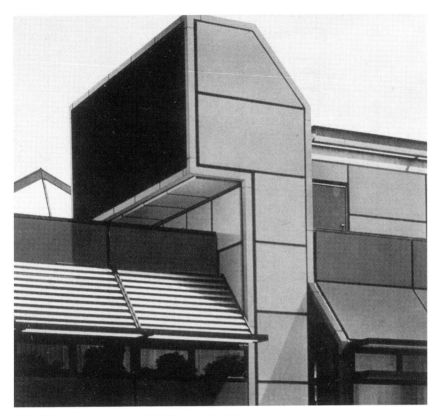

Abb. 8.6: Laboratorium der TH Darmstadt [12]

Die beiden folgenden Beispiele zeigen sowohl zwei unterschiedliche Fassadentypen als auch zwei unterschiedliche Prinzipien der Fugendichtung.

Das erste Beispiel (Abb. 8.6 und 8.7) zeigt einen Ausschnitt der Fassade eines Laboratoriumsgebäudes der TH Darmstadt von Gerd Fesel und seinen Mitarbeitern. Die Fassadenarchitektur wird bestimmt durch die deutliche Fugenteilung der Paneel-Vorhangfassade. Die Fassadenunterkonstruktion besteht aus feuerverzinkten Hohlprofilen und Paneelen aus beidseitig einbrennlackierten Aluminium-Sandwich-Elementen (5). Sie sind mit Neoprendichtungsstreifen (4) und Aluminiumprofilen in den Fugen auf ein Sekundärskelett geschraubt. Die Fugen werden dadurch abgedichtet. Günstig: Alle Fugendichtungen dieses einstufigen Systems sind im Wartungsfall leicht erreichbar.

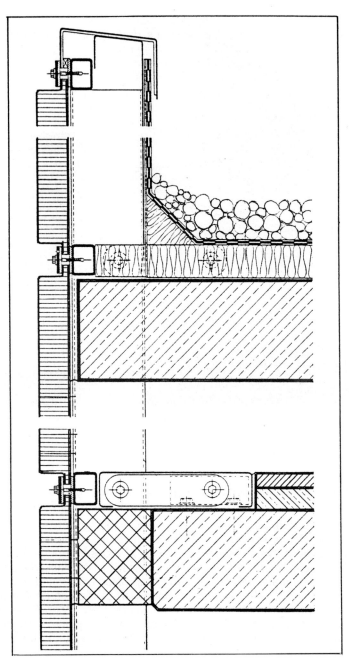

Abb. 8.7: Fassadenschnitt zu Abb. 8.6 [12]

Das zweite Beispiel (Abb. 8.8 und 8.9) zeigt die hinterlüftete Verkleidung der Fassade eines Verwaltungsgebäudes in Ditzingen (Architekt U. Haigis). Auch hier bestimmt unter anderem die Fugenteilung der Fassade deren Erscheinungsbild. Vor den wärmegedämmten Beton-Brüstungselementen ist die hinterlüftete Schale aus 4 mm Aluminium-Blechen an einer Sekundär-Struktur befestigt (3) und (11). Die Fugendichtung erfolgt zwischen den Betonelementen mittels dauerelastischer Fugenmasse. Günstig: Die gedichtete Fuge liegt hinter der Wärmedämmung, die auftretenden Bewegungen sind dementsprechend gering; die Fuge ist zudem vor Wasserbeanspruchung geschützt. Ungünstig: Die Fuge ist für Wartungsarbeiten praktisch nicht mehr erreichbar.

Abb. 8.8: Trumpf-Verwaltung in Ditzingen [14]

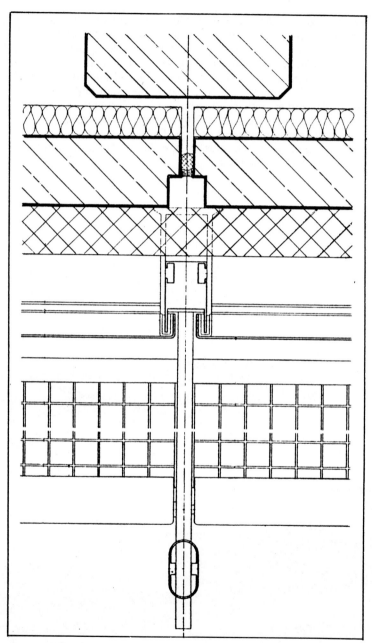

Abb. 8.9: Fassadenschnitt zu Abb. 8.8 [14]

8.2.2 Einschalige Fassaden

Einschalige Konstruktionen bestehen aus mehreren, unmittelbar aufeinanderfolgenden Schichten mit bauphysikalisch und konstruktiv bedingten Funktionen. Dabei ist zu unterscheiden zwischen meist dreischichtigen Paneelen, die ihre Stabilität aus der Verbundwirkung der Deck- und Dämmschichten beziehen (Abb. 8.11 und Beispiele: Laboratoriumsgebäude der TH Darmstadt, Abb. 8.6 und 8.7) oder Heizzentrale Karlsbad, Abb. 8.12 und 8.13) und Mehrschichtfassaden, die u.U. auch an der Baustelle zusammengesetzt werden können (Abb. 8.11 und Beispiel: Finsbury-Haus, Abb. 8.14 und 8.15). In beiden Fällen sind Unterkonstruktionen in Form von Stützen, Sprossen und Riegeln erforderlich.

Der Wärmeschutz beider Konstruktionstypen errechnet sich aus dem Mittelwert der Wärmedurchlaßwiderstände der Gefach- und der Riegel- bzw. Sprossenbereiche. Daher wird der mittlere Wärmedurchlaßwiderstand durch die Sprossenzahl entscheidend beeinflußt. Zu beachten ist: Je höher der Wärmedämmwert des Regelquerschnitts ist, desto bedeutsamer wird in Relation dazu die Wärmeübertragung über die Sprossen. Zu beachten ist weiter, daß durch die Sprossen Kältebrücken gebildet werden,

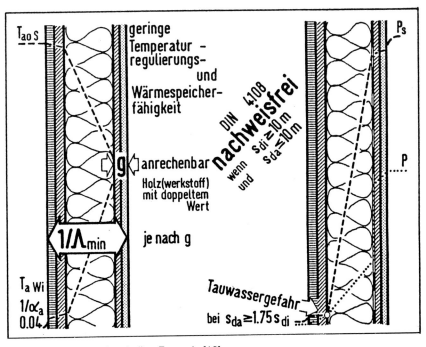

Abb. 8.10: Leichte einschalige Fassade [10]

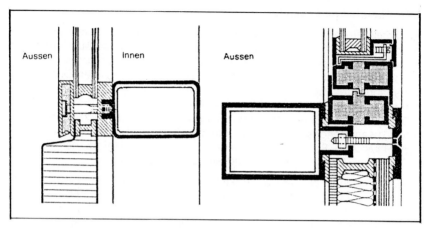

Aussen | Innen | Aussen

Links: Fassade mit innenliegendem Tragwerk und vorgefertigten, einschaligen Paneelen mit thermisch getrennten Randverbindungen.
Rechts: Fassade mit außenliegendem Tragwerk aus mehreren Schichten vor Ort gefertigter Paneele mit thermisch getrennter Randverbindung.

Abb. 8.11: Paneelfassadentypen [05]

die je nach Konstruktion des Sprossenbereiches eine Oberflächenkondensatgefährdung entlang der Sprossen zur Folge haben können (siehe hierzu Kapitel 8.4).

Um Kernkondensat zu verhindern, müssen nicht belüftete Fassadenelemente eine innenseitige Dampfsperre aufweisen und außenseitig ohne dampfdichte Folien oder Bleche auskommen. Nach DIN 4108 Teil 3 ist dieser Wandtyp nur dann nachweisfrei, wenn der Dampfsperrwert der inneren Dampfsperrschicht $s_{di} > 10$ m ist und der Dampfsperrwert der äußeren Schichten $s_{da} < 10$ m oder die Konstruktion hinterlüftet ist. Paneele mit beidseitiger Blechbeschichtung sind allerdings von dieser Nachweispflicht nicht betroffen, da die Blechschichten praktisch dampfdicht sind.

Eine lückenlose Hülle aus einer einschaligen Fassade bekam das IPE-Tragwerk der Heizzentrale eines Krankenhauses in Karlsbad, Erich Rossmann + Partner bekamen dafür den Stahlbaupreis 1976 (Abb. 8.12). Die über zwei Geschosse gehende Vorhangfassade besteht aus einer Leichtmetallunterkonstruktion, an der kunststoffbeschichtete Metallpaneele und Fensterelemente mittels Neoprenprofilen befestigt sind. Die allseitig umschließende Fassade verhindert Wärmebewegungen des Tragwerks, die Neoprenprofile als thermische Trennung zwischen Tragkonstruktion und Außenhülle verhindern Wärmebrücken im Sprossenbereich und bewirken eine günstige Fugendichtung. Die Attika des als Warmdach ausgeführten Trapezblechdaches ist allseitig wärmegedämmt. Auch in diesem Bereich werden also Wärmebrücken sorgfältig vermieden (Abb. 8.13).

204

Abb. 8.12: Heizzentrale Karlsbad [12]

Die wärmetechnisch vorbildliche Grundkonzeption wird allerdings gestört durch die Verwendung "einteiliger" Paneele, deren thermisch nicht getrennte äußere und innere Blechschalen einen deutlichen Wärmebrückeneffekt bewirken, wie in Abschnitt 8.4 gezeigt werden wird. Der k-Wert der Fassade wird dadurch erheblich erhöht. Diese Lösung mag jedoch durch den "Problembewußtseinsstand" des Planungsjahres, vor allem aber durch die relativ unproblematische Nutzung entschuldbar sein. Bessere Lösungen für die Ausbildung von Paneelrändern zeigt Abb. 8.11 [05].

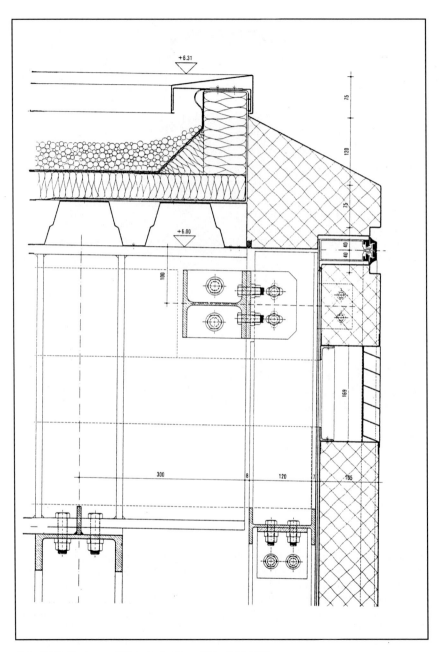

Abb. 8.13: Dach- und Wandschnitt zu Abb. 8.12 [12]

Abb. 8.14: Finsbury-Haus [14]

Das zweite Beispiel (Abb. 8.14 und 8.15) zeigt eine einschalige Konstruktion des zweiten Typs. Es ist die Fassade des 3. Bauabschnitts des Finsbury-Hauses in London (Ove Arup Ass.). Die mehrschichtigen Elemente liegen hier in der Ebene der Tragstruktur. Diese ist daher thermisch getrennt.

Im Gegensatz zum ersten Beispiel muß dieser Fassadentyp hinsichtlich Tauwasserausfall im Querschnitt untersucht werden. Er erscheint wegen der dichten äußeren Blechverkleidung und des Fehlens einer Dampfsperre auf der Innenseite aus mehreren Gründen nicht unproblematisch. Eindiffundierender Wasserdampf kann sich bei entsprechenden klimatischen Bedingungen an der Innenseite der äußeren Blechhaut als Tauwasser niederschlagen. Die fehlende Wassseraufnahmefähigkeit kann dann dazu führen, daß das kondensierte Wasser an der Blechschale herunterläuft. Hinzu kommt die durch die Tauwasserbelastung bewirkte Korrosionsgefährdung der Blechschalen.

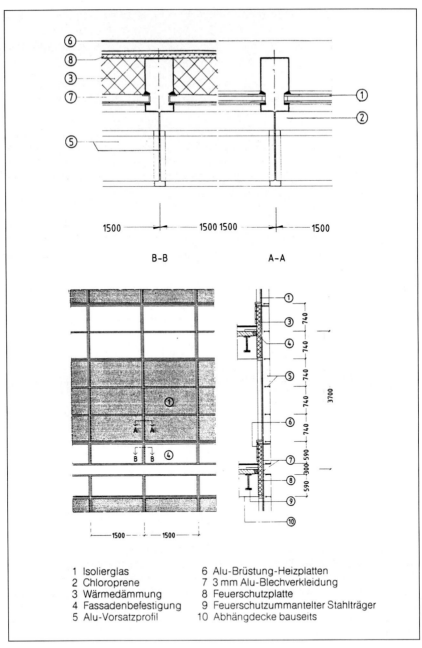

B-B   A-A

1 Isolierglas	6 Alu-Brüstung-Heizplatten
2 Chloroprene	7 3 mm Alu-Blechverkleidung
3 Wärmedämmung	8 Feuerschutzplatte
4 Fassadenbefestigung	9 Feuerschutzummantelter Stahlträger
5 Alu-Vorsatzprofil	10 Abhängdecke bauseits

Abb. 8.15: Finsbury-Haus [14]

8.2.3 Zweischalige Fassaden

Als zweischalige Fassaden werden Konstruktionen mit belüfteter Zwischenschicht außerhalb der Wärmedämmung verstanden.

Bei diesen Wänden werden lediglich die inneren Schichten bis zur Luftschicht zur Ermittlung des Gesamtwärmedurchlaßwiderstandes $1/\Lambda$ des Gefachbereichs herangezogen.

Auch bei diesen Konstruktionen ist zu beachten, daß durch die Pfosten oder Sprossen Kältebrücken gebildet werden, die einerseits den mittleren Wärmedurchlaßwiderstand erheblich herabsetzen können, andererseits wegen der niedrigen Oberflächentemperaturen Tauwasserbildung auf der Wandinnenoberfläche begünstigen.

Neben der Kältebrückenwirkung der Sprossen ist die Dichtigkeit der Konstruktion das Hauptproblem solcher hinterlüfteter Wände. Aus diesem Grunde soll vor der Wärmedämmung eine weitere Winddichtungsschicht eingebaut werden. In dem Ausführungsbeispiel in Abb. 8.17 wird eine solche Konstruktion gezeigt.

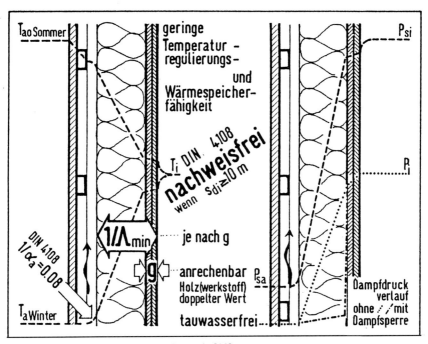

Abb. 8.16: Leichte zweischalige Fassade [10]

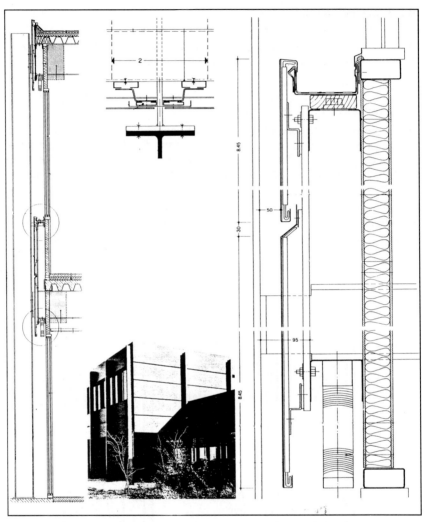

Abb. 8.17: Ausbildungszentrum Gildemeister: Ansicht und Fassadenschnitte [12]

Nach DIN 4108 ist der Wandtyp nachweisfrei, wenn der Dampfsperrwert der inneren Dampfsperrschicht $s_{di} > 10$ m ist. In Abb. 8.16 ist der Dampfdruckkurvenverlauf mit/ohne innere Dampfsperre dargestellt: In beiden Fällen wird die Sättigungskurve unterschritten, es fällt in beiden Fällen kein Tauwasser aus.

Eine hinterlüftete Fassade mit integrierter Sonnenschutzeinrichtung zeigt das Beispiel des Bürogebäudes der Gildemeister AG in Langenhagen von

210

Gregor Wannenmacher (Abb. 8.17). Die Planung dieses Gebäudes geht auf das Jahr 1972 zurück, was die geringe Wärmedämmung und die ungedämmten Geschoßdecken und Kastenprofile der Sekundärstruktur erklären mag.
Nicht gelöst oder zumindest in dem Detail, das der Broschüre "Stahl und Form" [12] entnommen ist, nicht zu erkennen ist, auf welche Weise die Fugendichtigkeit der Fassade erreicht werden soll. Der stumpfe Stoß des Außenwandpaneels an die Riegel stellt aber in jedem Fall einen schwierig abzudichtenden Anschluß beider Bauteile dar.

Bauphysikalische Empfehlungen für Fassaden

- Winddichtigkeit der Fassaden sicherstellen
- bei Elementfassaden:
  - Fugendichtung dehnfähig, alterungsbeständig
  - Fugendichtung nach Möglichkeit zugänglich
  - Fugendichtung gegebenenfalls auswechselbar
  - gegebenenfalls mehrstufige Dichtung

- Einschalige Fassaden
  - innen ausreichend dampfdicht, $s_{di} > 10$ m
  - wegen Wärmebrückenwirkung:
    nur punktförmige Verbindungen mit der Außenschale
    und
    linienförmige Verbindung mit der Innenschale
    und
    innere Bauteilschichten gut wärmeleitend;
    besser: völlige Trennung der Paneelschalen,
    Stege und Randverbindungen trennen

- Zweischalige Fassaden
  - innen ausreichend dampfdicht, $s_{di} > 10$ m
  - Winddichtigkeit der Flächen und Anschlüsse
  - ausreichender Belüftungsquerschnitt > 4 cm
  - ausreichende Be- und Entlüftungsöffnungen
  - wegen Wärmebrückenwirkung:
    Pfosten und Riegel mindestens seitlich, besser vollständig dämmen
    innere Bauteilschichten gut wärmeleitend

8.3 Dächer

8.3.1 Allgemeine Problemstellungen

Grundsätzlich ist der Wärmeschutz von Dächern einfach und problemlos zu realisieren. Der Dimensionierung der Wärmedämmung sind nahezu keine Grenzen gesetzt. Als Mindestwärmeschutz nach DIN 4108 ist ein $1/\Lambda = 1.10$ m^{2}K/W zu erfüllen. Der Dämmstandard heute liegt bei $1/\Lambda = 2.5 - 3$ m^{2}K/W. Wegen des im allgemeinen guten bis sehr guten Wärmeschutzes im Dachbereich besteht normalerweise keine Gefährdung durch Oberflächentauwasser.

Im Gegensatz zur Fassade werden bei Dächern die Ebenen der Dichtungs- und der Dämmschicht normalerweise nicht durch Tragglieder durchschnitten, so daß die Forderung nach einer möglichst lückenlosen Gebäudehülle im Dachbereich erfüllt wird. Problempunkte sind dagegen die Anschlüsse der Dachfläche an Lichtkuppeln, an aufgehende Gebäudeteile und an den Dachrand.

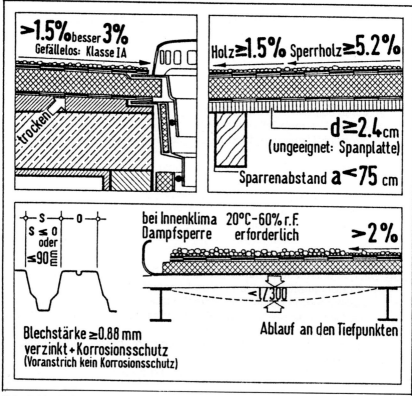

Abb. 8.18: Anforderungen an die Dachdecke [10]

Die Dachkonstruktion besteht aus dem Stahltragwerk und der Dachplatte. Bei leichten Dächern besteht die Dachplatte aus Stahl- oder Aluminiumtrapezblech oder aus Holz bzw. Holzwerkstoffen. In beiden Fällen muß wegen der erforderlichen Gewichtsminimierung mit geringen Materialquerschnitten ausgekommen werden. Damit sind Probleme der dynamischen Belastbarkeit der Dachkonstruktion verbunden, die sich durch eine verstärkte Beanspruchung der Dachhaut negativ bemerkbar macht. Des weiteren entstehen Probleme der Dachentwässerung, die auf die auftretenden Durchbiegungen der Dachplatte zurückzuführen sind. Um Pfützenbildungen zu vermeiden, ist ein Mindestgefälle von 3% notwendig. Nach [20] sind deshalb folgende konstruktive Grenzwerte einzuhalten (siehe auch Abb. 8.18):

Trapezbleche müssen eine Blechstärke von mindestens 0.88 mm aufweisen. Ihre Durchbiegung ist auf l/300 zu begrenzen. Sie sind mit einer Neigung von mindestens 2% zu verlegen (Bei diesem Gefälle muß mit Pfützenbildung gerechnet werden!). Holz bzw. Holzwerkstoffe sind mindestens 24 mm dick und mit einem Gefälle von mindestens 1,5% bzw. 5.2% zu verlegen.

8.3.2 Warmdächer

Als Warmdächer werden einschalige, mehrschichtige Dachaufbauten bezeichnet, deren Einzelschichten unmittelbar aneinander grenzen. Sie können lose aufeinander liegen, miteinander verklebt oder mechanisch miteinander verbunden sein.

Für die Ermittlung des Wärmedurchlaßwiderstandes werden alle Schichten bis zur Dachhaut angerechnet.

Hinsichtlich der Dampfdiffusion ist das Warmdach grundsätzlich problematisch, weil die sehr dampfdichte Dachhaut die äußerste Schicht bildet. An ihrer Innenseite ist aufgrund der dort niedrigen Temperaturen im Winter mit Tauwasserbildung zu rechnen. Dennoch bleibt das Warmdach schadensfrei, wenn die nachfolgend beschriebene Schichtenfolge und deren richtige Dimensionierung beachtet werden.

Den Oberflächenschutz (a) bildet eine Kiespreßschicht oder Besplittung, besser jedoch eine mindestens 5 cm dicke Kiesschüttung. Die meist geringen Blechstärken, verbunden mit zu großen Stützweiten, schließen jedoch häufig eine Kiesschüttung aus. Durch den Oberflächenschutz soll die Dichtungsschicht vor mechanischen Beschädigungen und direkter Sonneneinstrahlung geschützt werden. Dadurch erhöht sich die Lebensdauer der Dichtung und reduziert sich die Spitzentemperatur im Sommer. Das wiederum verringert die Gefahr der Dampfblasenbildung, die dadurch hervorgerufen wird, daß unter oder zwischen den Dichtungsbahnen befindliches Wasser bei starker Erhitzung unter enormer Volumenvergrößerung

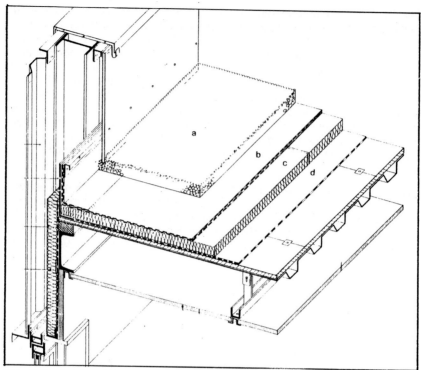

Abb. 8.19: Leichtes Warmdach [05]

verdampft, ohne daß für einen entsprechenden Druckausgleich gesorgt wird.

Durch schwere Schutzschichten wird zugleich die Dachhaut gegen Windsog gesichert. Dies ist bei lose verlegten Dachhäuten unerläßlich notwendig. Die dynamische Beanspruchung der Trapezblechunterkonstruktion wird dadurch gemindert.

Der Aufbau der Dachdichtungsschicht (b) richtet sich nach der Beanspruchung der Dichtungsschicht (Art des Oberflächenschutzes, mechanische Beanspruchung, Gefälle etc.). Sie kann aus Bitumenbahnen, Polymerbitumenbahnen, jeweils mit unterschiedlichen Trägereinlagen, oder aus hochpolymeren Kunststoffbahnen bestehen. Die Dachabdichtung kann ein- oder mehrlagig ausgeführt werden.

Die Dampfdruckausgleichsschicht ermöglicht in geringem Umfang einen bei Erwärmung der Dachhaut (s.o.) notwendigen Ausgleich des Dampfdruckes und verringert die Auswirkungen von Bewegungen der Dämmschicht auf die Dachhaut (Rißbildung). Die Dampfdruckausgleichsschicht

214

braucht nicht mit der Außenluft verbunden zu sein, da eine wirksame Entlüftung der Schicht dadurch nicht möglich ist. Auch der Einsatz von Belüftern, die mit der Ausgleichsschicht verbunden sind, ist ohne Nutzen. Bei loser Verlegung der Dachdichtung entfällt die Notwendigkeit einer speziell angeordneten Dampfdruckausgleichsschicht.

Die Wärmedämmschicht (c) sichert den Wärme- und Oberflächentauwasserschutz der Dachdecke. Sie schützt darüber hinaus vor starken temperaturbedingten Bauteilbewegungen. Sie wird entsprechend dem Untergrund bzw. dem Dachdichtungssystem entweder lose verlegt, mechanisch befestigt oder verklebt.

In den zurückliegenden Jahren sind an einer Vielzahl von Warmdächern Risseschäden an der Dachhaut festgestellt worden, die auf Schwind- und Wärmebewegungen von Hartschaumdämmungen zurückzuführen waren. Betroffen waren sowohl Extruder- als auch Partikelschaumplatten und -rollbahnen. Die Risse bildeten sich in verklebten Dichtungsschichten über den Plattenstößen von Dämmschichten, die nicht vollflächig mit dem Untergrund verklebt waren. Bei verklebten Dachdichtungen ist daher auf vollflächige Verklebung der Dämmschicht mit dem Untergrund oder gleichwertige mechanische Befestigung zu achten. Ist dies nicht sicherzustellen, so ist zwischen Dämmschicht und Dachhaut eine Trennlage anzuordnen.

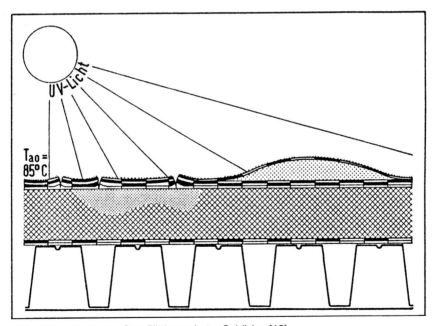

Abb. 8.20: Fehlender Oberflächenschutz: Schäden [10]

In diesen Fällen muß die Dichtungsschicht mechanisch befestigt oder lose verlegt und durch Beschweren gegen Windsog gesichert werden.

In besonderer Weise betroffen von diesem Problem sind Wärmedämmplatten auf Trapezblechunterkonstruktionen. Zum einen ergibt sich durch die Ausbildung der Sicken und Obergurte nur eine begrenzte Klebefläche, zum anderen besteht die Gefahr, daß bei der Verarbeitung von Heißbitumen als Klebemittel durch Bewegungen der relativ labilen Unterkonstruktion während des Verarbeitungsvorganges der Klebeprozeß gestört wird. Auch aus dieser Tatsache leitet sich die Forderung nach einer Mindestblechstärke von 0.88 mm ab. Gleichzeitig darf das lichte Maß der Sicken nicht größer sein als die Breite der Obergurte.

Die Dampfsperre (d) (früher hieß sie einmal Dampfbremse, was ihre wahre Funktionsfähigkeit besser ausdrückte) soll verhindern, daß zuviel Wasserdampf in die Wärmedämmung und von dort aus weiter unter die Dachhaut diffundiert. Sie ist gemäß der anfallenden Dampfbelastung so zu dimensionieren, daß eine Tauwassermenge von 10 g/m^2 in der Durchfeuchtungsperiode unterschritten wird. Die tatsächlich vorhandenen Klimabedingungen sind bei der Berechnung zu beachten. Bei Trapezblechunterkonstruktionen kann nur auf eine Dampfsperrschicht verzichtet werden, wenn die zu erwartenden Innenklimadaten unter 20 °C und 60% r.F. liegen.

Der Voranstrich dient als Vorbehandlung des Untergrundes zur Verbesserung der Haftfähigkeit der Klebemittel. Er kann bei loser Verlegung und bei mechanischer Befestigung der Dämmschicht fehlen.

8.3.3 Kaltdächer

Im Gegensatz zum Warmdach ist beim Kaltdach zwischen Wärmedämmung und Dachhautträger eine Luftschicht angeordnet, die dafür sorgen soll, daß durch die Dämmschicht diffundierter Wasserdampf von der Oberseite der Dämmschicht abtransportiert wird. Eine Anreicherung mit Wasserdampf an dieser Schichtgrenze wird durch Frischluftzufuhr vermieden. Damit dies tatsächlich geschieht, muß für eine ausreichende Luftbewegung durch genügend große Zu- und Abluftöffnungen am Dachrand und einen ausreichend hohen Lüftungsquerschnitt gesorgt werden.

Obwohl bauphysikalisch grundsätzlich richtig aufgebaut, entstehen die meisten Probleme im Zusammenhang mit der Dampfdiffusion durch diese Belüftungsschicht. Es ist einsichtig, daß die notwendige Luftwechselrate bzw. Luftgeschwindigkeit im Dachraum und der Dampfsperrwert der Unterkonstruktion in Beziehung zueinander stehen müssen. Je geringer die Luftbewegung, desto größer muß der Dampfsperrwert sein, damit die Konstruktion schadenfrei bleibt.

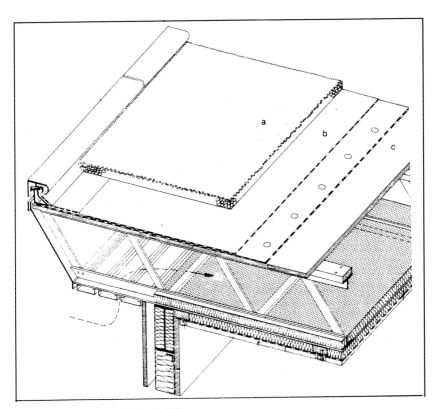

Abb. 8.21: Leichtes Kaltdach [05]

Bei Flachdächern sollte der freie Querschnitt der Belüftungsöffnungen 1/500 der zu belüftenden Dachfläche und der freie Luftraumquerschnitt die Höhe von 5 cm (nach DIN 4108), besser 10 cm, nicht unterschreiten. Bauübliche Ausführungstoleranzen sind dabei zu berücksichtigen. Der Dampfsperrwert der Unterkonstruktion sollte mindestens $s_{di} > 10$ m betragen.

Ein Hauptproblem bei leichten Kaltdächern ist, sicherzustellen, daß die Konstruktion winddicht ist. Undichtigkeiten in der Unterschale führen einerseits zu erhöhten Wärmeverlusten (siehe hierzu Abschnitt 8.2.1.2), andererseits besteht die Gefahr, daß bei Austritt von warmer, relativ feuchter Innenluft in den kalten Dachraum örtliche Tauwasserprobleme entstehen (Abb. 8.23 und 8.24). Durch Windsog hervorgerufener Unterdruck im Dachraum bewirkt eine Strömung von warmer, feuchter Luft in den kalten Dachraum, die dann in der Regel unterhalb des Dachhautträgers (Trapezblechschale) oder an nicht gedämmten Stahlelementen im Attikabereich kondensiert. Die dabei transportierten Wasserdampfmengen sind erheb-

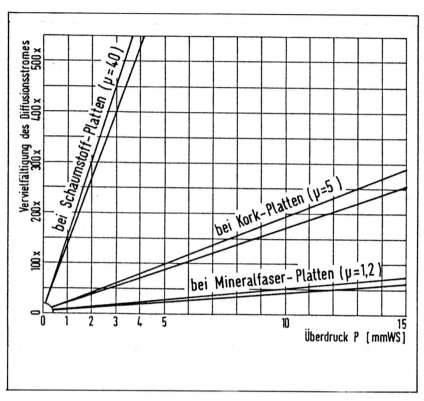

Bei durch Luftüberdruck hervorgerufener Durchströmung erhöht sich der Wasserdampftransport um ein Vielfaches.
Das Diagramm zeigt die Erhöhung des Diffusionsstromes durch Leichtdecken bei durch Überdruck durch Fugen transportiertem Wasserdampf.

Abb. 8.22: Dampfdurchgang bei Überdruck [13]

lich größer als die per Diffusion transportierten Mengen (Abb. 8.22). Dementsprechend groß sind die ausfallenden Tauwassermengen. Wird eine bestimmte Tauwassermenge überschritten, tropft das Kondenswasser ab und durchfeuchtet die Wärmedämmung und die darunterliegende Unterdecke und führt damit zu erheblichen Folgeschäden. Ähnlich ungünstig können sich Undichtigkeiten in Dächern über mit Überdruck klimatisierten Räumen auswirken. Die Dichtigkeit kann durch eine fugendichte Unterdecke erreicht werden. Soll jedoch die Dampfsperre diese Funktion erfüllen, ist eine durchgehende Verlegung mit verklebten Stößen Voraussetzung für ihr einwandfreies Funktionieren.

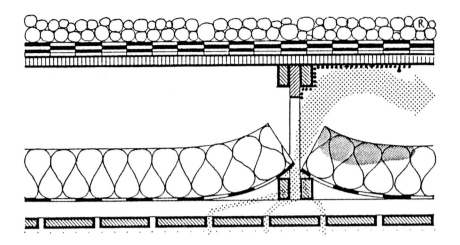

Kommt es infolge des Luftdruckunterschiedes zwischen Innenraum und dem Dachraum zu einer Luftbewegung, so dringt auch durch geringe Undichtigkeiten eine große Menge Wasserdampf ein, der dann an allen kalten Flächen, z. B. der Dachunterseite, kondensiert.

Abb. 8.23 / 8.24: Tauwasser durch Undichtigkeit [10 Foto Oswald]

Bauphysikalische Empfehlungen für Dächer

- Generelle Empfehlungen
  - Kiesschicht als Oberflächenschutz
  - ausreichende dynamische Festigkeit
  - Durchbiegung < l/300
  - Trapezbleche: Dicke > 0.88 mm
    verzinkt + Korrosionsschutz
  - ausreichendes Gefälle, möglichst > 3%

- Warmdächer
  - Art und Lagenzahl der Dichtungsschicht auf Beanspruchung abstimmen
  - Nach Möglichkeit lose Verlegung

  - bei Verklebung:
    Dampfdruckausgleichsschicht anordnen und
    vollständige Verklebung der Dämmschicht

  - ausreichende Dampfsperre:
    Tauwassermenge auf 10 g/m^2 begrenzen;
    Trapezbleche: bei > 20 °C / 60 %r.F.
    zusätzliche Dampfsperre erforderlich

- Kaltdächer
  - innen ausreichend dampfdicht, s_{di} > 10 m
  - Winddichtigkeit der Flächen und Anschlüsse;
    höhere Beanspruchung durch Klimaanlage beachten

  - ausreichender Belüftungsquerschnitt > 5 cm
  - Be- und Entlüftungsöffnungen > 1/500 Fläche

  - wegen Wärmebrückenwirkung:
    Träger seitlich vollständig dämmen und
    innere Bauteilschichten gut wärmeleitend

8.4 Wärmebrücken

8.4.1 Allgemeine Problemstellungen

Als Wärmebrücken oder Kältebrücken werden solche Bauteile bezeichnet, in denen sich aus konstruktiven Gründen oder wegen der Bauteilgeometrie ein höherer Wärmestrom einstellt als im Regelbereich des Bauteils. Dieser höhere Wärmestrom hat einen höheren Wärmeverlust zur Folge (daher: Wärmebrücke). Zum anderen stellt sich an den betroffenen Stellen eine niedrigere Innenoberflächentemperatur ein (daher: Kältebrücke).

Die Frage, ob eine Wärmebrücke außer dem damit verbundenen höheren Energieverlust weitere schädliche Folgen hat, ist immer auch von den relativen Luftfeuchten der Innenräume abhängig.

Die auftretenden Luftfeuchten in Innenräumen sind im wesentlichen durch die Art ihrer Nutzung bestimmt. Die sich einstellende relative Luftfeuchte ist abhängig von der Raumgröße, der Innenraumtemperatur, der Luftwechselrate sowie von der Temperatur und Feuchte der Außenluft.

Vor allem durch Lüften kann im Winter die Luftfeuchtigkeit deutlich gesenkt werden. Jedoch ist dabei zu beachten, daß sie bestimmte Mindestwerte nicht unterschreitet, denn Innenraumtemperatur und relative Luftfeuchte bestimmen die Behaglichkeit des Raumklimas. Nach [07] werden 60% relative Luftfeuchte bei 22 °C noch als behaglich empfunden. Für bauphysikalische Berechnungen sind im Normalfall 20 °C und 50% relative Luftfeuchte anzunehmen.

Außenbauteile sind so zu dimensionieren, daß bei relativen Luftfeuchten, die bei einer bestimmungsgemäßen Nutzung entstehen, die Bildung von Oberflächentauwasser vermieden wird. Bei zeitweilig extremen Luftfeuchten ist dafür zu sorgen, daß kondensierende Feuchtigkeit keine Schäden zur Folge hat.

Die Forderung betrifft also die Gewährleistung einer ausreichenden Innenoberflächentemperatur in Abhängigkeit von dem anzunehmenden Innenklima:

- 15 °C und 70% r.F.: $T_{io\ soll} > 9.6$ °C
- 20 °C und 50% r.F.: $T_{io\ soll} > 9.3$ °C
- 22 °C und 60% r.F.: $T_{io\ soll} > 13.9$ °C

Bei −10 °C Außentemperatur sind daher folgende Mindest-Wärmedurchlaßwiderstände einzuhalten:

- 15 °C und 70% r.F.: $1/\Lambda_{erf} > 0.58$ m²K/W
- 20 °C und 50% r.F.: $1/\Lambda_{erf} > 0.27$ m²K/W
- 22 °C und 60% r.F.: $1/\Lambda_{erf} > 0.46$ m²K/W

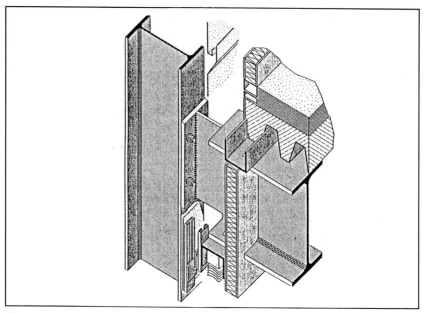

Abb . 8.25: Konstruktive Wärmebrücke [12]

Bei −15 °C Außentemperatur sind die erforderlichen Dämmwerte etwa doppelt so hoch. Ebenfalls sind in Raumecken deutlich höhere Werte einzuhalten.

Wie eingangs erwähnt, sind geometrische und konstruktive Wärmebrücken zu unterscheiden.

Geometrische Wärmebrücken werden gebildet durch Rauminnenecken von Außenbauteilen, da die wärmeabgebende Oberfläche außen um ein Vielfaches größer ist als die wärmeaufnehmende Fläche auf der Innenseite. Dementsprechend sind bei gleichem Wärmedämmwert die Ecktemperaturen immer geringer als die Temperaturen auf der Fläche, bei dreidimensionalen Ecken geringer als bei zweidimensionalen Ecken.

Das typische Problem des Stahlbaus allerdings stellt die konstruktive Wärmebrücke dar. Dies ist ein gut wärmeleitendes Bauteil, das das wärmedämmende Außenbauteil durchquert oder sich im Bauteilquerschnitt befindet. Typische Beispiele sind Stützen in Fassaden, die Fassaden durchdringende Deckenträger und Geschoßdecken oder Verbindungsmittel zwischen Innen- und Außenschale. Die nachfolgenden Ausführungen werden diese Beispiele behandeln. Die Erörterung der Temperaturverhältnisse erfolgt in Anlehnung an Beispiele des Wärmebrückenkataloges [09]. Bei der Ermittlung der zu erwartenden Innenoberflächentemperaturen wird die durch DIN 4108 vorgeschriebene Außentemperatur von −15 °C zugrundegelegt.

8.4.2 Wärmebrücken durch Tragelemente - Geschoßdecken, Träger, Stützen

Anhand der folgenden Beispiele soll erläutert werden, mit welchen konstruktiven Elementen Wärmebrücken gebildet werden, welche wärmetechnischen Auswirkungen sie haben und mit welchen Mitteln sie verhindert werden können. Abb. 8.25 zeigt die Isometrie eines Fassadenausschnitts des Bürogebäudes, das auf Seite 210 bereits vorgestellt wurde. Hier sind gleich alle typischen Wärmebrückenprobleme dargestellt. Die Geschoßdecke endet ungedämmt in der äußeren Ebene der Wärmedämmung, die Hauptträger des Dachtragwerkes durchqueren die wärmegedämmten Fassadenelemente und die Sekundärtragstruktur besteht aus einteiligen, ungedämmten Rechteckrohrprofilen.

Dabei bewirken im Fall der ungedämmten Betondecke die großen Wärmeübertragungsflächen, in den beiden anderen Fällen die sehr hohe Wärmeleitzahl des Stahls hohe Wärmeströme und damit entsprechend hohe

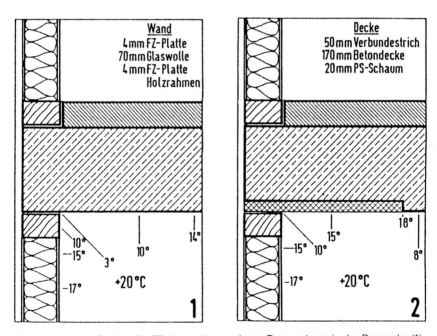

Eine ungedämmte Deckenstirn führt zu extrem geringen Temperaturen in der Raumecke (1). Wird dieser Bereich innen gedämmt, erhöht sich die Ecktemperatur in gewünschter Weise (2). Jetzt entsteht jedoch ein Temperatursprung am Ende der Dämmung.

Abb. 8.26: Wärmebrücke Betondecke [09]

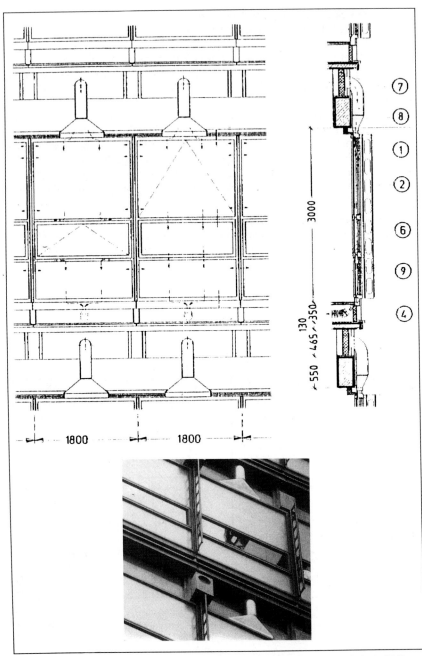

Abb. 8.27 und 8.28: Lloyd's Versicherungsgebäude: Teilansicht und Schnitt [14]

Energieverluste. Das Hauptproblem besteht aber in allen Fällen in den geringen Innenoberflächentemperaturen mit der Gefahr der Oberflächentauwasserbildung. Denn wie zuvor dargestellt, muß ab Temperaturen von $< 10\ °C$ bei normalem Innenklima mit Tauwasserbildung gerechnet werden.

Die ungedämmte Betondecke mit ihren Tauwasser- und Schimmelpilzproblemen stellt ein bekanntes Negativphänomen der Architektur der 60er und 70er Jahre dar. Daß dieses Problem hin und wieder heute noch mit den Methoden von 1960 "gelöst" werden soll, gibt dies allerdings zu denken. Im Beispiel aus Abb. 8.25 fallen die Oberflächentemperaturen unter der Decke besonders niedrig aus, weil durch die gut dämmenden Fassadenelemente kein "Wärmeausgleich", wie er im Massivbau gegeben ist, stattfinden kann. Sie liegen bei etwa 3 °C in der Raumecke (Abb. 8.26.1). Um diese Wärmebrücke zu vermeiden, hätte selbstverständlich die Deckenstirn außen gedämmt werden müssen. Eine denkbare Variante, die Wärmebrücke zu vermeiden, besteht in einem auf der Unterseite der Decke einbetonierten Dämmstreifen. Er sollte mindestens 1 m breit sein. Diese Maßnahme ist jedoch leider nur die "zweitbeste" Methode. Wie in Abb. 8.26.2 gezeigt, führt sie immer zu starken Temperatursprüngen am Ende der gedämmten Zone.

Das vielgerühmte Lloyd's-Versicherungsgebäude kann zwar mit ausdrucksstarker Architektur, nicht immer aber mit ebenso starken Details überzeugen (Abb. 8.27 und 8.28): Auch hier reichen (laut Quelle [14]) die zahlreichen Geschoßdecken dieses vielgeschossigen Gebäudes ungedämmt in die Londoner Außenluft. Wenn auch z.B. durch Warmluftschleier die Bildung von Oberflächentauwasser verhindert werden kann, kommt bei dieser Vielzahl an Wärmebrücken dem Aspekt der Wärmeenergievergeudung besondere Bedeutung zu.

Das (Gegen)Beispiel auf den Abb. 8.29 und 8.30 zeigt Ansicht und Fassadenschnitt der Landeszentralbank in Braunschweig der Architektengruppe Westermann [14]. Alle Stahlbetonbauteile sind lückenlos außen wärmegedämmt (Schicht 4). Um der Fassade einen soliden und massiven Charakter zu verleihen, wurden davor mit Abstand (und etwas fragwürdigen Mitteln) Natursteinplatten und darüber verglaste Paneele (System Gartner) angebracht.

Das außenliegende Tragwerk mit schlanken, nicht verkleideten Profilen ist als gestaltendes Element typischer Stahlbauarchitektur bei einer Vielzahl von Gebäuden anzutreffen. Es sei aus einer ebensolchen Vielzahl von wärmetechnisch nicht einwandfrei detaillierten (oder nicht einwandfrei publizierten?) Tragwerken als drittes Beispiel das Ausbildungszentrum der Firma Gildemeister von Gregor Wannenmacher herausgegriffen (siehe Abb. 8.17 und 8.25): Die die wärmedämmende Außenhaut des Gebäudes durchdringenden Stahlträger bilden in klassischer Form konstruktive Wärmebrücken, die - je nach Raumluftfeuchtigkeit - zu riskanten Innenoberflächentemperaturen auf den Stahlträgern führen.

Abb. 8.29: Landeszentralbank in Braunschweig [14]

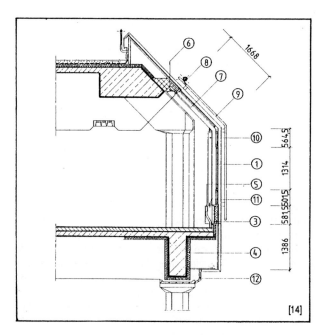

Abb. 8.30: Fassadenschnitt zu 8.29 [14]

Abb. 8.31: Städtisches Altenheim in Konstanz

Abb. 8.32: Detail zu Abb. 8.31

227

Während Wannenmacher für dieses 1972 geplante Bauwerk das Recht der "frühen Geburt" für sich in Anspruch nehmen mag, stand bei dem vierten Beispiel der späten 80er Jahre der in der Einleitung zitierte Geist der "neuen Leicht(sinn)igkeit" Pate.

Es handelt sich bei diesem Beispiel, einem städtischen Altenheim in Konstanz, um einen viergeschossigen Massivbau, dessen inneres Treppenhaus und die über alle Geschosse reichende Aufenthaltshalle auf der Westseite vollständig verglast sind (Abb. 8.31). Die Tragkonstruktion der Glasfassade besteht aus thermisch getrennten Stahlelementen.

Den oberen Abschluß bildet eine leichte Warmdachkonstruktion auf Naturholzschalung, die von einer Vielzahl von U-Zangenprofilen und in Längsrichtung des Gebäudes verlaufenden Nebenträgern aus Holz getragen wird.

Die innen und außen sichtbaren Zangenprofile durchqueren ungedämmt die Außenhaut des Gebäudes und zwar sowohl die nichttransparenten Fassaden als auch die wärmeschutz(!)gläsernen Oberlichter (Abb. 8.32). Diese massiven Kältebrücken werden um des architektonischen Eindrucks Willen bewußt in Kauf genommen. Bemerkenswert ist in diesem Zusammenhang der ideologische Wettstreit zwischen den thermisch getrennten Metallfensterprofilen und den durchlaufenden Stahlträgern.

Abb. 8.33 zeigt, welche Innenoberflächentemperaturen auf den angrenzenden Wandinnenoberflächen und den Stahlelementen auftreten, die eine wärmedämmende Fassade durchstoßen. Mit wachsendem Querschnitt des Stahlelementes sinkt die Innenoberflächentemperatur deutlich ab, weil ein stärkerer Wärmefluß ermöglicht wird (Abb. 8.33.2). Großformatige Elemente sind daher ungünstiger als Profile geringen Querschnitts. Steht das Stahlelement außenseitig mit einer großen wärmeabgebenden Stahlfläche in Verbindung (Abb. 8.33.3), wie dies bei auskragenden Stahlelementen beispielsweise der Fall ist, entstehen noch geringere Innenoberflächentemperaturen.

Weiteren Einfluß auf die sich einstellenden Innenoberflächentemperaturen auf den Stahlteilen nimmt das Bauteil, das durch das Stahlelement durchquert wird und die Art des Kontaktes der Baustoffe untereinander. Wenn das Stahlelement ein relativ gut wärmeleitendes, homogenes dickes Wandelement durchstößt, so kann sich auf das Stahlelement eine relativ hohe Wärmemenge übertragen, besonders dann, wenn ein inniger Verbund zwischen Wandbaustoff und Stahl erzeugt wird. Die Innenoberflächentemperatur des Elementes wird dadurch erhöht und zwar umso mehr, je dicker das Wandbauteil ist. Handelt es sich bei dem Wandbaustoff dagegen um ein gut wärmedämmendes Material oder ist das Wandelement sehr dünn, so kann sich von den erwärmten Wandschichten nur sehr wenig Wärme auf das Stahlteil übertragen. Die Innenoberflächentemperaturen sind dementsprechend gering.

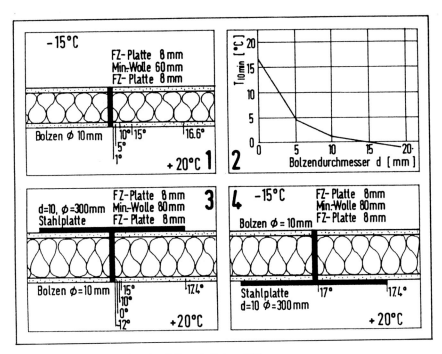

Abb. 8.33: Wirkung schmaler Wärmebrücken [09]

In der hier vorgestellten Glasfassade bewirkt das dünne, thermisch abgekoppelte Glaselement also eine denkbar ungünstige Einbausituation. Die sich einstellenden Innenoberflächentemperaturen sind daher so gering, daß auch bei Außentemperaturen von über −10 °C mit Oberflächentauwasser gerechnet werden muß.

Warum es in diesem Fall dennoch nicht zu Tauwasserbildung auf den Profilen kommt, zeigt Abb. 8.34: Konvektoren auf der Innenseite der Glasfassade heizen im Winter die gefährdeten Bauteile so weit auf, daß die erforderliche Oberflächentemperatur auf diesem Wege doch erreicht und die Tauwasserbildung vermieden werden. Obwohl diese Methode zahlreiche prominente Vorbilder hat (z.B. Abb. 8.35), ist sie wärmetechnisch dennoch fragwürdig, denn jedes auskragende Stahlprofil bildet eine Kältebrücke, über die das Gebäude Energie verliert. Die Größenordnung dieses Energieverlustes beträgt pro Wärmebrücke und Stunde etwa 0.7 Wh/K, bei 30 K Temperaturdifferenz also 21 Wh. Bei den etwa je 15 Wärmebrücken auf beiden Seiten des Gebäudes ergibt das einen Wärmeverlust von etwa 600 Wh. In der gleichen Zeit verlassen durch das gesamte gut gedämmte, etwa 300 m^2 große Dach nur circa 3000 Wh das Gebäude.

229

Abb. 8.34: Altenheim Konstanz:
Beheizung der Kältebrücken

Abb. 8.35: ORF-Studiogebäude, Graz:
Beheizung von kalten Flächen

230

Abb. 8.36: Glasmuseum Bärnbach

Nicht minder verschwenderisch geht Klaus Kada mit der Heizenergie seiner Bauherren um. Das von innen nach außen durchlaufende Trapezblech-
dach der großen Ausstellungshalle seines Glasmuseums in Bärnbach
(Steyermark) wirkt sozusagen als Kühlblech für die Halle (Abb. 8.36).

In diesem Fall mag angeführt werden, daß der hohe Energieverlust den
Betreiber des Museums nicht sehr schmerzt, erfolgt doch die Heizung der
Halle durch die Abwärme der in einem Nachbartrakt des Gebäudes unter-
gebrachten Glasschmelzöfen.

Erich Rossmann + Partner haben es anscheinend geschafft, die stähler-
nen Innenbauteile des mathematischen Forschungsinstituts in Oberwolfach [12] vor Tauwasserbildung zu schützen (Abb. 8.37 und 8.38). Durch
die unterseitige Verkleidung der Stahlteile im Innen- und Außenbereich
stellen sich ausreichend hohe Oberflächentemperaturen ein. Zur sicheren
Vermeidung von Tauwasser auf den Stahlteilen, insbesondere auch der
durchlaufenden Trapezblechdecke, ist die innere Unterdecke dampfdicht
auszuführen. Andernfalls ist Tauwasserbildung und Vereisung im Winter
nicht auszuschließen.

Abb. 8.37: Forschungsinstitut Oberwolfach [12]

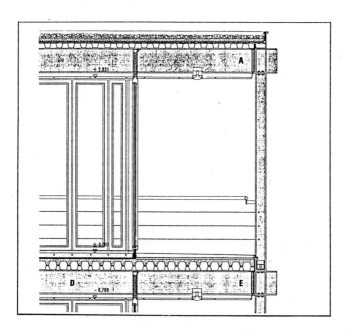

Abb. 8.38: Fassadenschnitt zu 8.37 [12]

Das Umkehrdach auf der leichten Trapezblechschale entspricht allerdings nicht den anerkannten Regeln der Technik. Das Konzept des Umkehrdaches schließt mit ein, daß während der Beregnung der Dachfläche ein Großteil des Regenwassers die Dämmschicht unterläuft und auf der Dichtungsschicht abgeführt wird. Bei 0-°C-Temperaturen kühlt sich die äußere Oberfläche der Dachplatte stark ab. Bei dünnen Blechdächern ergibt sich eine entsprechend sehr geringe Innenoberflächentemperatur. Umkehrdächer sollten daher grundsätzlich nur auf schweren, wärmespeichernden Deckenplatten aufgebaut werden.

In Abb. 8.33.4 wurde gezeigt, daß bei einer günstigen Verteilung der wärmeaufnehmenden und -abgebenden Flächen der Stahlteile auch durch die Fassade gehende Wärmebrücken genügend hohe Innenoberflächentemperaturen aufweisen und damit ohne nennenswerte Folgen bleiben. Voraussetzung hierfür sind geringe Querschnitte der durchstoßenden Stahlteile, möglichst kleine "äußere" und große "innere" Bauteile.

Bei der Konstruktion der Fassade des Car+Driver-Autohauses in Hamburg (Abb. 8.39 und 8.40) hat dies Hadi Theherani im Sinne des Wortes auf den Punkt gebracht: Die kleinflächigen Befestigungselemmente seiner Glasfassade mit innen anschließenden wärmeverteilenden Stahlprofilen bewirken keine wärmetechnischen Probleme für die bauphysikalisch und ästhetisch überzeugende Fassade seines Gebäudes.

Ebenfalls thermisch günstig zu beurteilen ist selbstverständlich eine außengedämmte Stützkonstruktion. Durch sie können nicht nur Wärmebrücken vollständig vermieden, sondern auch die thermischen Längenänderungen der Tragkonstruktion gering gehalten werden. Bei Verwendung geeigneter Dämmstoffe und/oder Verkleidungsmaterialien wird der erforderliche Brandschutz der Konstruktion auf einfache Weise sichergestellt.

Dieses Konstruktionsprinzip wird beispielhaft von Gerd Fesel und Peter Bayerer am Zentrum für Produktionstechnik der TU Berlin (Abb. 8. 41) vorgeführt. Dieses Ende der 80er Jahre geplante Beispiel zeigt, daß außengedämmte Konstruktionen die für Stahlbauten typische Filigranität sehr wohl erreichen können.

Abb. 8.39: Car + Driver in Hamburg [17]

Abb. 8.40: Fassadendetail zu Abb. 8.39 [17]

Abb. 8.41: Doppelinstitut TU Berlin [12]

8.4.3 Wärmebrücken im Querschnitt - Stützen, Stege, Träger, Dübel

Der Wärmebrückenwirkung von Stützen, die in der Fassadenebene stehen, kann auf unterschiedliche Weise begegnet werden. Nach den oben angestellten Überlegungen kommen folgende Möglichkeiten in Betracht:

Thermisch getrennte Profile funktionieren aufgrund der Tatsache, daß außenliegende Profilteile mit geringen Metallquerschnitten durch punktförmige Befestigungselemente aus Metall oder Kunststoff mit den innenliegenden Metallprofilen verbunden werden.

Die zweite Möglichkeit besteht darin, die Stützen außen zu dämmen. Die Vorzüge der Außendämmung sind ausreichend besprochen worden.

Abb. 8.42 zeigt solche außengedämmte Stützen in der Fassade des Bürgerhauses in Hochdahl (Architekten Pohl, Ringleben und Drees).

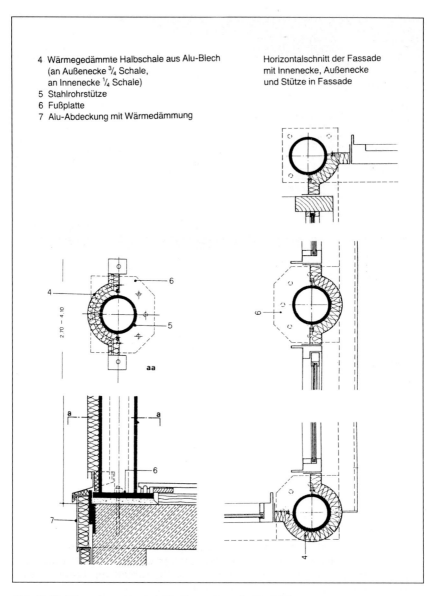

4 Wärmegedämmte Halbschale aus Alu-Blech
  (an Außenecke ¾ Schale,
  an Innenecke ¼ Schale)
5 Stahlrohrstütze
6 Fußplatte
7 Alu-Abdeckung mit Wärmedämmung

Horizontalschnitt der Fassade
mit Innenecke, Außenecke
und Stütze in Fassade

Abb. 8.42: Bürgerhaus Hochdahl - Fassadenschnitte [12]

236

Abb. 8.43: Musikschule Sindelfingen [14]

Die Innendämmung bleibt dann ohne bauphysikalische Probleme, wenn sie die gut wärmeleitenden Bauteile lückenlos bekleidet und an die wärmedämmenden Fassadenabschnitte angeschlossen ist. Im Gegensatz zur außengedämmten Konstruktion, bei der eine kleinflächige Fehlstelle in der Dämmung allenfalls einen Schönheitsfehler darstellt, ist eine Lücke in der Innendämmung immer ein gravierendes Wärmedämm"leck". An diesen Stellen treten extrem niedrige Oberflächentemperaturen auf, wenn die innere Verkleidung der Wärmedämmung sehr dünn ist. Die notwendigen Durchdringungen der Dämmschicht an den Stellen, an denen die tragende Außenkonstruktion mit den horizontalen Bauteilen verbunden werden muß, stellen immer ein heikles Problem dar, wenn diese nicht ebenfalls wärmegedämmt sind.

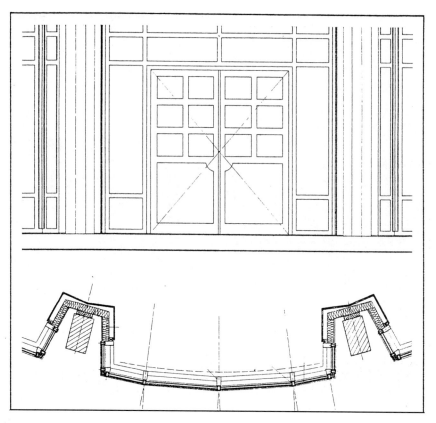

Abb. 8.44: Fassadenschnitt zu 8.43 [14]

Beachtet werden muß zudem, daß die innenliegende Wärmedämmung in der Regel eine dampfsperrende Innenschale erforderlich macht, um Tauwasserbildung auf den tragenden Bauteilen zu vermeiden.

Die Abb. 8.43 und 8.44 zeigen die innengedämmten Stützen der Musikschule in Sindelfingen von Aichele, Fiedler und Weinmann.

Auf die letzte Alternative, nämlich Möglichkeit, die Profile zu beheizen, ist bereits eingegangen worden. Wegen des damit verbundenen Energieverlustes kann sie nur als Notlösung bezeichnet werden.

238

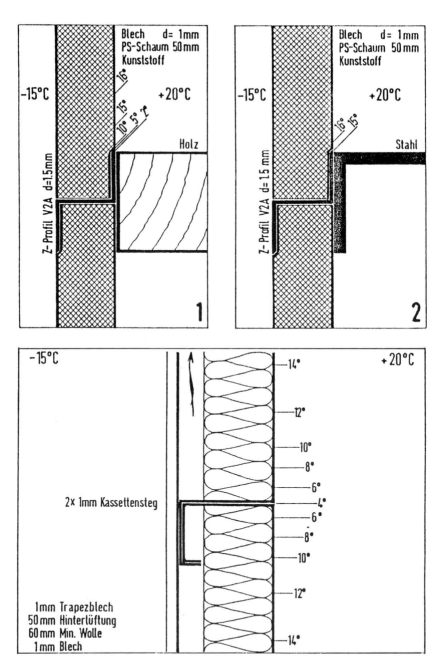

Abb. 8.45 und 8.46: Wärmebrücke Z-Profil und Befestigungssteg [09]

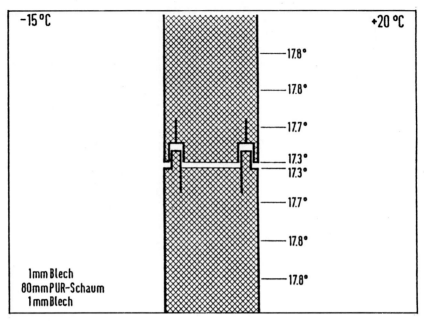

Abb. 8.47: Sandwichpaneel [09]

Im Zusammenhang mit den Fassadenelementen selbst ist die nachteilige Wirkung von Verbindungsstegen zwischen Innen- und Außenschale der Elemente zu erwähnen.

Die Beispiele in Abb. 8.45 zeigen die Verbindung der Innen- und Außenschale eines Blechpaneels durch ein Z-Profil in 2 Konstruktionsvarianten. Im Fall 1 ist die Innenseite des Elementes im Stegbereich durch ein schlecht leitendes Bauelement, etwa eine Holzstütze oder eine anstoßende leichte Trennwand verdeckt. Die Innenoberflächentemperaturen betragen im Eckbereich weniger als 2 °C. Mit Tauwasserbildung ist hier unbedingt zu rechnen. Ist das Paneel dagegen auf der Innenseite linienförmig mit einer (möglichst massiven) Metallstütze verbunden, steigt die Innenoberflächentemperatur wegen der Wärmeabgabe durch die Stütze auf etwa 15 °C an.

Auch bei zweischaligen, hinterlüfteten Trapezblechfassaden (Abb. 8.46) ist mit starken Reduzierungen der Innenoberflächentemperatur durch Stege zu rechnen. In beiden Fällen ist die Situation zu verbessern durch punktförmige Verbindungen mit der Innenschale. Noch besser ist die völlige thermische Trennung der Paneelschalen.

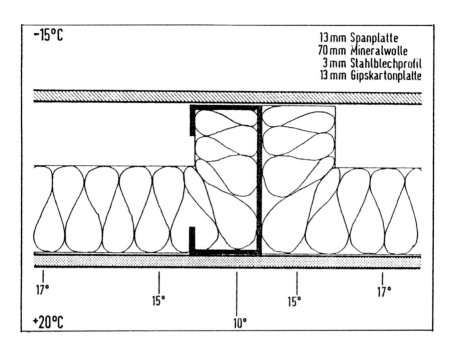

-15°C

13 mm Spanplatte
70 mm Mineralwolle
3 mm Stahlblechprofil
13 mm Gipskartonplatte

17°

15°

15°

17°

+20°C

10°

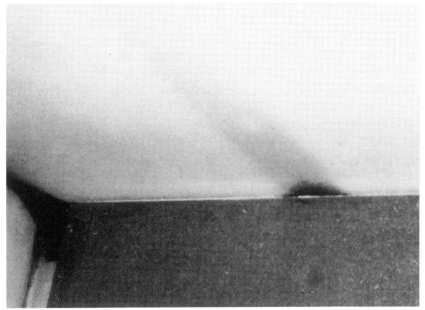

Abb. 8.48 und 8.49: Wärmebrücke Stütze/Träger [09]; Foto: Oswald

241

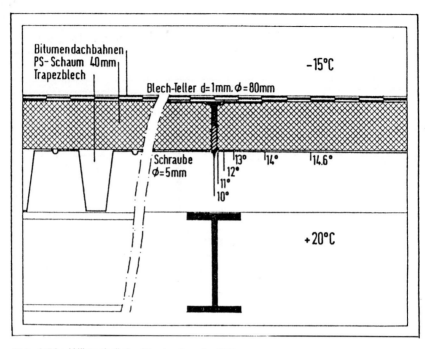

Abb. 8.50: Wärmebrücke Blechschraube [09]

Ähnlich ist die Wärmebrückensituation bei Stahlstützen im Querschnitt von zweischaligen belüfteten oder unbelüfteten Außenwänden oder bei Stahlträgern in leichten Flachdächern (Abb. 8.48 und 8.49).

Die Temperaturen verringern sich noch, wenn die Wärmedämmung nicht, wie im Beispiel gezeigt, seitlich an der Stütze entlang geführt wird.

Eine punktförmige Befestigung der Außen- und Innenschale hebt die Temperaturen dagegen auf unkritische Werte an.

Die Auswirkung einer Wärmebrücke im Querschnitt ist auf Abb. 8.49 dargestellt: Tauwasserbildung und Verfärbung der Decken- oder Wandinnenseite im Bereich der Stahlteile.

Werden für die mechanische Befestigung der Wärmedämmung in Warmdächern Blechschrauben mit Metalltellern verwendet, ergibt sich in der Nähe der Blechschrauben unter der Trapezblechschale eine kritische Innenoberflächentemperatur von ca. 10 °C (Abb. 8.50). Die hierdurch begünstigte Tauwasserbildung fördert wegen des an diesen Stellen beschädigten Korrosionsschutzes die Korrosionsgefahr für die Trapezblechschale. Werden statt der Metallteller Kunststoffteller verwendet, verringert sich der Wärmefluß erheblich. Die Innenoberflächentemperaturen im Bereich der Schrauben steigt auf unkritische Werte (ca. 14 °C) an.

Bauphysikalische Empfehlungen bei Wärmebrücken

am besten:

- gesamte Stahlkonstruktion innerhalb der wärmedämmenden Außenhülle anordnen

oder

- außenliegende Stahlelemente ringsum wärmedämmen

oder

- innenliegende Stahlelemente wärmedämmend verkleiden:
  - entweder Stück für Stück oder insgesamt durch eine wärmedämmende Unterdecke oder wärmedämmende Wandverkleidung
  - Dampfsperre zwischen Innenverkleidung und Wärmedämmung anordnen

- außen und innen sichtbare Stahlbauteile
  - außenliegendes Bauteil kleinflächig und innenliegendes Bauteil großflächig und
  - wärmeübertragender Querschnitt möglichst klein

besser:
  - in der Dämmebene thermisch trennen
  - lastübertragende Bauteile über spezielle Stahl-Kunststoff-Stahl-Verbindungen zusammensetzen

nur in Ausnahmefällen:
  - innenliegende Stahlelemente beheizen

Facit

Die Mißachtung von wärmetechnischen Anforderungen führt zu energetisch unwirtschaftlichen Lösungen und u.U. zu Feuchtigkeitsschäden durch Tauwasserbildung. Selbstverständlich bewirkt nicht jede konstruktive Wärmebrücke Tauwasser, eine genügend geringe Innenraumluftfeuchte vorausgesetzt. Darüber hinaus ist sicherlich abzuwägen, ob nicht in Fällen geringer Nutzungsansprüche zugunsten einer kostengünstigen Konstruktion eine Tauwasserbildung hinnehmbar ist. Der damit verbundene höhere Pflegeaufwand ist allerdings in die Kostenrechnung mit einzubeziehen. Eine nutzungs- und materialgerechte Berücksichtigung dieser Aspekte sollte daher Bestandteil jedes guten Stahlbauentwurfes sein.

Literatur- und Quellenverzeichnis

1. Literatur

[01] DIN 4108 Wärmeschutz im Hochbau; Teile 1- 5, 8/1981

[02] Wärmeschutzverordnung vom 29.2.1982; Verordnung über einen energiesparenden Wärmeschutz bei Gebäuden. Die novellierte Wärmeschutzverordnung soll in Kürze erscheinen.

[03] DIN 18540 Abdichtung von Außenwandfugen im Hochbau durch Fugendichtungsmassen; konstruktive Ausbildung der Fugen; Teil 1, 1/1980

[04] Gösele/Schüle: Schall, Wärme, Feuchte; Bauverlag, Wiesbaden, 8. Auflage, 1985

[05] Hart/Henn/Sontag: Stahlbauatlas, Geschoßbauten; Institut für internationale Architekturdokumentation, München, 2. Auflage

[06] Hauser/Stiegel: Wärmebrückenatlas für den Mauerwerksbau; Bauverlag, Wiesbaden 1990

[07] Hebgen/Heck: Außenwandkonstruktionen mit optimalem Wärmeschutz; Vieweg-Verlag, Wiesbaden 1977

[08] Liersch: Belüftete Dach- und Wandkonstruktionen Bd. 1 - 4; Bauverlag, Wiesbaden

[09] Mainka/Paschen: Wärmebrückenkatalog; Teubner-Verlag, Stuttgart 1986

[10] Pohlenz: Der schadenfreie Hochbau; Band 3, Müller-Verlag, Köln, 1987

[11] Autenrieth/Kupke: Tauwasserniederschläge im Raum und ihre Vermeidung; FBW-Blätter 4/5/1980

[12] Stahl-Informations-Zentrum: Stahl und Form; verschiedene Jahrgänge; Institut für internationale Architekturdokumentation, München

[13] Seiffert: Wasserdampfdiffusion im Bauwesen; Bauverlag, Wiesbaden, 2. Auflage 1974

[14] Gartner: Gartner-Kalender, 37. Ausgabe, 1987

[15] Gertis/Erhorn: Wohnfeuchte und Wärmebrücken; HLH 36, 3/1985

[16] Kupke: Untersuchung über die Temperatur- und Wärmestromverhältnisse bei Eckausbildungen und auskragenden Bauteilen zur Vermeidung von Tauwasserniederschlägen; Haustechnik, Bauphysik, Umwelttechnik, GI, 101, Heft 4/1980

[17] Deutsche Bauzeitschrift DBZ, Heft 10/1991

[18] Pohlenz: Stahlbauarbeitshilfe 13, Wärmeschutz, DSTV, Köln

[19] Pohlenz: Stahlbauarbeitshilfe 14, Schallschutz, DSTV, Köln

[20] Zentralverband des Deutschen Dachdeckerhandwerks: Flachdachrichtlinien 1991, Richtlinien für die Planung und Ausführung von Dächern mit Abdichtungen; Verlagsgesellschaft Rudolf Müller, Köln 1991

2. Abbildungsnachweis

8.11, 8.19, 8.21 aus [05]
8.10, 8.16, 8.18, 8.20, 8.23 aus [10]
8.6, 8.7, 8.12, 8.13, 8.17, 8.26, 8.37, 8.38, 8.41, 8.42 aus [12]
8.1, 8.8, 8.9, 8.14, 8.15, 8.27, 8.28, 8.29, 8.30, 8.43, 8.44 aus [14]
8.39, 8.40 aus [17]

9. Korrosionsschutz im Stahlbau durch Beschichtungen und Überzüge

Jürgen Marberg

9.1 Korrosionsverhalten von Stahl

Der wichtigste Werkstoff im Bauwesen ist der unlegierte Stahl. Er wird wegen seiner hohen Belastbarkeit, seinen vielseitigen Verarbeitungsmöglichkeiten und nicht zuletzt wegen seines günstigen Preises eingesetzt. Stahl für Großbauteile wie Stützen, Träger, Verkleidungen, Rohrleitungen, Treppenaufgänge, Masten bis hin zu Kleinteilen wie Schrauben, Stiften usw.

Trotz der unschätzbaren Vorzüge, die der Werkstoff Stahl bietet, hat er eine Schwachstelle - er kann korrodieren. Um die Vorteile des Stahls wirklich optimal nutzen zu können, muß man ihn daher vor Korrosion schützen. Die Vorgänge, die bei der atmosphärischen Korrosion von unlegiertem und niedriglegiertem Stahl ablaufen, werden allgemein als Rosten bezeichnet (Abb.9.1).

Durch die Umsetzung von metallischem Eisen in oxidisches Eisen mit Hilfe von Sauerstoff und Wasser wird der Werkstoff in einen energieärmeren und damit thermodynamisch stabileren Zustand überführt. Die Ursache

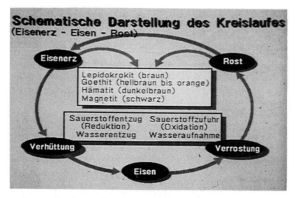

Abb. 9.1: Korrosionsverlauf vom Erz über Stahl zum Rost

246

der Korrosion liegt bereits in der Herstellung des Eisens begründet: durch Zuführung von Energie erzeugt man aus Eisenerz, indem man ihm den Sauerstoff entzieht, metallisches Eisen. In diesem energetisch höheren Zustand entwickelt der Werkstoff das Bestreben, sich mit anderen Elementen, allen voran dem Sauerstoff, wieder zu verbinden und sich dadurch wieder in einen energieärmeren Zustand zurückzuverwandeln. Das dabei entstehende Eisenoxid (Rost) entspricht im wesentlichen dem Ausgangsmaterial (dem Eisenerz), ein Recyclingvorgang, für den die Natur selbst sorgt.

Ein ausreichendes Angebot an Sauerstoff und eine ausreichende Menge an Wasser sind die notwendigen Voraussetzungen für den Ablauf des Korrosionsprozesses. Normale Luft, d.h. Luft mit den üblichen Verunreinigungen, greift Stahl deshalb bei relativen Luftfeuchtigkeitswerten unter ca. 60% nicht nennenswert an. Erst bei höheren Feuchtigkeitsgehalten laufen Korrosionsvorgänge ab; dann ist auch der für den Korrosionsvorgang erforderliche Feuchtigkeitsbedarf hinreichend gedeckt. Chlorionen und insbesondere die Einwirkung von Schwefeldioxid beschleunigen diese Umsetzung.

Die beim Rosten zuerst entstehenden Korrosionsprodukte sind körnig und haften nur lose auf der Stahloberfläche. Erst im Verlaufe der Zeit verdichtet sich dieser Belag zu einer zusammenhängenden Schicht. Da jedoch der Rost eine relativ poröse Struktur aufweist, bereitet es dem Sauerstoff und der Feuchtigkeit keine Schwierigkeiten, immer wieder bis zum metallischen Eisen vorzudringen und dort die Korrosionsprozesse in Gang zu halten. Wird dieser Vorgang nicht von vornherein verhindert oder durch geeignete Maßnahmen unterbrochen, kommt es zwangsläufig im Verlaufe der Zeit zu einer Schwächung der vorhandenen Profilquerschnitte und einer Reduzierung der Werkstoffdicken, also letztendlich zu einem handfesten Korrosionsschaden.

Durch Korrosionsvorgänge entstehen der Volkswirtschaft in der Bundesrepublik Deutschland jährlich Schäden in Höhe von ca. 70 Milliarden DM (Abb. 9.2). Dieser Betrag ließe sich nach Einschätzung von Fachleuten um wenigstens 25 Milliarden DM verringern, wenn man die Kenntnisse über den Korrosionsschutz besser nutzen und Maßnahmen zum Schutz vor Korrosion konsequenter realisieren würde. Hierbei muß man jedoch stets vor Augen haben, daß der Korrosionsschutz nicht so gut wie möglich geplant wird (das macht ihn in der Regel sehr teuer), sondern stets nur so gut wie nötig. Wirtschaftliches Bauen mit Stahl heißt unter anderem auch: Anpassen des Korrosionsschutzes an die Erfordernisse und Einsatzbedingungen. So sind zum Beispiel unzugängliche Stahlteile im Freien dauerhafter zu schützen als zugängliche. In Innenräumen mit geringer Korrosionsbelastung ist meist nur ein einfacher Korrosionsschutz erforderlich. Mitunter können auch Brandschutzbeschichtungen die Aufgabe des Korrosionsschutzes mit übernehmen, so daß unter Umständen keine weiteren Maßnahmen erforderlich werden.

Die Möglichkeiten, Stahl vor Korrosion zu schützen, sind sehr vielfältig. Sie beginnen bereits bei der Herstellung des Stahls, denn durch Zugabe bestimmter Legierungselemente kann man seine Eigenschaften im Hinblick auf die Korrosion gezielt beeinflussen (zum Beispiel durch Zugabe von Chrom und Nickel kann man den Stahl so verändern, daß er nicht rostet); und sie enden bei speziellen Verfahren, wie zum Beispiel dem Emaillieren noch lange nicht. Eine Übersicht über den grundsätzlichen Aufbau der Möglichkeiten des Korrosionsschutzes in verschiedenen Bereichen liefert Abb. 9.3.

Abb. 9.2: Korrosionsschäden in Deutschland

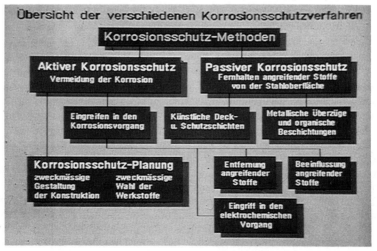

Abb. 9.3: Schematische Gliederung des Korrosionsschutzes

248

9.2 Korrosionsbelastung von Stahlbauten

Um Maßnahmen im Bereich des Korrosionsschutzes zu optimieren, ist es wichtig, die zu erwartende Korrosionsbelastung zu kennen. Detaillierte Hinweise, falls keine Vergleichswerte aus der Praxis vorliegen, können DIN 55 928 "Korrosionsschutz von Stahlbauten durch Beschichtungen und Überzüge", Teil 1, entnommen werden.

Die Abschätzung der Korrosionsbelastung ist relativ schwierig; neben den Einflüssen der Klimabereiche (kaltes Klima, gemäßigtes Klima, trockenes Klima usw.) sind die Einflüsse des Ortsklimas, bis hin zum Kleinstklima (Klimaeinfluß in unmittelbarer Nähe des Objektes) zu berücksichtigen.

Für Stahlbauten ist nach DIN 55 928, Teil 1, im wesentlichen mit Atmosphärentypen gemäß Tabelle 1 und den sich daraus ergebenden Korrosivitätsklassen zu rechnen:

Eine eindeutige Abgrenzung der einzelnen Atmosphärentypen bzw. Korrosivitätsklassen ist in der Praxis nicht immer machbar, vielmehr sind die Übergänge fließend und und zudem sind Mischungen möglich.

Je nach Art der korrosiven Belastung und der angestrebten "Lebensdauer" des Korrosionsschutzes sind angepaßte Systeme auszuwählen. Den Korrosionsschutz, der immer und unter allen denkbaren Einsatzbedingungen stets optimal wirksam und zudem konkurrenzlos preiswert ist, gibt es nicht.

Wie die Tabelle auf Seite 250 zeigt, wird die Korrosionsbelastung durch die Atmosphäre in einem wesentlichen Maße vom Gehalt der Luft an Schwefeldioxid bestimmt. Hierbei sind nicht so sehr die Schwefeldioxid-Emissionen einer Region von Bedeutung, sondern im Hinblick auf einen teilweise weiten Transport der Emissionen durch hohe Schornsteine ist vielmehr die SO_2-Immission, das heißt die Einwirkung auf die Umwelt, entscheidend.

Natürlich ist die Korrosionsbelastung auch innerhalb einzelner Regionen nicht gleich: hier spielen Fragen des exakten Standortes und der am Standort vorherrschenden Bedingungen des Ortsklimas (im Umkreis von ca. 1000 Metern um das Objekt) sowie das Kleinstklima (unmittelbar am einzelnen Bauteil) eine wichtige Rolle. Bei größeren Konstruktionen muß man selbst innerhalb eines Bauteils mit Bereichen rechnen, die besonders gefährdet sind, so zum Beispiel ist bei einem Stahlbauwerk der Bodenbereich oder der Übergang Luft/Boden häufig einer erhöhten Korrosionsbelastung ausgesetzt.

R - Raum

Unbedeutende Korrosionsbelastung: Atmosphäre ohne nennenswerten Gehalt an Schwefeldioxid und anderen Schadstoffen - relative Luftfeuchte> 60%; z.B. im Innern von Gebäuden ohne belastende Betriebseinflüsse, zu denen die Außenluft keinen unmittelbaren Zugang hat und in Hohlkonstruktionen.

Korrosivitätsklasse 1

L - Land

Geringe Korrosionsbelastung: Atmosphäre ohne nennenswerte Gehalte an Schwefeldioxid und anderen Schadstoffen: z.B. ländliche Gebiete und Kleinstädte.

Korrosivitätsklassen 1 und 2

S - Stadt

Mäßige Korrosionsbelastung: Atmosphäre mit mäßigen Gehalten an Schwefeldioxid und anderen Schadstoffen: z.B. dichtbesiedelte Gebiete ohne starke Industrieansammlungen.

Korrosivitätsklassen 2 und 3

I - Industrie

Starke Korrosionsbelastung: Atmosphäre mit hohen Gehalten an Schwefeldioxid und anderen Schadstoffen: z.B. Ballungsgebiete der Industrie und Bereiche, die in der Hauptwindrichtung solcher Gebiete liegen.

Korrosivitätsklassen 3 bis 5

M - Meer

Sehr starke Korrosionsbelastung: Atmosphäre durch besonders korrosionsfördernde Schadstoffe (z.B. Chloride) verunreinigt und/oder mit ständig hoher Luftfeuchte: z.B. über dem Meer und im unmittelbaren Küstenbereich, im Bereich von Verkehrsflächen mit Salzsprühnebelbelastung.

Korrosivitätsklassen 4 und 5

Tabelle 1: Atmosphärentypen und Korrosivitätsklassen

9.3 Korrosionsschutz durch Beschichtungen

Bei der Planung und der Ausführung von Korrosionsschutzarbeiten mittels Beschichtungen müssen zur Erzielung einer langjährigen Haltbarkeit unter anderem Einflußfaktoren gemäß Tabelle 2 berücksichtigt werden.

Zusätzlich zu den in Tabelle 2 genannten Einflußfaktoren spielt natürlich auch die Gestaltung der Konstruktion und die angestrebte Schutzdauer des Systems eine wichtige Rolle.

Schon die Nichtbeachtung einer der genannten Einflußgrößen kann den Nutzen der Korrosionsschutzmaßnahmen in Frage stellen. Wird zum Beispiel ein hochwertiger Beschichtungsstoff mit zu geringer Schichtdicke aufgebracht (Abb. 9.4) oder auf eine schlecht entrostete Oberfläche aufgetragen, muß er zwangsläufig frühzeitig versagen. Werden alle ungünstigen Einflußgrößen ausgeschaltet, so kann ein hochwertiger Beschichtungsstoff auch dann versagen, wenn er für die vorgesehene Anwendung ungeeignet ist.

Das Auftreten von Schäden an Korrosionsschutz-Beschichtungen hat überwiegend als Ursache eine mangelhafte Ausführung, so zum Beispiel nicht ausreichende Oberflächenvorbereitung, ungünstige Witterungsbedingungen bei der Applikation, zu geringe Schichtdicke, Fehler bei der Verarbeitung der Beschichtungsstoffe. Schäden an der Beschichtung, die auf solche Ursachen zurückzuführen sind, zeigen sich im allgemeinen bereits in den ersten beiden Jahren.

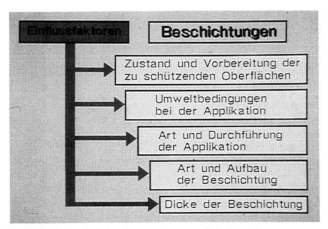

Tabelle 2: Einflußfaktoren bei der Anwendung von Schutzsystemen

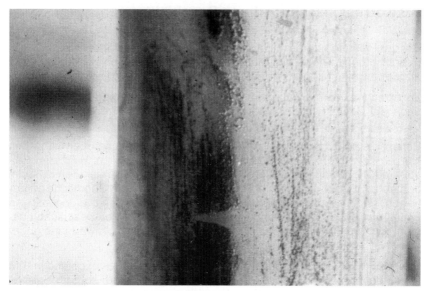

Abb. 9.4: Korrosion auf einem Stahlrohr als Folge einer zu geringen Schichtdicke

9.3.0 Korrosionsschutz durch Beschichtungsstoffe

9.3.1 Korrosionsschutzgerechte Gestaltung

Korrosionsschutz beginnt bereits am Reißbrett! Wesentliche Voraussetzung für die Wirksamkeit des Korrosionsschutzes ist - neben der sachgerechten Vorbereitung der Oberflächen und der Wahl des richtigen Stoffsystems - die korrosionsschutzgerechte Gestaltung der Konstruktion. Hiernach sollen Stahlbauten

- wenig gegliedert
- zugänglich und
- so konstruiert sein, daß
  sich keine Wassertaschen und
  Schmutzablagerungen bilden können.

Die Grundforderungen der korrosionsschutzgerechten Konstruktion nach Tragelementen mit kleiner Oberfläche und wenig Gliederung entspricht dem Streben nach "Entfeinerung" im Stahlbau. Die Zugänglichkeit aller Flächen für Ausführung, Prüfung und Instandhaltung des Korrosionsschutzes ist ein weiteres wesentliches Merkmal einer korrosionsschutzgerechten Gestaltung.

Zugänglichkeit bedeutet, der Raum zwischen den Konstruktionsgliedern des Stahlteils und anderen Baugliedern muß ausreichend bemessen sein. Wird der Korrosionsschutz im Tauchverfahren aufgebracht, muß der freie Ein-, Durch- und Auslauf der Behandlungsmedien möglich sein bei gleichzeitiger Vermeidung von Lufteinschlüssen.

Vermeiden von "Schmutzecken" bedeutet, die Ansammlung von Staub, Schmutz und Wasser möglichst konstruktiv zu vermeiden, in dem man z.B. geneigte Flächen vorsieht, nach oben geöffnete Profile möglichst vermeidet, Spalten und Schlitze verschließt.

Bei erhöhter Korrosionsgefahr sind Punkt- und Heftschweißungen, wie auch unterbrochene Schweißnähte zu vermeiden. Bei Stützenfüßen im Freien ist für Wasserabfluß zu sorgen. Walzkanten und gebrochene Kanten sind scharfen Schnittkanten vorzuziehen.

Einige Beispiele der Grundlagen einer korrosionsschutzgerechten Gestaltung zeigt Abb. 9.5.

9.3.2 Vorbereiten der Stahloberflächen

Für die Wirksamkeit aller Korrosionsschutzmaßnahmen ist die wichtigste Voraussetzung der Reinheitsgrad der Oberfläche. Jede Stahloberfläche ist aufgrund ihrer chemischen Beschaffenheit, Herstellung, Bearbeitung und den vorangegangenen Beanspruchungen mit zusammenhängenden oder unterbrochenen artfremden oder arteigenen Schichten belegt.

Artfremde Schichten sind zum Beispiel anhaftendes Wasser, Staub, Metallseifen, Öle und Fette aus Fertigungshilfsstoffen, alte Korrosionsschutz-Beschichtungen usw. Zu den arteigenen Schichten zählen Rost und Zunder, die durch Oxidation der Stahloberfläche in heißer oder feuchter Atmosphäre entstehen. Zur sachgemäßen Vorbereitung der Stahloberfläche gehören daher Reinigung bzw. Entzunderung und Entrostung.

Artfremde Schichten können durch Abwaschen, Abkochen, Abspritzen mit entsprechenden Reinigern behandelt werden. Diese einfachen Verfahren der Säuberung sind im allgemeinen nur in den Fällen anzuwenden, wenn unter der Schmutz-, Fett- oder Ölschicht bereits der blanke Stahl vorliegt.

Arteigene Verunreinigungen wie Zunder und Rost können durch geeignete Verfahren gemäß Tabelle 3 entfernt werden. Nähere Einzelheiten über die Einsatzmöglichkeiten der verschiedenen Verfahren zur Entfernung arteigener Verunreinigungen liefert DIN 55 928, Teil 4.

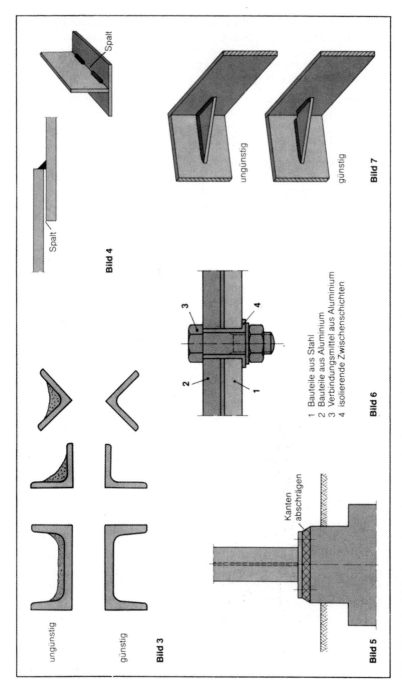

Abb. 9.5: Beispiel für korrosionsschutzgerechte bzw. nicht korrosionsschutzgerechte Detaillösungen

Mechanische Entrostung

Hand-entrostung	Pickhammer Drahtbürste Schaber (z. B. Schwedenschaber) Schleifmittel	
Maschinelle Entrostung	rotierende Drahtbürste Schleifscheiben Schleifpapier auf Schleifteller Schlagwerkzeuge (Schlagkolben- oder Schlaglamellengeräte u. a.) Nadelpistole	
Strahl-entrostung	Freistrahlen Schleuderstrahlen Druckluft-Saug-kopf- und Naß-strahlen	Strahlmittel nach DIN 8201. Die Verwendungs-beschränkungen für Quarzsand be-achten!

Nachreinigung
Nachreinigung durch Abfegen oder Abbürsten, besser Abblasen mit trockener, ölfreier Druckluft oder Absaugen

Thermische Entrostung (Entzunderung)

Flamm-strahlen	Injektor-Kammer-brenner mit Acety-len-Sauerstoff-Flam-me, dann intensives maschinelles Nach-bürsten (Entfernen aller gelockerten und verbrannten Teile)

Chemische Entrostung (Entzunderung)

Beizen	Säure flüssig (Tauch-verfahren)	an Beizbecken gebunden
	Pasten	nur für Kleinteile
Nachreinigung Nachreinigung durch Spülen, Neutralisieren und ggf. Passivieren		
Bewittern	Atmosphäre aussetzen	nur zur Entfer-nung der Walz-haut durch Unterrostung
Rostumwandler, Roststabili-satoren, Pene-triermittel	in der Regel un-geeignet, da in der Wirkung unsicher	Für Stahlbauten nach DIN 55928 nicht zulässig

Tabelle 3: Methoden zur Oberflächenvorbereitung

Es ist eine gesicherte Erkenntnis, daß zur Erzielung einer langen Schutzdauer einer Beschichtung die sorgfältige Entrostung der Oberfläche die
wichtigste Voraussetzung ist. Immer wieder angebotene Rostumwandler
und Beschichtungsstoffe, die auch ohne Entrostung appliziert werden
können, haben sich in der Praxis für einen Langzeitschutz als ungeeignet
erwiesen.

Zur Definition der Güte der Oberflächenvorbereitung dienen Norm-Rein-
heitsgrade. Die Güte hängt von dem angewendeten Verfahren und der
Sorgfalt der Ausführung ab. Der erforderliche Normreinheitsgrad gemäß
Din 55 928, Teil 4, richtet sich unter anderem nach dem aufzubringenden
Beschichtungsstoff. In dieser Norm sind die auszuführenden Arbeiten zur
Oberflächenvorbereitung und die dabei zu erzielenden Reinheitsgrade mit
fotografischen Vergleichsmustern klassifiziert. Als gebräuchlicher Norm-
reinheitsgrad für Erstbeschichtungen in der Stahlbau-Praxis hat sich das
Strahlen mit Normreinheitsgrad Sa 2 1/2 durchgesetzt.

9.3.3 Dicke der Beschichtung

Neben der Art der Oberflächenvorbereitung ist die Dicke der Korrosions-
schutz-Beschichtung ein entscheidendes Kriterium für die Haltbarkeit des
Korrosionsschutzes. Zu geringe Schichtdicken würden ein Sparen am fal-
schen Ende bedeuten. Bereits bei der Ausschreibung der Leistung und bei
der späteren Ausführung der Arbeiten ist sie zu überwachen.

Die erforderliche Sollschichtdicke ist abhängig von der Korrosionsbelastung durch die Atmosphäre. In der Praxis bewährt haben sich Schichtdik-
ken gemäß Tabelle 4.

Mindestdicke der Beschichtung	
Landluft	= 140 µm
Stadtluft	= 180 µm
Industrieluft	= 200 µm
Industriel. aggr.	= 250 µm
Meeresluft	= 200 µm
Unterwasser	> 500 µm

Tabelle 4: Praxisgerechte Mindestdicken für Beschichtungen

Ein wichtiger Faktor, der zu berücksichtigen ist, ist zudem die Rauhtiefe der Stahlteile. Um eine ausreichende Überdeckung der Spitzen sicherzustellen, ist bei Teilen mit einer großen Rauhtiefe ggf. eine höhere Sollschichtdicke zu wählen.

Die zur Erzielung der erforderlichen Gesamtschichtdicke benötigte Zahl der Beschichtungen ist vom Bindemittel und der Pigmentierung des Beschichtungsstoffes abhängig. Eine einmalige Beschichtung mit einem ölhaltigen Beschichtungsstoff mit feinkörnigen Pigmenten ergibt eine Schichtdicke von ca. 35 - 40 μm; die im Stahlbau immer häufiger anzutreffenden Dickschicht-Systeme liefern in einem Arbeitsgang ca. 80 μm Schichtdicke. Da die dünneren, normalschichtigen Systeme nur in etwa 3 bis 4 Arbeitsgängen eine hinreichende Schichtdicke ermöglichen und damit also sehr lohnintensiv sind, geht der Trend im Bereich des Stahlbaus bereits seit Jahren zu dickschichtigen Systemen, die vergleichbare Schichtdicken mit 1 bis 2 Arbeitsgängen weniger ermöglichen.

Die Deckfähigkeit zur Erzielung der notwendigen Schichtdicke an Kanten, Nieten, Schrauben und Schweißraupen ist wichtig, weil hier Schwachpunkte im Beschichtungssystem vorliegen können. Beim Pinselauftrag wird der Beschichtungsstoff von der Kante "abgeschert" und auch bei anderen Applikationsverfahren führt die Oberflächenspannung der noch flüssigen Beschichtung zu einer Minderbedeckung konvexer Oberflächenbereiche, die als "Kantenflucht" bezeichnet wird.

Detail	Reduzierung der Haltbarkeit
Glatte Flächen	0 %
Ecken und Vertiefungen	um 10 – 20 %
Schweissnähte (unbearbeitet)	um 30 – 35 %
Schrauben, Muttern	um 50 – 60 %
Kanten	um 60 %

Reduzierung der Haltbarkeit des Korrosionsschutzes an kritischen Bauteilbereichen (Erfahrungswerte)

Tabelle 5: Einbußen der Wirksamkeit von Korrosionsschutzsystemen in Problembereichen (Praxiswerte)

Man muß sich also darüber im klaren sein, daß ein Korrosionsschutzsystem nicht auf allen Oberflächenbereichen der Stahlkonstruktion die gleiche Wirksamkeit entwickeln kann. So sind zum Beispiel konstruktiv bedingte Spalten, hervorstehende Kanten und Ecken stets ungünstig, ebenso Schweißnähte oder ähnliche Unregelmäßigkeiten der Oberfläche. Wie Tabelle 5 zeigt, muß man teilweise mit erheblichen Einbußen der Wirksamkeit des Korrosionsschutzes in bestimmten typischen Bereichen einer Stahlkonstruktion rechnen; unter Umständen können dann besondere, zusätzliche Korrosionsschutzmaßnahmen (z.b. an Werkstückkanten oder an Schweißnähten) erforderlich werden.

9.3.4 Auftragsweise der Beschichtungsstoffe

Für die Applikation von Korrosionsschutzbeschichtungen sind die Pinseltechnik und das Höchstdruckspritzen (auch Airless-Spritzen genannt) am sichersten und zweckmäßigsten. Beim letzteren werden unverdünnte Beschichtungsstoffe mit 100 - 450 bar Arbeitsdruck verspritzt. Als besonderer Vorteil sind hierbei die Verklammerung zum Untergrund, ausreichende Schichtdicke und Filmkontinuität zu nennen.

Die Beschichtungsstoffe sind vor der Anwendung sorgfältig auf- und durchzurühren. Andernfalls besteht die Gefahr, daß zunächst die dünnflüssige und zu "fette" Oberschicht und anschließend die dickflüssige und zu "magere" Unterschicht aus dem Gebinde verarbeitet wird.

Wenn die Grundbeschichtung aufgetragen wird, sind zuvor die Oberflächen entsprechend zu säubern. Es ist zu prüfen, ob sich seit der regulären Oberflächenvorbereitung neuer Rost gebildet hat, der ggfs. mittels Drahtbürste oder nochmaligem Überstrahlen beseitigt werden muß. Vor dem Auftragen einer jeden weiteren Beschichtung ist der Untergrund von Staub zu reinigen. Ferner müssen die einzelnen Schichten genügend Zeit zum Trocknen haben; sie müssen gut durchgetrocknet sein.

Auf die frische Beschichtung dürfen keine Feuchtigkeit oder chemischen Einflüsse einwirken. Auf frische Beschichtungen einwirkende Umweltbedingungen sind für die Haltbarkeit entscheidend; die ersten Tage und Wochen nach dem Auftragen sind daher eine besonders kritische Zeit. Erst danach erreichen Beschichtungen ihre größte Beständigkeit und Schutzwirkung.

9.3.5 Auswahl von Korrosionsschutzsystemen

Produkt- und anwendungsbezogene Parameter stehen bei der Auswahl eines Beschichtungsstoffes und für den Aufbau eines Beschichtungssystems im Vordergrund. Das erfordert bei der Planung immer nur den Weg vom Objekt zum Beschichtungsstoff. Gegen diesen Grundsatz wird in der Praxis häufig verstoßen. Es sind die Verschiedenartigkeit der Korrosionsbelastung eines Objektes in Abhängigkeit von seiner Lage und seiner Nutzung.

Das Beschichtungssystem muß dem Objekt angepaßt werden. Dabei können sich bei jedem einzelnen Objekt Unterschiede ergeben, je nachdem, ob es sich beispielsweise um eine trockene Lagerhalle oder um eine feuchte Produktionshalle handelt.

Nach Durchführung einer Belastungs- und Instandhaltungsanalyse kann das zweckmäßigste Beschichtungssystem festgelegt werden. Dabei ist eine Auswertung eigener Erfahrungen und die Hinzuziehung erfahrener Korrosionsschutzfachleute sehr zu empfehlen.

Abb. 9.6: Sanierung eines Brückengeländers (umweltbelastende Strahlarbeiten im Hintergrund)

9.4 Korrosions- und Umweltschutz

Bei der Planung und Ausführung von Korrosionsschutzarbeiten aller Art, sowohl für Neubauten als auch an bestehenden Bauwerken, ist sicherzustellen, daß schädliche Auswirkungen auf die Umwelt

- verhindert werden, soweit sie nach dem Stand der Technik vermeidbar sind,

- auf ein Mindestmaß beschränkt werden, soweit sie nach dem Stand der Technik nicht vermeidbar sind.

Mangelhaft durchgeführt, können Korrosionsschutzarbeiten auf der Baustelle zu einer Belastung für die Umwelt werden (Abb. 9.6). Bereits aus diesem Grund werden für Arbeiten auf Baustellen abgestufte Schutzmaßnahmen gefordert und realisiert.

Es beginnt mit der Auswahl geeigneter Verfahren der Oberflächenvorbereitung, die eine Belastung der Umwelt mit problematischen Korrosionsprodukten oder Altbeschichtungen vermeidet. Unter Umständen sind zusätzliche Schutzmaßnahmen (z.B. Einhausungen) vor Ort vorzusehen (Abb. 9.7). Es geht weiter mit der Auswahl geeigneter Applikationsverfahren, die zum Beispiel die Ausbreitung von Farbnebeln vermeiden.

Abb. 9.7: Einhausung mit geschlossenem Boden zur Durchführung von Beschichtungsarbeiten vor Ort bei hoher Schutzbedürftigkeit der Umgebung

Bei der Auswahl geeigneter Stoffsysteme sind physiologische und ökologische Aspekte zu berücksichtigen, denn Bindemittel, Pigmente und sonstige Bestandteile der Beschichtungsstoffe sollten weder für die Umwelt noch für den Menschen, als einen Teil der Umwelt, Gefahren in sich bergen.

Die technischen Korrosionsschutzverfahren verfügen alle nur über eine begrenzte (endliche) Schutzdauer. Der Korrosionsschutz einer Stahlkonstruktion muß daher im Verlaufe seiner Nutzung einmal oder auch mehrfach instandgesetzt oder völlig erneuert werden. Unter dem Aspekt des Umweltschutzes muß man daher nicht nur darauf achten, daß ein Verfahren in der "Erstausrüstung" umweltschonend ist, sondern es muß auch relativ wenig Instandhaltungsaufwand vor Ort erfordern bzw. die Instandhaltung selbst muß umweltverträglich sein.

Da aus Gründen des Umweltschutzes die Korrosionsschutzmaßnahmen auf der Baustelle zunehmend aufwendiger und schwieriger werden, gewinnt der Korrosionsschutz ab Werk eine immer größere Bedeutung. Nicht zuletzt, weil im Korrosionsschutz-Werk die Investitionen und Maßnahmen zum Umweltschutz besser durchführbar und daher meist auch wirksamer sind (Abb. 9.8).

Abb. 9.8: komplett eingehauste Feuerverzinkungsanlage

9.5 Korrosionsschutz durch metallische Überzüge

Metallüberzüge für den Korrosionsschutz können durch Schmelztauchen, Diffusion, thermisches Spritzen, Aufschmelzen, Plattieren oder durch galvanisches Abscheiden aufgebracht werden (Tabelle 6). Im Bauwesen wird als Überzugsmetall vorwiegend Zink, weniger häufig Aluminium sowie in seltenen Fällen Blei eingesetzt. Als Korrosionsschutz für Stahlbauten dominiert bei den metallischen Überzügen das Feuerverzinken.

In Deutschland werden pro Jahr mehr als 2,5 Millionen Tonnen Stahl durch Feuerverzinken vor Korrosion geschützt.

Unter Feuerverzinken versteht man das Eintauchen von Stahl nach entsprechender Vorbereitung in ein Bad mit schmelzflüssigem Zink. Je nach Verfahrensvariation unterscheidet man zwischen

- Stückverzinken, d.h. diskontinuierliches Feuerverzinken von Einzelteilen

- Bandverzinken, d.h. kontinuierliches Feuerverzinken von Bändern und Bandstahl

- Drahtverzinken, d.h. kontinuierliches Feuerverzinken von Draht.

Die nachfolgenden Ausführungen beziehen sich primär auf das Stückverzinken, also das diskontinuierliche Feuerverzinken von Einzelteilen.

Eine besondere Variante des Stückverzinkens ist das Kleinteil-Verzinken. Kleinteile, wie z.B. Schrauben, Muttern, Stifte, Haken usw. werden als Stückgut in Körben feuerverzinkt. Um eine möglichst hohe Qualität zu erzielen, werden die Kleinteile dann unmittelbar nach dem Feuerverzinken in einer Zentrifuge geschleudert, um überflüssiges Zink, das die Paßfähigkeit der feuerverzinkten Teile beeinträchtigt hätte, zu entfernen; anschließend werden die Teile in einem Wasserbad abgekühlt.

9.5.1 Verfahrensablauf des Stückverzinkens

Voraussetzung für das Feuerverzinken ist eine metallisch blanke Oberfläche der Stahlteile. Beim Stückverzinken erreicht man diesen hohen Reinheitsgrad üblicherweise durch Beizen in verdünnter Salzsäure mit einer anschließenden Flußmittelbehandlung.

Nach dem Eintauchen in die Zinkschmelze nimmt das Verzinkungsgut die Badtemperatur von etwa 450 °C an. Dabei bilden sich auf der Oberfläche Eisen-Zink-Legierungsschichten. Beim Herausziehen der Teile aus dem Zinkbad legt sich meistens auf diese Legierungsschichten noch eine Reinzinkschicht. Es entsteht hierdurch ein gleichmäßiger, porenfreier, fest haftender und verschleißfester Korrosionsschutz-Überzug (Abb. 9.9).

Die Bildung der Eisen-Zink-Legierungsschichten (auch Hartzinkschichten genannt) kann mit unterschiedlicher Geschwindigkeit ablaufen. Diese ist abhängig von den Verzinkungsbedingungen und von der Stahlzusammensetzung, insbesondere dem Silizium-Gehalt des Stahls.

So ist zu verstehen, daß auf Stählen mit unterschiedlicher Zusammensetzung auch bei völlig gleichen Verzinkungsbedingungen unterschiedlich dicke Zinküberzüge entstehen können. Bei reaktionsfreudigen Stählen entstehen Überzüge mit einer besonders dicken Eisen-Zink-Legierungsschicht, die in der Regel nach dem Feuerverzinken ein graues oder graufleckiges Aussehen aufweist. Wenn hingegen auf den Legierungsschichten eine Reinzinkschicht verbleibt, zeigt der Zinküberzug ein glänzendes Aussehen, teilweise mit ausgeprägtem Zinkblumenmuster.

Die Dicke von Zinküberzügen wird in μm (1 μm = 1/1000 mm) gemessen oder als flächenbezogene Masse (Zinkauflage) in g/m^2 Oberfläche angegeben. Die Umrechnung in der Praxis erfolgt durch den Faktor 7; so entspricht z.B. eine Zink-Schichtdicke von 100 μm einer Zinkauflage von 700 g/m^2. In DIN 50 976 sind die Mindestschichtdicken angegeben, wie sie je nach Materialdicke bei der Stückverzinkung zu liefern sind (min. 50 - 85 μm) (Abb. 9.10).

In der Praxis werden aus den eingangs dargelegten Gründen häufig höhere Zinkauflagen erzeugt. Bei besonders reaktionsfreudigen Stählen und langen Kessel-Verweilzeiten können durchaus Überzugsdicken von 300 μm oder darüber vorkommen.

9.5.2 Feuerverzinkungsgerechtes Konstruieren

Was bereits bei den "Beschichtungen" gesagt wurde, gilt grundsätzlich auch für das Feuerverzinken:

Durch korrosionsschutzgerechte Gestaltung ist dafür Sorge zu tragen, daß der Zinküberzug ordnungsgemäß aufgebracht werden kann. Hierfür muß man sich einige Besonderheiten des Verfahrensablaufs beim Feuerverzinken vor Augen halten:

- Feuerverzinken erfordert Tauchvorgänge. Die Größe der in einem Tauchvorgang zu verzinkenden Teile ist deshalb abhängig von den Abmessungen der zur Verfügung stehenden Verzinkungskessel. Diese sollten dem Stahlbau-Unternehmen bereits vor der Konstruktion bekannt sein, damit die maximalen Bauteilabmessungen diesen Sachverhalt berücksichtigen können.

Hohlkonstruktionen und Behälter sind mit geeigneten Öffnungen zu versehen, um dem schmelzflüssigen Zink den Ein- und Auslauf zu ermöglichen. Tote Ecken und Winkel sind zu vermeiden und flächig aufeinanderliegende Bauteile möglichst durchlaufend zu schweißen.

VERFAHREN	Übliche Dicke des Überzuges bzw. der Beschichtung [µm]	Legierung mit dem Untergrund	Aufbau und Zusammensetzung des Überzuges bzw. der Beschichtung	Verfahrenstechnik	Nachbehandlung üblich	Nachbehandlung möglich
A ÜBERZÜGE **Feuerverzinken** a) Diskontinuierlich: – Stückverzinken DIN 50976	50–150	ja	Eisen-Zink-Legierungsschichten am Stahluntergrund, in der Regel mit einer darüberliegenden Zinkschicht	Eintauchen in flüssiges Zink	–	Beschichten sowie in geringem Umfang auch Galvannealen*
– Rohrverzinken DIN 2444	50–100	ja			–	
b) Kontinuierlich: – Bandverzinken DIN 17162	15–25	ja		Durchlaufen durch flüssiges Zink	Chromatieren	
– Kontinuierliches Feuerverzinken von Bandstahl	20–40	ja			–	
– Drahtverzinken DIN 1548	5–30	ja			–	
Thermisches Spritzen – Spritzverzinken DIN 8565	80–150	nein	Überzug aus Zinktropfen mit Oxidhaut	Aufspritzen von geschmolzenem Zink	Versiegeln durch penetrierende Beschichtung	Beschichten
Galvanisches bzw. elektrolytisches Verzinken – Einzelbäder DIN 50961	5–25	nein	lamellarer Zinküberzug	Zinkabscheidung durch elektrischen Strom in wäßrigen Elektrolyten	Chroma-tieren	Beschichten
– Durchlaufverfahren	2,5–5	nein				

Metallische Überzüge mit Zinkstaub						
a) Sherardisieren	15 – 25	ja	Eisen-Zink-Legierungsschichten	Diffusion Stahl-Zink unterhalb Zn-Schmelztemperatur	–	Beschichten
b) Mechanisches Plattieren	10 – 20	nein	homogener Zinküberzug, gegebenenfalls auf Kupfer-Zwischenschichten	Aufhämmern von Zinkpulver durch Glaskugeln	zum Teil Chromatieren	Beschichten
B BESCHICHTUNG Zinkstaubbeschichtung	dünnsch. 10 – 20, normalsch. 40 – 80, dicksch. 60 – 120	nein	Zinkstaubpigment in Bindemittel	Auftragen durch Streichen, Rollen, Spritzen, Tauchen	Deckbeschichtung auf Grundbeschichtung abgestimmt	–
C KATHODISCHER KORROSIONSSCHUTZ	Zink-Anoden hoher Reinheit (99,995 %) zur Verhinderung der Eigenpolarisierung sind selbstregulierend und optimal in wäßrigen Elektrolyten mittlerer und hoher Leitfähigkeit. Fremdstromanlagen erfordern begrenztes Schutzpotential und Sicherung gegen Übersteuerung. Die Stromkapazität je dm² Zinkanode von etwa 5300 A x h ermöglicht kleine Anoden mit geringem Strömungswiderstand. Die erforderliche Schutzstromdichte ist vom Zustand und den äußeren (Bewegungs-)Bedingungen abhängig. Optimal ist der aktiv in den Korrosionsprozeß eingreifende kathodische Schutz in Verbindung mit einer Beschichtung.					

* Umwandeln eines Zinküberzuges durch gezielte Wärmebehandlung, besonders beim Bandverzinken.

Tabelle 6: Korrosionsschutz mit Zink (Verfahren)

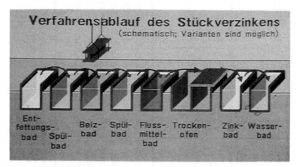

Abb. 9.9: Schematischer Verfahrensablauf der Stückverzinkung

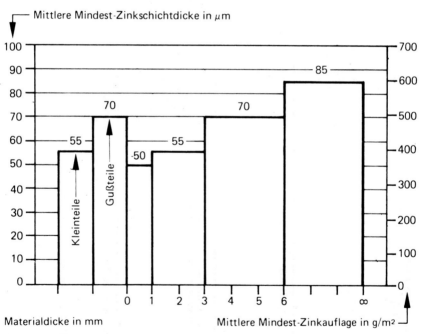

Abb. 9.10: Überzugsdicken gemäß DIN 50 976

- Feuerverzinken bedingt eine Erwärmung auf etwa 450 °C und dadurch eine Ausdehnung der Bauteile und eine vorübergehende Verringerung der Festigkeit. Man sollte deshalb möglichst spannungsarm fertigen (z.b. durch die Auswahl einer gezielten Schweißfolge), möglichst symmetrische Querschnitte wählen, besonders bei Blechteilen durch konstruktive Maßnahmen die Ausdehnungsrichtung vorgeben (z.b. durch Radien, Sicken und Kantungen) und die Verbindung sehr unterschiedlicher Materialdicken möglichst vermeiden.

- Feuerverzinken bedingt eine Gewichts- und Dickenzunahme, da auf dem Bauteil ein schützender Überzug erzeugt wird. Dieser Sachverhalt ist bei Gelenken, Scharnieren, Bohrungen und Gewinden zu berücksichtigen.

Einige wichtige Grundlagen des feuerverzinkungsgerechten Konstruierens zeigt Abb. 9.11.

9.5.3 Korrosionsverhalten von Zinküberzügen

Zink ist von Haus aus kein sehr beständiges Metall. Es hat jedoch die positive Eigenschaft, infolge der Bewitterung Deckschichten zu bilden, die vorwiegend aus basischen Zinkverbindungen bestehen. Durch diese Deckschichten wird nun das Zink und damit auch der darunterliegende Stahl geschützt. Die Deckschichten werden zwar durch Wind und Wetter im Lauf der Zeit abgetragen, sie erneuern sich jedoch durch das darunterliegende Zink. Das bedeutet also, daß Zinküberzüge im Laufe der Zeit langsam dünner werden. Im Hinblick auf den jährlich zu erwartenden Abtrag hat die Aggressivität der umgebenden Atmosphäre einen entscheidenden Einfluß. Die Abtragswerte bei freier Bewitterung sind größenordnungsmäßig bekannt, sie können Abb. 9.12 entnommen werden.

Jährliche Abtragungswerte für Zink in μm		
Beanspruchung außen a, innen i	Streu-bereiche	Mittelwerte in μm
a	Landluft	< 1,0 – 4,0	1,5
	Stadtluft	1,0 – 6,0	3,5
	Industrieluft	4,0 – 13,0	8,0
	Meeresluft	< 1,0 – 7,0	2,0
i	—	—	< 1,5

Abb. 9.12: Jährliche Abtragungswerte für Zink in μm

Konstruktion

Keine sperrigen Bauteile

günstig

ungünstig

Sperrige Bauteile können zu Transport- und Verzinkungsproblemen führen; ebene Bauteile lassen sich qualitativ besser und wirtschaftlicher verzinken. Bei Hohlprofilen sind Zuluf- und Entlüftungsöffnungen vorzusehen (siehe unten).

Tote Ecken und Winkel vermeiden – Öffnungen an Überlappungen vorsehen.

Verzug vermeiden

1. Geeignete Schweißfolge einhalten.
2. Möglichst symmetrische Querschnitte wählen.
3. Ausdehnungsmöglichkeiten schaffen, z. B. durch Radien, Sicken oder pyramidenförmige Aussteifungen.
4. Sehr unterschiedliche Materialdicken möglichst vermeiden.

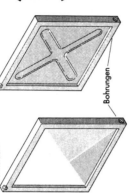

Bohrungen

Profile nicht flächig verschweißen

ungünstig

günstig

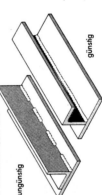

Fertigung

Keine Farbe, keine Schweißschlacke

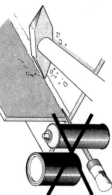

Bauteile sind frei von Farbe (Beschichtungen), Schweißschlacken, bzw. -rückständen (z. B. Schweiß-Sprays, Rückstände vom Schutzgasschweißen) und ähnlichem anzuliefern, da diese Substanzen beim Beizen nicht entfernt werden können und zu Fehlstellen führen.

Anhängen ermöglichen

Zulauf und Entlüftungsöffnungen möglichst senkrecht unter Anhängemöglichkeit.

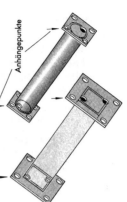

Anhängepunkte

Auf ausreichende Größe und Anzahl von Zulauf- und Entlüftungsöffnungen achten

Hohlprofil-Abmessungen in mm			Mindest-Loch-Ø in mm bei einer jeweiligen Anzahl der Öffnungen von:		
			1	2	4
kleiner als:					
15	15	20 x 10	8		
20	20	30 x 15	10		
30	30	40 x 20	12	10	
40	40	50 x 30	14	12	
50	50	60 x 40	16	12	10
60	60	80 x 40	20	12	10
80	80	100 x 60	20	16	12
100	100	120 x 80	25	20	12
120	120	160 x 80	30	25	16
160	160	200 x 120	40	25	16
200	200	260 x 140	50	30	16

Ohne Öffnungen keine Feuerverzinkung von Hohlkonstruktionen möglich wegen Explosionsgefahr. Anordnung und Größe der Öffnungen beeinflussen u. a. die Qualität des FEUERVERZINKENS.

Auch bei Rahmenkonstruktionen aus offenen Profilen sind Entlüftungen und Ablaufmöglichkeiten vorzusehen.

Zulauf- und Entlüftungsöffnungen vorsehen

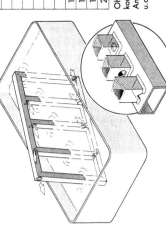

Hinweise

Bitte beachten Sie:

- DIN 50976 „Feuerverzinken von Einzelteilen (Stückverzinken)" ist zu berücksichtigen.
- Zu feuerverzinkten Konstruktionen gehören feuerverzinkte Verbindungselemente, z. B. gem. DIN 267 Teil 10.
- Stahlteile sollten möglichst frei von Öl und Fett angeliefert werden.
- Stähle mit kritischen Silicium-Gehalten neigen zur Bildung dicker Zinküberzüge, die ein graues Aussehen haben können.
- Zur Vermeidung von Nacharbeit sollten Schraubenlöcher, falls möglich, 2 mm über Nenndurchmesser ausgeführt werden.
- Transport- oder Montageschäden am Korrosionsschutz sind fachgerecht auszubessern.
- Konstruktions- und/oder fertigungsbedingte Spalten und Poren, z. B. in Schweißverbindungen sind zu vermeiden.
- Gewindeteile können nach dem Feuerverzinken durch Erwärmen und Ausbürsten des Zinks wieder gängig gemacht werden.

Abb. 9.11: Hinweise zum feuerverzinkungsgerechten Konstruieren

Im Freien, jedoch vor der Witterung geschützt, wird Zink nur etwa halb so stark angegriffen wie bei völlig freier Bewitterung. In allseitig geschlossenen Innenräumen ist Zink praktisch weitgehend beständig. Die Korrosionsvorgänge sind normalerweise so geringfügig, daß es lediglich zu Verfärbungen der Oberfläche kommt.

Bei leichter Schwitzwasserbildung entsteht ein Belag, der zwar das Aussehen beeinträchtigen kann, aus korrosionstechnischer Sicht aber meist unbedenklich ist. Bei schwerer Schwitzwassereinwirkung, z.b. bei ständiger oder häufiger Taupunktunterschreitung, werden Zinküberzüge jedoch verstärkt angegriffen.

Der Zinkabtrag unterliegt zwar jahreszeitlichen Schwankungen, langfristig betrachtet, kann man den Zinkabtrag jedoch als linear ansehen. Aufgrund dieses Verhaltens ist es möglich, die voraussichtliche Schutzdauer eines Zinküberzuges abzuschätzen. Dieser errechnet sich, indem man die vorhandene Dicke des Zinküberzuges durch die zu erwartende jährliche Abtragungsrate dividiert.

6. Duplex-Systeme

Als DUPLEX-System bezeichnet man die Kombination von metallischen Überzügen - hier der Feuerverzinkung - mit zusätzlichen (meist organischen) Beschichtungen.

In den meisten Fällen ist zwar die Korrosionsbeständigkeit feuerverzinkten Stahls bei normaler atmosphärischer Beanspruchung auf Jahrzehnte sichergestellt, so daß auf zusätzliche Schutzmaßnahmen verzichtet werden kann. In bestimmten Fällen kann es jedoch durchaus sinnvoll sein, auf die feuerverzinkte Oberfläche zusätzlich eine oder mehrere Beschichtungen aufzubringen, nämlich

- wenn andernfalls die gewünschte Schutzdauer voraussichtlich nicht erreicht wird (z.B. bei hoher Korrosionsbelastung oder zu geringer Überzugsdicke),

- wenn aus gestalterischen Gründen oder aufgrund von Sicherheits- oder Tarnmaßnahmen eine Farbgebung erforderlich ist oder

- wenn Bauteile nach der Montage nicht mehr zugänglich sind.

In diesen und ähnlichen Fällen bieten Duplex-Systeme wegen ihrer außerordentlich langen Schutzdauer sowohl technisch als auch wirtschaftlich gute Lösungsmöglichkeiten. Die Schutzdauer eines Duplex-Systems ist durch den sogenannten "synergetischen Effekt" etwa um den Faktor 1,5 - 2,5 größer als die Summe der Schutzdauer der Einzel-Systeme. Diese lange Schutzdauer ist dadurch zu erklären, daß der Zinküberzug ein Unterrosten der Beschichtung ausschließt und die Beschichtung ihrerseits einen Abtrag des Zinküberzuges verhindert. Die Feuerverzinkung übernimmt in diesem Verbundsystem die Rolle einer besonders hochwertigen Grundbeschichtung (Abb. 9.13).

Es muß jedoch darauf hingewiesen werden, daß bei weitem nicht jeder Beschichtungsstoff für den Einsatz auf Zink geeignet ist. Die Eignung einer Beschichtung auf Zink wird u.a. nach ihrem Haftvermögen auf der Oberfläche beurteilt. Ein einwandfreier Verbund zwischen Zinkoberfläche und Beschichtung ist die erste Vorbedingung für ein einwandfreies Duplex-System. Entscheidend für die sichere Haftung einer Beschichtung auf Zink ist eine sorgfältige Oberflächenvorbereitung und die Wahl eines geeigneten Beschichtungsstoffes.

Zu diesem Thema liefert DIN 55 928, Teil 5, wertvolle Hinweise.

Abb. 9.13: 227 m hoher Duplex-geschützter Hochspannungsmast in Stade (Unterelbe)

9.7 Wirtschaftlichkeit

Auch ein hochwertiges Schutzsystem setzt sich nur dann durch, wenn es wirtschaftlich ist. Hierbei muß man sich von vornherein darüber im klaren sein, daß die Erstkosten eines Korrosionsschutz-Systems allein kein Maßstab für die Beurteilung der Wirtschaftlichkeit sein können. Zumindest muß die Schutzdauer des Systems mit berücksichtigt werden, damit Kosten und Nutzen miteinander in Relation gebracht werden können.

Selbstverständlich müssen darüber hinaus bei einer umfassenden Wirtschaftlichkeitsbetrachtung auch noch andere Kriterien, wie z.B. Gebrauchsdauer der Konstruktion, Kosten für Unterhaltungsarbeiten, Stillstandzeiten, Entwicklung der Lohn- und Materialkosten bis hin zur Amortisation des investierten Kapitals berücksichtigt werden.

Hierbei werden in vielen Fällen Vorteile bei Systemen mit "Langzeitwirkung" deutlich. Systeme, deren Schutzdauer in der Größenordnung der Objektnutzungsdauer liegt, sind häufig trotz höherer Erstkosten bedeutend wirtschaftlicher als Systeme, die zwar in den Erstkosten günstiger sind, die jedoch zur Erreichung der vorgesehenen Objektnutzungsdauer gegebenenfalls einer mehrfachen Instandhaltung bedürfen (Abb. 9.14).

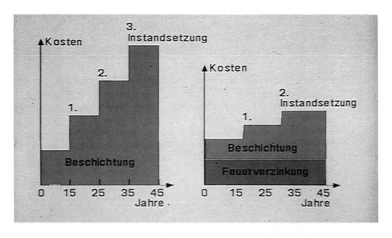

Abb. 9.14: Langlebige Korrosionsschutzsysteme senken den Instandhaltungsaufwand

Literatur

1. Schmiedel, K., u.a.; Bauen mit Stahl, Band 130, expert-Verlag, 1984

2. Friehe W.; van Oeteren, K.-A.; Schwenk, W.; Korrosionsschutz im Stahlbau, Merkblatt 259, Stahl-Informationszentrum, Düsseldorf

3. N.N., Stahlbau Arbeitshilfe 1.1, 1.4, Deutscher Stahlbau-Verband, Köln

4. J.-P. Kleingarn, Feuerverzinkungsgerechtes Konstruieren, Merkblatt der Beratung Feuerverzinken, Düsseldorf

5. C. van Rijn; J. Marberg; Umweltschutz in der Feuerverzinkungsindustrie, Zeitschrift FEUERVERZINKEN, S. 11-13, 1992

6. DIN 50 976, Feuerverzinken von Einzelteilen (Stückverzinken), Beuth-Verlag, Berlin, 1989

7. DIN 55 928, Teil 1, 2, 4, 5 Korrosionsschutz von Stahlbauten durch Beschichtungen und Überzüge, Beuth-Verlag, Berlin, 1991

10. Brandschutztechnologie des Stahlbaus

Jean-Baptiste Schleich

10.1 Einleitung

Während der siebziger Jahre hatte sich die Idee eingebürgert, der Stahlbau sei stark gegenüber dem Massivbau im Hintertreffen, und zwar wegen seines "angeblich schlechten Feuerwiderstandes".

Deswegen wurden weltweit Forschungsaktivitäten gestartet. ARBED hat seinerseits seit 1981 eigene Forschungsschritte, auf dem Gebiet des Brandschutzes im Stahlbau, mit folgenden Schwerpunkten unternommen:

● **Verbundbau,**

●● **numerische Simulation des Feuerwiderstandes,**

●●● **Gesamttragwerksverhalten sowie**

●●●● **Naturbrand.**

10.2 Feuerwiderstandsbemessung durch numerische Simulation

Das erste Ziel unserer Forschungsarbeiten war die Erstellung eines Computerprogramms zur Untersuchung von Stahl- und Verbundtragwerken unter Feuerbeanspruchung [1, 2, 3, 4]. Dieses numerische Programm basiert auf der Methode der Finiten Elemente, bei der Trägerelemente mit Querschnittsdiskretisierung verwendet werden. Die Struktur, welche zunehmenden Lasten oder Temperaturen unterworfen ist, wird schrittweise analysiert. Das thermische Problem wird mit der Methode der Finiten Differenzen gelöst, basierend auf dem Gleichgewicht zwischen benachbarten Netzelementen des Querschnitts.

Dieses Programm, CEFICOSS genannt, d.h. "Computer Engineering of the FIre resistance for COmposite and Steel Structures", ist ein allgemeiner, überaus vielfältiger numerischer Computer Code:

-   so werden Geometrie- und Material-Nichtlinearitäten voll berücksichtigt (Abb. 10.1, [5],

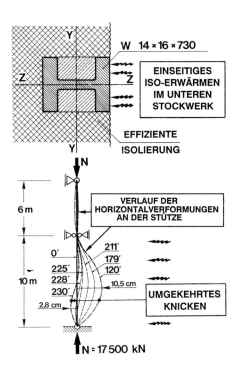

Abb. 10.1: Berücksichtigung von geometrischen nicht-linearen Effekten.

- sämtlich mögliche Querschnittstypen sind voll erfaßbar sowohl für Stützen als auch für Träger (Abb. 10.2),

- die instationären Temperaturfelder in den Tragelementen sind erstellbar für jeden gewünschten Zeitschritt,

- die knickabhängige N-M Interaktion ist ohne weiteres denkbar auch für z.B. die ISO-Feuerklassen F30 bis F120, usw.

Um die von DEFICOSS gelieferten Simulationsergebnisse zu überprüfen, sowie die wichtigen physikalischen Parameter mit größter Genauigkeit zu bestimmen, wurden von ARBED an die fünfzig Brandtests im Maßstab 1:1 durchgeführt.

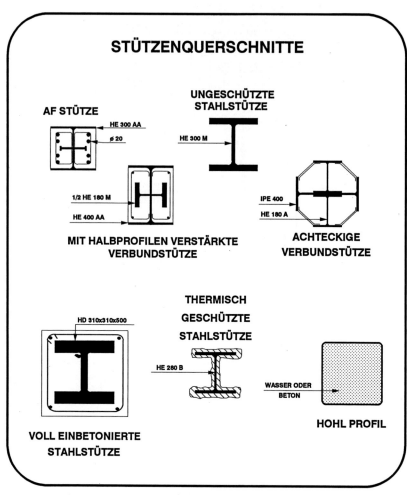

Abb. 10.2 a: Querschnittstypen für Stützen.

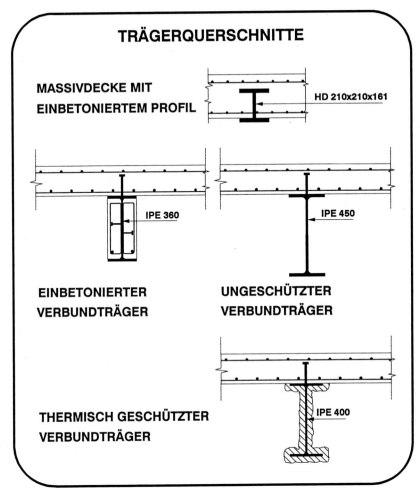

Abb.10.2 b: Querschnittstypen für Träger.

In praktisch allen Fällen, sei es für Stützen, Träger als auch Rahmen, wurde eine überaus gute Übereinstimmung zwischen Test- und Rechenergebnissen festgestellt. Dies betrifft sowohl die im Tragelement auftretenden Temperaturen, als die Bauteilverformungen oder die Versagenszeiten (Abb. 10.3; [6]).

Bezeichnend für dieses numerische Programm CEFICOSS ist schlußendlich dessen perfekte Dualität zwischen mathematischem Versagensausdruck und dessen physikalischer Bedeutung.

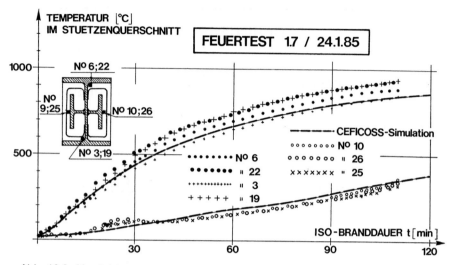

Abb. 10.3: Vergleich von gemessenen und gerechneten Temperaturen für Stützentest 1.7 [1].

So tritt mathematisches Versagen ein, sobald der kleinste Eigenwert der Steifigkeitsmatrix null wird. Dies entspricht einem kompletten Steifigkeitsverlust, wie dies bei der Bildung einer plastifizierten Zone, dh. eines praktischen Gelenkes in Feldmitte eines statisch bestimmten Trägers auftritt (Abb. 10.4).

Da jedoch CEFICOSS die Trägerverformung kontinuierlich während der Brandbeanspruchung bestimmt, ist es also ohne weiteres möglich, die herkömmlichen konventionellen Versagenskriterien wie L/30 oder Ryan Robertson zu berücksichtigen respektiv zu begutachten. Sollte, aus welchen Gründen auch immer, in diesem Fall die plastifizierte Zonenbildung nicht als Versagenskriterium in Frage kommen, so sollte doch wenigstens L/10 akzeptiert werden, da nun L/30 wirklich eine allzu große Sicherheit beinhaltet und somit eine wirtschaftliche Bemessung nicht erlaubt.

Ganz interessant wird es auch, wenn, wie hier gezeigt, vier ähnliche Verbundträger miteinander verglichen werden. So wird sichtbar, wie jedesmal die Versagenszeit oder Traglastkapazität nenneswert hochschnellt, wenn der Verbundträger in seinem monolithischen Verhalten verstärkt wird (Abb. 10.5):

- 92' → 171', durch Deckenverbund mit dem Stahlträger,
- 171' → 244', durch einseitige Durchlaufwirkung des Stahlträgers sowie
- 60% Laststeigerung durch Deckenarmierung im Bereich des negativen Biegemomentes.

278

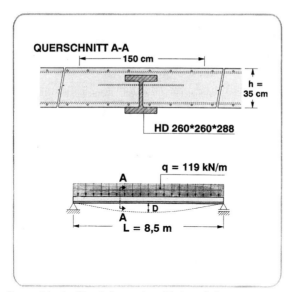

Abb. 10.4 a: Geometrische Darstellung eines Verbundträgers.

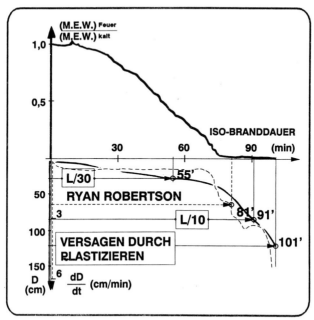

Abb. 10.4 b: Bildung der plastischen Zone in Trägermitte des Verbundträgers von Abb. 10.4 a, mit gleichzeitigem Abfall des minimalen Eigenwertes der Steifigkeitsmatrix.

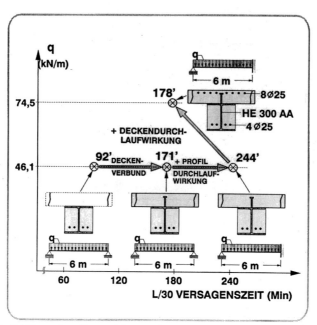

Abb. 10.5: Erhöhen des Feuerwiderstandes eines Verbundträgers durch Verbessern seines monolitischen Verhaltens.

Somit kann allgemein festgehalten werden, daß eine Verbesserung des monolithischen Verhaltens eines Tragelementes nennenswert zu einer Steigerung des Feuerwiderstandes beiträgt. Dies bewahrheitet sich nicht nur für Durchlaufträger sondern auch für Durchlaufstützen [7].

Dieses Prinzip ist ebenfalls anwendbar auf Rahmentragwerke mit Trägerstützenverbindungen, welche ohne weiteres Zug, Druck, Biegung und Querkraft auffangen können. In dem Fall sollte das Gesamttragwerksverhalten auch unter Feuerbeanspruchung berücksichtigt werden, da dies nur zu einer Steigerung des Feuerwiderstandes führen kann (Abb. 10.6; [8, 9]).

Dieses Beispiel zeigt einen zweistöckigen Rahmen, welcher unter lokalem ISO-Brand untersucht wurde. Es zeigt sich, daß das im Rahmen auftretende Biegemomentenbild stark mit der Zeit variiert, d.h. es kommt zu umfangreichen Lastumlagerungen, die zur Entlastung der stark beanspruchten Tragwerksteile führen. In Wirklichkeit entstehen nacheinander mehr oder weniger ausgedehnte plastifizierte Zonen in den sowohl direkt beflammten wie den nicht beheizten Tragelementen (Abb. 10.7 und 10.8).

280

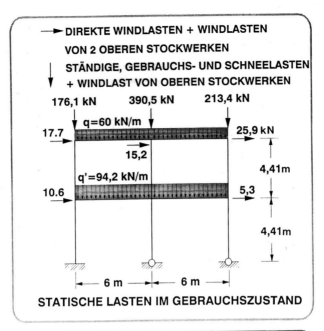

STÄNDIGE, GEBRAUCHS- UND SCHNEELASTEN

STATISCHE LASTEN IM GEBRAUCHSZUSTAND

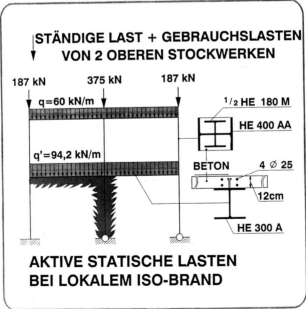

**AKTIVE STATISCHE LASTEN
BEI LOKALEM ISO-BRAND**

Abb. 10.6: Belastung, Geometrie und Querschnitte eines zwei Stockwerksrahmens, welcher den unteren Teil eines Gebäudes über vier Stockwerke bildet.

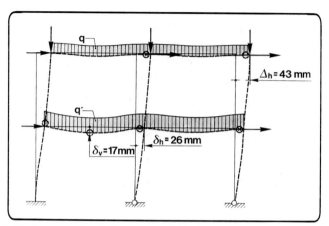

Abb. 10.7: Verformung des Rahmens vor Globalversagen = Mechanismus im Kalt-
zustand; sämtliche Lasten wurden progressiv bis zu 1,9fach erhöht.

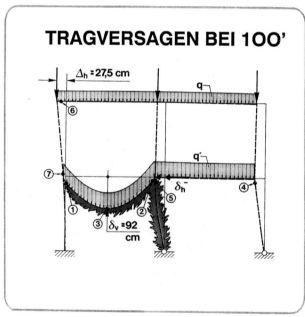

Abb. 10.8: Verformung des Rahmens vor Globalversagen = Mechanismus bei 100
Minuten lokalem ISO-Brand; die statischen Lasten bleiben konstant; bemerke die
Formation der plastischen Zonen 1 bis 7.

282

Parallel zu diesen stark veränderlichen Biegemomenten in Abhängigkeit der Zeit gibt es auch bemerkenswerte Verschiebungsänderungen (Abb. 10.9 und 10.10). So sind Geschwindigkeiten gewisser Verschiebungen direkt gekoppelt an die Bildung plastifizierter Zonen. So wird auch ganz eindeutig die Koppelung zwischen progressiver plastifizierter Zonenbildung und progressivem Steifigkeitsverlust sichtbar. Gesamtkonstruktionsversagen tritt jedoch erst bei 100 Minuten ein!

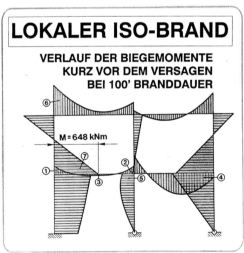

Abb. 10.9: Evolution der Biegemomente von Beginn bis 100 Minuten ISO-Feuer.

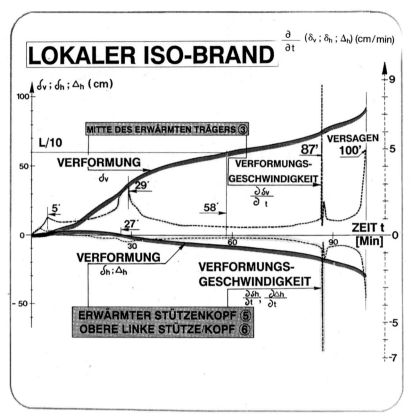

Abb. 10.10 a: Verformung in Abhängigkeit der Zeit der Mitte des erwärmten Trägers δ_v, sowie des erwärmten Stützenkopfes δ_h oder des oberen linken Stützenkopfes Δ_h.

Hätte man den nicht geschützten Verbundträger als Einzelelement betrachtet, so wäre dessen rechnerischer Feuerwiderstand nur 20 Minuten!

Dies zeigt, wie ungemein wichtig es ist, bei Vorhandensein biegesteifer Träger-Stützen Verbindungen, das Gesamtkonstruktionsverhalten auch unter Brandbeanspruchung zu erfassen. Dies erlaubt reelle Tragreserven zu aktivieren und, auf eine äußerst wirtschaftliche Art und Weise, die Feuerwiderstandszeit nennenswert zu erhöhen.

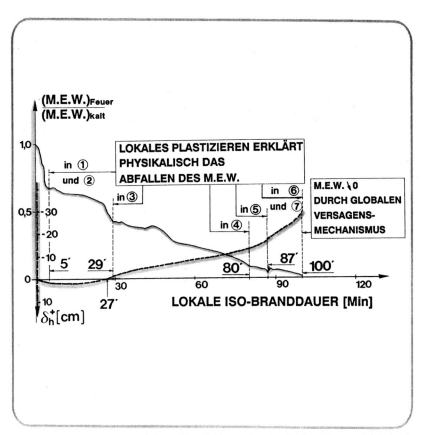

Abb 10.10 b: Zusammenspiel der Entwicklung der plastischen Zonen 1 bis 7, der Verformung δ_h des Rahmens sowie der Evolution des minimalen Eigenwertes (M.E.W.) der Steifigkeitsmatrix.

10.3 Bauausführungen im Verbundbau

So gesehen bringt dieses numerische Rechenprogramm unweigerlich einen wertvollen Beitrag zur Rehabilitierung des Stahlbaus. Zusammen jedoch nicht mit unserer Idee des universellen Verbundbaus erlaubt dies dem Architekten eine bis dato nie gekannte Freiheit in der Wahl der Konstruktionselemente, Stützen und Träger. Dies betrifft sowohl die äußere Form dieser Bauelemente als deren relative Zusammensetzung aus Stahl und Beton.

Somit ist der Weg frei für eine Architektur mit sichtbarem Stahl, was wiederum die Basisvorteile des Stahlbaus voll zum Tragen bringt wie:

- Flexibilität im Zusammenbau durch variationsreiche Anschlußmöglichkeiten,

- Schnelligkeit in der Montage durch ausgereifte, jedoch einfache Fertigteil-Technik,

- schlanke Bauelemente, welche durch ihre kleinstmögliche Tragwerksquerschnitte viel weniger platzraubend sind und somit bei gleichem Bauvolumen eine größere Nutzfläche gestatten.

Zur Dokumentation dieser Vorteile und zum Beweis der interessanten wirtschaftlichen Konkurrenzfähigkeit unseres Verbundbaukonzeptes sollten folgende Bauobjekte dienen.

10.3.1 Kö-Galerie Düsseldorf, 1985 - 1987

Um dieses City-Center unter den schwierigen Randbedingungen einer Innenstadtbebauung zu errichten, wurden modernste Bauverfahren eingesetzt. Besonders erwähnenswert sind die Deckelbauweise für gleichzeitiges Bauen nach unten und nach oben von einer Zwischenebene aus, sowie die Verwendung vorgefertigter Verbundstützen als Primärstützen. Dies erlaubte somit eine 35% kürzere Gesamtbauzeit.

Diese Verbundstützen konnten in ihrer gesamten Länge von 14,2 m integral vorgefertigt werden, jedoch

- besaßen auch einen äußerst gedrungenen Querschnitt und waren somit vom Gewicht her noch montierbar und

- konnten in F90 eingestuft werden für eine Nutzlast von 21000 kN (2100 to)!!

Besonders hervorzuheben sind jedoch in diesem Fall die kräftigen Flansche der Walzprofile, die so manchen Anprall der Erdbaugeräte unter Tage schadlos überstanden. Darüber hinaus leuchtet es ein, daß die Wahl dieser überaus schlanken Verbundstützen sich nur günstig auf die Anzahl der schlußendlich zur Verfügung stehenden Parkplätze auswirken konnte.

10.3.2 Druckerei-Zenter Bussigny, Lausanne, Schweiz, 1986 - 1988

Die Druckerpressen sind in einer einschiffigen Halle mit Gesamthöhe 18 m und Gesamtbreite 14 m untergebracht. Zur Lastabtragung wurden einfeldrige Rahmen gewählt - Höhe 13 m, Spannweite 12 m - auf dessen Riegel zusätzlich eine Arbeitsbühne für kostspielige Betriebsinstallationen errichtet wurde.

Diese Rahmen wurden komplett - also Stützen und Riegel - im AF-Verbund mit dem Basis Walzprofil HE 1000AA verwirklicht und zwar, weil dadurch

- nicht nur der Feuerwiderstand garantiert ist, sondern auch eine erhöhte Rahmensteifigkeit und absolute Staubfreiheit gegeben sind,

- weil die sichtbaren Flansche ohne weiteres die Befestigung anderer Bauelemente erlauben,

- weil, wenn wohl durchdacht, diese Rahmenkonstruktion schnell errichtet werden kann und

- weil in dieser Verbundlösung der sichtbare Stahl äußerst positiv zur architektonischen Innenraumgestaltung beiträgt.

Dieser letzte Aspekt ist hier besonders hervorzuheben, dh. das Zusammenwirken von Stahl und Beton nicht nur in der tragenden Verbundfunktion, sondern besonders dann auch in der sichtbaren Architektur.

10.3.3 Landesmuseum Mannheim, 1986 - 1991

Es handelt sich hier um das wohl größte Verbundbauwerk bestehend aus Stützen und Trägern mit jeweils ausbetonierten Kammern. Dieses Museum für Technik und Arbeit wurde in einem schmalen und langgestreckten Hochbau untergebracht und erlaubt so, - von oben nach unten in einer Folge von 18 Ausstellungseinheiten - die Anfänge der industriellen Revolution bis zur Gegenwart darzustellen.

Da ein Museum niemals etwas Fertiges, Abgeschlossenes ist, wurde von der Konstruktion ein hohes Maß an Flexibilität für spätere Veränderungen verlangt. So wurde denn unser AF-Verbund gewählt, weil dieser es erlaubt,

- Verstärkungen bei örtlich höheren Lasten anzubringen oder

- neue Zwischenbühnen ohne Probleme einzuziehen.

Als besondere Merkmale sind hervorzuheben:

- Berücksichtigung dynamischer Lasten,

- Aussparung in den Trägerstegen bis zu 150mm Durchmesser,

- Einschnittiger Laschenanschluß Träger - Stütze mit Mineralfaser-schutz und Verschließen mit Stahlblech sowie

- Schattenkante für Stützen und Träger durch Zurücksetzen des Kammerbetons um 1 cm gegenüber den Flanschaußenkanten.

Schlußendlich wurden konstruktive Durchlaufsysteme sowohl für Stützen als für Träger ausgebildet und erlaubten, derart die Wirtschaftlichkeit dieses Verbundtyps zusätzlich zu untermauern.

10.4 Brandschutztechnologie im Aufbruch

Die vorher beschriebenen Bauobjekte geben nur einen begrenzten Einblick in die Mannigfaltigkeit des seit einigen Jahren immer mehr - besonders in der Bundesrepublik, jedoch jetzt auch in anderen Teilen Europas - praktizierten Verbundbaus. Diese mit integriertem Feuerschutz versehene Bauweise ist ein Trumpf in der Hand dessen, der sie wohlbedacht einsetzt. Dies trifft umso mehr zu, da relativ rezente Entwicklungen weitere wichtige Fortschritte gebracht haben und zwar im Hinblick auf

- noch mehr realitätsbezogene Berechnungen, also näher an die "Real World Analysis",

- erste Bestrebungen, die Resttragfähigkeit nach einem Brand zu bestimmen, sowie

- Bemühungen, den Effekt von Naturbrandbedingungen quantitativ zu erfassen.

Die wichtigsten Resultate, welche entweder durch numerische Simulation oder/und durch praktische Brandtests im Maßstab 1:1 erbracht wurden, möchte ich anschließend kurz erläutern.

10.4.1 Real World Analysis

– Einmal sei eine erstmalig erfolgte Berechnung eines sechsstöckigen Verbundrahmens unter Brandeinwirkung hervorgehoben (Abb. 10.11 und 10.12).

Die Biegemomentenverteilung vor dem Brand, respektiv kurz vor dem Rahmenversagen, ist derart unterschiedlich, daß an ein vereinfachtes Rechenmodell zur Bestimmung des Brandwiderstandes nicht zu denken ist. Hier muß schon mit Hilfe eines allgemeinen, numerischen Programms das Gesamttragverhalten, unter Einwirkung eines lokalen ISO-Brandes, erfaßt werden können.

Übrigens versagt die Konstruktion nach 123 Minuten durch fast gleichzeitiges Knicken der drei untersten Stützen.

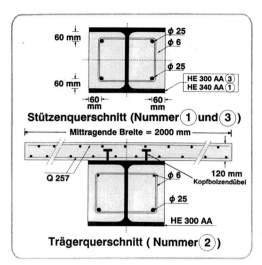

Abb. 10.11: Verbundquerschnitte des unversteiften Rahmens.

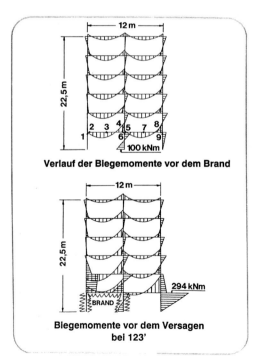

Abb. 10.12: Biegemomente vor dem Brand und vor dem Versagen bei 123' lokalem ISO-Brand.

– Bezüglich der Klarstellung der im Brandfall in Rechnung zu stellenden mittragenden Plattenbreite eines Verbundträgers wurden im November 1989 in Braunschweig im Auftrag von ARBED-Forschung mehrere Brandtests durchgeführt (Abb. 10.13, [10]).

Diese Träger waren grundsätzlich außerhalb der Trägerachse belastet, so daß große Querbiegung also senkrecht zur Trägerspannweite, wie dies auch in der Realität der Fall ist, auftrat. Während die Verbundträger für Biegung in Längsrichtung voll ausgelastet waren, gemäß der Richtlinie für Verbundträger, waren die Betonplatten querarmiert gemäß den Bestimmungen der üblichen Kaltbemessung.

Das gemessene Durchbiegungsverhalten zeigt eine überaus gute Übereinstimmung mit der CEFICOSS Voraussage (Abb. 10.14). **Diese Tests bewiesen schlußendlich ganz eindeutig, daß die mittragende Breite im Brandfall gleichzusetzen ist mit der für die Kaltbemessung ermittelten, dh. im Klartext bei statisch bestimmten Trägern ist die mittragende Plattenbreite gleich 1/3 der Spannweite.**

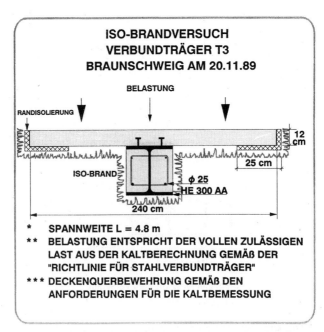

Abb. 10.13: ISO-Brandversuch am Verbundträger T3 (Braunschweig am 20.11.89)

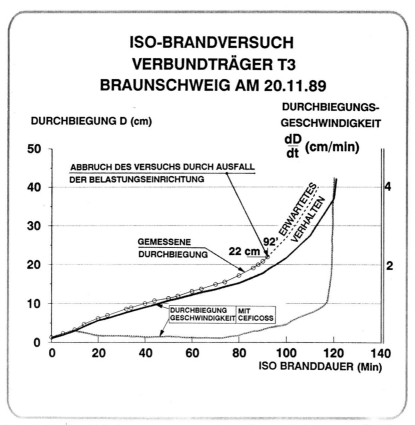

Abb. 10.14: Vergleich der gemessenen und gerechneten Verformungen für Träger-test T3.

10.4.2 Resttragfähigkeit nach Brand

Einmal wurde dies am HD400x744 Stahlstützentyp folgendermaßen unter-sucht:

- Die Kaltbemessung erfolgte gemäß EC3 und CEFICOSS (Abb. 10.15)! Der Unterschied von 15% ist verständlich durch die größere numeri-sche Präzision (keine konventionelle Knickkurve) sowie die Berück-sichtigung der Stahlverfestigung (N_{ult}=8280kN)!

- Ein erster ISO-Brandtest mit auf EC3 bezogene 83% Auslastung führte zum erstaunlichen Brandwiderstand von 45'! Derselbe Testkör-

GEBRAUCHSZUSTAND

$N^{EC3}_{VERSAGEN}$ = 7000 kN

- Fließgelenktheorie nach zweiter Ordnung mit bilinearem Spannungs- Dehnungsdiagramm
- σ_y = 238 N/mm²

$N^{CEFICOSS}_{VERSAGEN}$ = 8280 kN

- Berücksichtigung der geometrischen und materiellen Nichtlinearitäten durch diesen numerischen Ansatz
- QL-8 Spannungs- Dehnungsdiagramm mit
  σ_y = 238 N/mm²
  σ_t = 427 N/mm²

HD 400x400X744

Abb. 10.15: Gerechnete Bruchlast im Gebrauchszustand der massiven Stahlstütze W 14x16x500.

per, mit also 65 mm permanenter Deformation, wurde alsdann in Bochum im September 1988 auf Resttragfähigkeit untersucht mit dem Resultat [11]

eines rechnerischen Tragfähigkeitsverlustes von 8%,

jedoch praktisch keiner Tragfähigkeitsschwächung.

Somit ist diese Stütze, trotz brandbedingter Deformation, von der Tragfähigkeit her betrachtet im Grunde genommen noch voll einsatzfähig (N_{ultest}=8250 kN)!!!

- Da solch permanente und sichtbare Verformung jedoch psychologisch nicht zumutbar ist, wurde der zweite Testkörper - übrigens mit einem durch dämmschichtbildenden Anstrich höheren Feuerwiderstand von 145' - auch in Bochum auf Kaltresttraglast untersucht. Jedoch wurde dieser mit einer permanenten Deformation von 85 mm einbetoniert. Diese sozusagen "Restaurierte Stütze" besaß selbstverständlich senkrechte Betonflächen, aber eine innen gekrümmte Armierung, das Stahlprofil!

Gemessen wurde hier eine Resttragfähigkeit von 9745 kN und somit eine Traglaststeigerung gegenüber Testkörper 1 von 18% (Abb. 10.16)!

Zusätzlich haben wir die Resttragfähigkeit einer HE300A Verbundstütze im Januar 1990 in Gent untersuchen lassen durch folgende Tests:

292

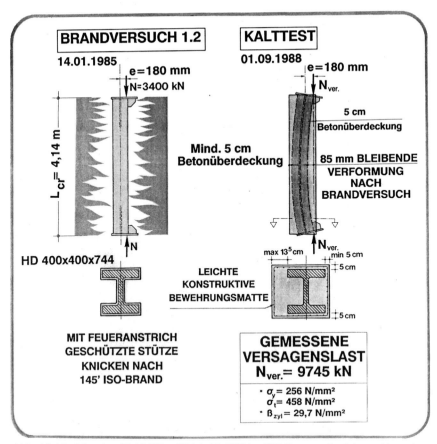

Abb. 10.16: Massive Stahlstütze W 14x16x500 im ISO-Feuer getestet, nachher einbetoniert und nochmals unter normalen Temperaturbedingungen bis zum Versagen belastet.

- Es erfolgte an Stütze 1 ein Kalttragtest sowie an Stütze 2 ein ISO-Brandtest! Letzgenannte wurde bis zu 60' mit der ISO-Kurve gefahren, alsdann stark abgekühlt unter konstanter Belastung. Nach 10 Stunden erfolgte der Kalttragtest.

Die Resttragfähigkeit betrug 1600 kN, also noch immerhin 55% der im ersten Test gemessenen (Abb. 10.17).

Hervorzuheben ist die Temperaturänderung im Verbundquerschnitt. Die Stütze ist am Anfang außen wärmer, dann später in der Abkühlphase ist der innere Kern wärmer als außen. Die Zeitverformungsdiagramme geben einen interessanten Einblick in diesen Dreiphasen-Test (Abb. 10.18 und 10.19).

- Stütze 3 wurde am 31.1.90 auf ähnliche Art und Weise getestet, jedoch mit ISO-Kurve bis 90'gefahren!

Hier betrug die Resttragfähigkeit immerhin noch 1350 kN, also noch 47% des Anfangstragvermögens.

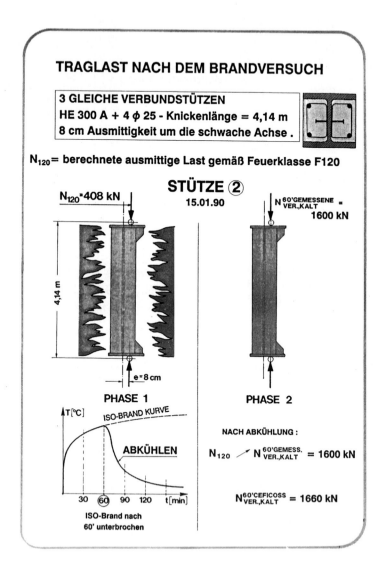

Abb. 10.17: Traglast einer AF-Verbundstütze nach dem Brand.

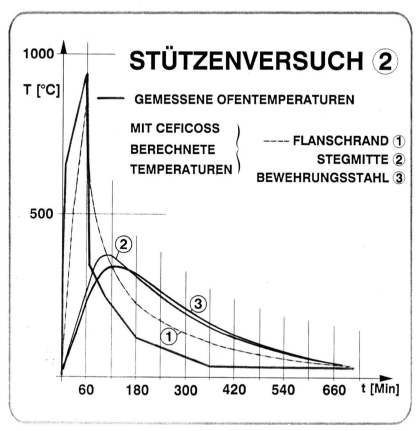

Abb. 10.18 a: Temperaturentwicklung während dem Dreiphasen-Test an Stütze 2 (siehe auch Abb. 10.17).

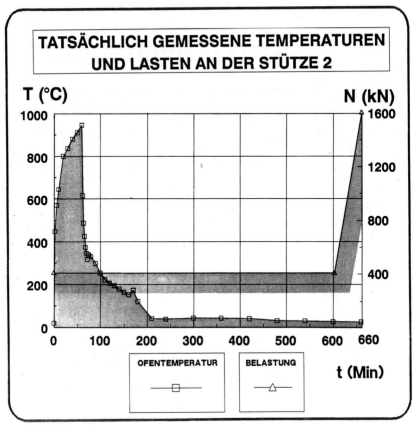

Abb. 10.18 b: Ofentemperatur- und Belastungsentwicklung während dem Dreiphasen-Test an Stütze 2:
     – Aufheizen nach ISO (1 St.)
     – Abkühlen (9 St.)
     – Kalttragtest.

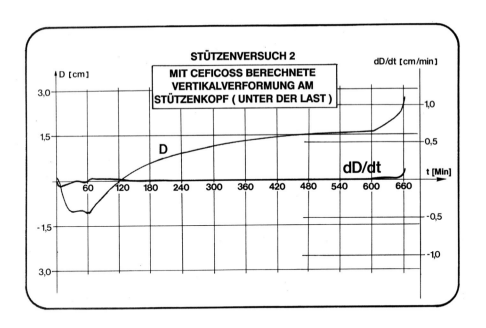

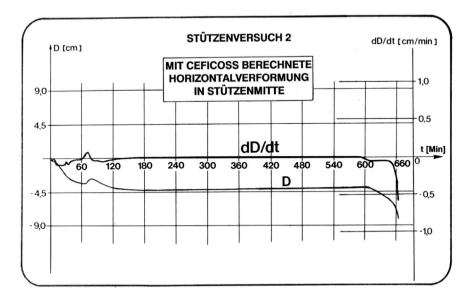

Abb. 10.19: Entwicklung der Stützenverformung während der drei Testphasen (Stützenversuch 2)

297

10.4.3 Naturbrandeffekt

Anhand von zwei Beispielen soll gezeigt werden, wie ungemein wichtig es ist, schlußendlich mit realistischem Naturbrand zu bemessen.

- Zum einen wird im Fall von eingeschossigen Hallen gezeigt, daß die Temperaturentwicklung in Wirklichkeit erst nach 30' und sogar in vielen Fällen erst nach 60' für ungeschützten Stahlbau kritisch wird.

  Je nach Brandlast und Sauerstoffzufuhr werden ISO-Brand Bedingungen jedoch fast nie erreicht! Somit wird ersichtlich wie notwendig es ist, Naturbrandkurven anhand der reellen Fakten zu bestimmen.

- Das zweite Beispiel betrifft offene Parkhäuser, welche in der Bundesrepublik ohne Brandschutzanforderungen gebaut werden. Dies ist in manchen europäischen Ländern jedoch nicht der Fall, so daß es nützlich wäre, dieses Problem ein für allemal auf europäischer Ebene, z.B. mit Hilfe der E.K.S., zu lösen [12]!

In der Folge wird ein solches Bemessungsbeispiel auf der Basis von CEFICOSS gezeigt:

- Kaltbemessung mit 100% Auslastung des Stützenprofiles HE280A sowie des Verbundträgers IPE 600,

- Naturbrandkurve auf der Basis eines brennenden Wagens sowie

- Temperaturentwicklung sowohl des Stützen- wie Trägerquerschnitts unter Brandeinwirkung (Abb. 10.20).

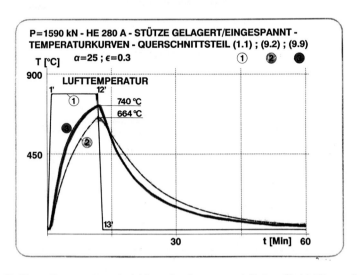

Abb. 10.20 a: Temperaturentwicklung in der ungeschützten Stahlstütze während eines PKW-Brandes in einem offenen Parkhaus.

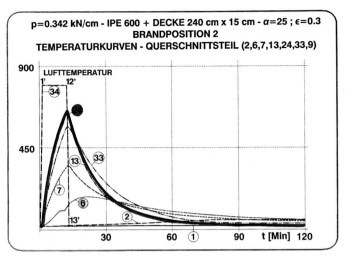

Abb 10.20 b: Temperaturentwicklung im ungeschützten Verbundträger während eines PKW-Brandes in einem offen Parkhaus.

Es wird schlußendlich nirgends zum Versagen kommen, auch nicht nach ein oder zwei Stunden (Abb. 10.21):

- die Stütze erfährt eine Stauchung von 3 mm, dies ist ohne weiteres zulässig; ihr kurzfristiger Steifigkeitsabfall wird total wettgemacht und
- der Träger mit einer Spannweite von 15,5 m erfährt eine bleibende Durchbiegung von 27 cm; es kommt wegen Betonschädigung zu einem gewissen Steifigkeitsverlust!

Wird jedoch die Durchlaufwirkung der Verbundträger berücksichtigt, respektiv auch Zusatzlängsarmierung vorgesehen, so kann diese bleibende Verformung viel kleiner sein und somit jegliche Reparatur überflüssig werden!!

Diese sich im Aufbruch befindliche Brandschutztechnologie wird in ihren großen Zügen jetzt in den neuen Eurocodes und zwar in Part 10 "Structural Fire Design" berücksichtigt [13]. So werden nicht nur vereinfachte Rechenmodelle, wie die für zentrisch belastete Verbundstützen der Technical Note 55 der E.K.S. [14], sondern viel weitreichendere Prinzipien berücksichtigt werden können wie

- das Gesamttragverhalten,
- die Lastabminderung im Brandfall sowie
- der Naturbrand.

All dies bezieht sich jedoch ausschließlich auf den Aspekt des Feuerwiderstands von Stahl- oder Verbundbauten, selbstverständlich viel glaubhafter, sicherer und realistischer erfaßt als es bisher üblich war!

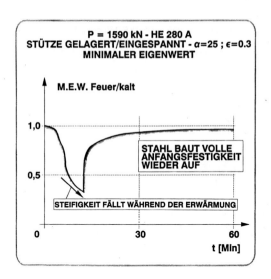

Abb. 10.21 a: Evolution des minimalen Eigenwertes der Steifigkeitsmatrix für die ungeschützte Stahlstütze.

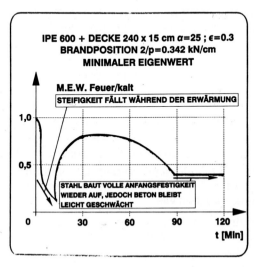

Abb. 10.21 b: Evolution des minimalen Eigenwertes der Steifigkeitsmatrix für den ungeschützten Verbundträger.

10.5 Globales Brandsicherheitskonzept

Diese äußerst positive Entwicklung sollte jedoch mittelfristig abgerundet werden durch die Entwicklung eines globalen Brandsicherheitskonzepts. Hier sollte der Einfluß aktiver Brandbekämpfungsmaßnahmen wie

- Feueralarm,
- Fluchtwege,
- Zufahrtswege für Feuerwehr,
- Brandabschnitte sowie Rauchabzug

auf eine glaubhafte Art und Weise quantitativ erfaßt werden, um deren günstigen Einfluß auf die Anforderungen des Feuerwiderstands zu bestimmen.

Richtig durchdachte aktive Feuersicherheit müßte es erlauben, eine F120 Anforderung auf F90 und sogar F60 abzumindern, respektiv die Naturbrandkurve ebenfalls günstig zu beeinflussen (Abb. 10.22).

Es ist demnach von großem wirtschaftlichen Interesse, die geeigneten Beurteilungsmaßnahmen oder Kriterien zu entwickeln, um die Interaktion zwischen aktiver Feuersicherheit und erforderlichem Feuerwiderstand zu bestimmen.

Wohl gibt es schon Ansätze in dieser Richtung, wie z.B. in der DIN 18230, SIA81 oder den Österreichischen Technischen Richtlinien für Vorbeugenden Brandschutz TRVB A100$_{87}$. Jedoch sind diese Prozeduren unvollständig, führen zu unterschiedlichen persönlichen Beurteilungen und sind nicht international anerkannt.

Dieses globale Brandsicherheitskonzept mit helfen zu gestalten, wird unsere zukünftige Aufgabe sein. Nur so wird es möglich, die eminenten Vorteile des Stahlbaus in seinem Gesamttragwerksverhalten, durch hohe Duktilität und Resttragfähigkeit, voll auszuschöpfen.

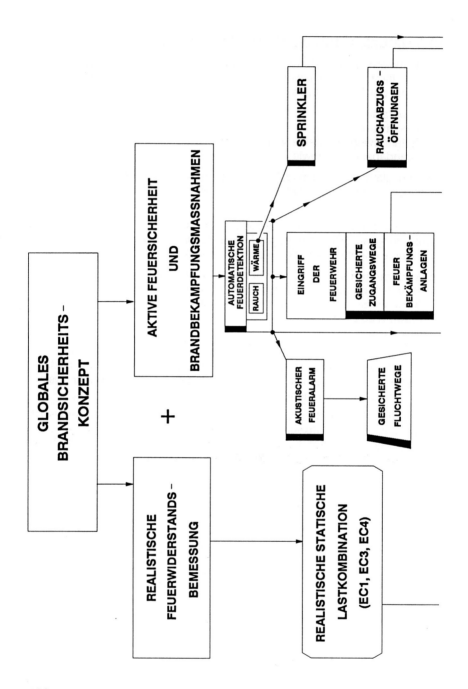

GLOBALES BRANDSICHERHEITS – KONZEPT

REALISTISCHE FEUERWIDERSTANDS – BEMESSUNG

+

AKTIVE FEUERSICHERHEIT UND BRANDBEKÄMPFUNGSMASSNAHMEN

REALISTISCHE STATISCHE LASTKOMBINATION (EC1, EC3, EC4)

AUTOMATISCHE FEUERDETEKTION

RAUCH

WÄRME

SPRINKLER

RAUCHABZUGS – ÖFFNUNGEN

EINGRIFF DER FEUERWEHR

GESICHERTE ZUGANGSWEGE

FEUER BEKÄMPFUNGS – ANLAGEN

AKUSTISCHER FEUERALARM

GESICHERTE FLUCHTWEGE

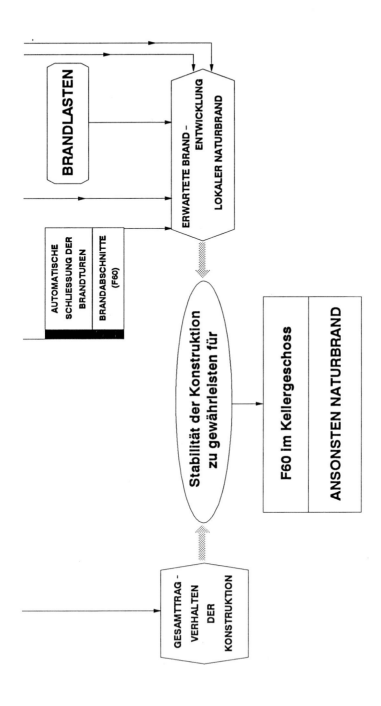

Abb. 10.22: Vorschlag für ein globales Brandsicherheitskonzept.

303

Bibliography

[1] Schleich, J.B.: Computer Assisted Analysis of the Fire Resistance of Steel und Composite Concrete-Steel Structures. Final Report EUR 10828 EN, Luxembourg 1987.

[2] Franssen, J.M.: Etude du comportement au feu des structures mixtes acier-béton. Thèse de doctorat N° 111, Université de Liège 1987.

[3] Cajot, L.G.; Mathieu, J.; Schleich, J.B.: Practical Design Tools for Composite Steel Concrete Construction Elements Submitted to ISO-Fire Considering the Interaction Between Axial Load N and Bending Moment M. Final Report EUR 13309 EN, Luxembourg, 1991.

[4] Cajot, L.G.; Chantrain Ph.; Mathieu, J.; Schleich, J.B.: Practical Design Tools for Unprotected Steel Columns submitted to ISO-Fire. Final Report EUR 14348 EN, Luxembourg, 1992.

[5] Schleich, J.B.: The definition of a rational Quadro-Linear Stress-Strain Relationship at elevated temperatures, for low and high strength structural steels. ARBED-Research Report to be published.

[6] Schleich, J.B.: Numerical Simulations, the Forth Coming Approach in Fire Engineering Design of Steel Structures. Revue Technique N° 2, Luxembourg 1987.

[7] Baus, R.; Schleich, J.B: Prédétermination de la Résistance au Feu des Constructions Mixtes. Annales de l'Institut Technique du Bâtiment et des Travaux Publics N° 457, Paris 1987.

[8] Schleich, J.B.: Numerische Simulation: zukunftsorientierte Vorgehensweise zur Feuersicherheitsbeurteilung von Stahlbauten. Bauingenieur 63, Berlin 1988.

[9] Schleich, J.B.: Global behaviour of Steel Structures in Fire. ECCS International Symposium "Building in Steel - The Way Ahead", Stratford upon Avon, 1989.

[10] Hosser, D.; Dorn, T.; Wesche, J.: Durchführung von drei Brandversuchen nach DIN 4102, Teil 2, an Verbundträgern zur Untersuchung der mittragenden Plattenbreite. Untersuchungsbericht Nr. 3150/1429, IBMB TU Braunschweig, 29. März 1990.

[11] Roik, K.; Bergmann, R.: Traglastversuche an Stützen nach einem Brandversuch. Ruhr-Universität Bochum, 1989.

[12] Pedersen, E.; Schleich, J.B.; Cajot, L.G.; Exner, H.; Andresen, C.: Structural Fire Protection in Multi-Storey Open Car-Park Buildings. Dansk Brandvaerns Komité, Copenhague, 1989.

[13] Commission of the European Community: Eurocodes-Part 10, Structural Fire Design. First Draft, Brussels-Luxembourg 1990.

[14] ECCS-TC3: Calculation of the Fire Resistance of Centrally Loaded Composite Steel-Concrete Columns Exposed to the Standard Fire. Technical Note N° 55, Brussels, 1988.

11. Ort, Funktion und Konstruktion, ihr Einfluß auf die Baugestalt, dargestellt an 8 Stahlbauten

Erich Rossmann

Es sind im wesentlichen vier sehr unterschiedliche Einflüsse, die beim Entwurf eines Bauwerkes auf seine Form und Gestaltung einwirken:

- Die Möglichkeit seiner Herstellung, d.h. wie es vom Markt her, von den verfügbaren Materialien und Konstruktionen her, produziert werden kann.

- Mit der ungeheuren Beschleunigung der Entwicklung der Technik als Folge von Forschung und wissenschaftlicher Ausbeutung der Natur wurde auch in der Architektur die Denkweise, die dieser Entwicklung zugrunde lag, bestimmend. Die Gebrauchsfunktionen eines Gebäudes wurden plötzlich viel genauer analysiert und hatten eine großen Einfluß auf die Gestalt.

- Die Einflüsse des Ortes, das Gelände, die umgebende Bebauung, die Situation in der Stadt, die am Ort üblichen Gestaltungsmittel und vorhandenen Traditionen sind ein weiterer Faktor für den Entwurf.

- Und schließlich kommt ein sehr komplexes Element hinzu, das man mit Symbolwert eines Bauwerkes bezeichnen könnte. Das ist der Wert, der zeigt, inwieweit der Bau dem höheren Zweck, dem er dienen soll, Ausdruck verleiht, oder auch den Ort, den er prägt, zu einem erinnerbaren, identifizierbaren Teil unserer Umwelt macht.

Wenn ich "höheren Zweck" sage, so meine ich bei einem Rathaus oder bei einem Versicherungsgebäude z.B. nicht den Zweck Verwaltungsgebäude.

Verwaltungsgebäude sind sie beide, - und wenn es danach ginge, müßten sie beide gleich aussehen.

Beide haben eine große Zahl von Einzel- oder Gruppenbüros, beide haben verschiedene kleine und einen großen Sitzungssaal für den Stadtrat oder die Hauptversammlung. Aber das eine repräsentiert die Bürger einer Stadt, die das ja empfinden müssen, wenn sie ihr Rathaus anschauen, während der Versicherungspalast Solidarität und gediegene Sicherheit denjenigen signalisieren muß, die sich dieser Versicherung anvertraut haben, - und das ist ganz etwas anderes als Bürgerstolz.

In der Weiterentwicklung der Architektur der Moderne, des sogenannten neuen Bauens, des international style - oder wie immer man diese Bewegung nennen will - nach dem 2. Weltkrieg haben nun die beiden zuerst genannten Einflüsse, die Möglichkeit der wirtschaftlichen und rationalen Herstellung und die Gebrauchsfunktionen als Gestaltungsfaktoren ein gewaltiges Übergewicht bekommen. Dies rührt zum einen aus der Entwicklung industrieller Methoden für die Bauproduktion her, zum anderen aus dem Primat einer schnellen wirtschaftlichen Befriedigung eines großen Ersatz- und Nachholbedarfs. Wenn mit möglichst geringem materiellem Aufwand ein Bauprogramm erfüllt werden soll, analysiert man nämlich Zweck und Funktion besonders genau und baut gewissermaßen eng an ihnen entlang, was in der Gestalt dann einseitig zum Ausdruck kommt.

Die Industrialisierung führte überdies dazu, daß die Bedingungen des jeweiligen Ortes vernachlässigt wurden.

Industrielle Serienproduktion ist ja stets für größere Bereiche bestimmt, und so hat man gemeint, man kann ein und denselben Gebäude-Typ in jedwede Gegend stellen, ohne auf die regionalen Situationen und Traditionen Rücksicht zu nehmen.

Diese Entwicklung hat zusammen mit dem Verlust wertvoller alter Bausubstanz durch Kriegszerstörung und Stadtsanierung in den letzten 20 Jahren zu einer Rückbesinnung geführt, die insbesondere den Qualitäten des Ortes und vorhandener Traditionen in der Architektur wieder mehr Gewicht geben will und darüber hinaus nach Gestaltwerten sucht, die über die reine Zweckerfüllung eines Gebäudes weit hinausgehen. Die neue Bewegung wird etwas unglücklich mit "Postmoderne" bezeichnet, was immerhin besagt, daß sie zumindest teilweise auf den Grundlagen und Prinzipien der Moderne aufbaut und diese weiterentwickelt. Ich will auf diese Entwicklung, die in mehrere Richtungen geht, hier nicht weiter eingehen. Sie hat auch durchaus fragwürdige Auswirkungen, indem mit ihr eine Verteufelung von Technik, industriellen Methoden und der Verwendung moderner Baustoffe einhergeht. Man kehrt zurück zu Holz und Backstein, die man als natürliche Baustoffe bezeichnet, und lehnt alle Kunststoffe ab, obwohl doch beispielsweise Styropor und Steinwolle für die energiewirtschaftlichen Konstruktionen eine sehr wichtige Sache sind.

Ich will darauf wirklich nicht weiter eingehen, sondern an einigen Bauten mit Tragwerken aus Stahl, die das Büro Rossmann und Partner gebaut hat oder zur Zeit plant, darlegen, wie die genannten vier Einflüsse bei ganz verschiedenen baulichen Zielen in ganz verschiedenen Situationen sich auf Entwurf und Gestalt ausgewirkt haben:

11.1 Das Mathematische Forschungsinstitut Oberwolfach

11.1.1 Die Bedingungen des Ortes

Der Bau liegt auf einer natürlichen Terrasse im Wolfachtal, etwa 40 m über der Talsohle (Abb. 11.1). Früher stand hier in freier Landschaft ein Landhaus, das sehr baufällig war und abgebrochen werden mußte.

Wir haben die Terrasse mit ihrer Stützmauer belassen wie sie war, und dem Gebäude eine Form gegeben, die der Kontur dieser Terrasse folgt und sie räumlich einbezieht (Abb. 11.2). Der Bau fügt sich so in die Landschaft ein und ordnet sich dem schon vorhandenen Gästehaus unter, d.h. seine Gestalt wird stark mitbestimmt von den Gegebenheiten des Ortes.

11.1.2 Konzeption

Das Institut dient Mathematikern aus aller Welt als Treffpunkt zum Austausch von Gedanken, zum gemeinsamen Forschen und als Stätte der persönlichen Begegnung. Es verfügt über einen Vortragssaal, über verschiedene Diskussions- und Tagungsräume und über zwei Arbeitsbibliotheken, eine für Bücher und eine für Zeitschriften (Abb.11.3 und 11.4).

Außerdem gibt es einen Raum, in dem musiziert werden kann, und Orte zum geselligen Beisammensein. Ordnung, Organisation und Verwirklichung dieser Funktionen zu einer sinnvollen baulich-räumlichen Gestalt und die Einfügung in Topographie und Landschaft werden durch zwei kontrastierende Strukturen erreicht:

Abb 11.1:
Mathematisches Forschungsinstitut Oberwolfach. Blick von Südwesten. Der Bau folgt in seiner bewegten Form der Terrasse; er besteht auf der Talseite aus einem offenen Skelett mit einem 2 m tiefen Umgang in beiden Geschossen. Auf der Bergseite liegen Verwaltung und Vortragssaal in einem geschlossenen Betonbaukörper.

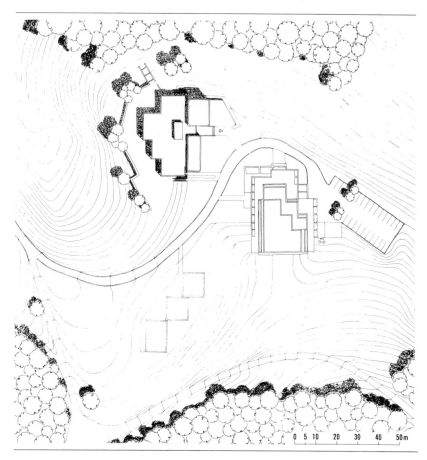

Abb. 11.2: Mathematisches Forschungsinstitut Oberwolfach. Lageplan

- durch das Skelett für alle talseitig offenen Räume, die Ausblick und Landschaftsbezug haben, und

- durch den Massivbau, der die Räume aufnimmt, die weitgehend geschlossen sein sollten und keinen Landschaftsbezug brauchen, den Vortragssaal und die Büros der Verwaltung.

Der Bau besteht also bergseitig aus einem massiven, eingeschossigen Trakt aus Beton, einer Art Stützmauer, an die sich auf der Talseite eine

Abb. 11.3: Mathematisches Forschungsinstitut Oberwolfach. Grundriß Eingangsgeschoß mit den beiden Strukturen.

zweigeschossige, offene Stahlskelettkonstruktion anlehnt. Ein weiterer
funktionaler Tribut an die Landschaft ist der dreiseitig umlaufende, 2,10 m
tiefe Umgang: Er schützt die Holzfassaden in der gleichen Weise, wie das
weitauskragende Dach das Schwarzwaldhaus vor Regen und Schnee.
Und er bietet Raum zum Verweilen und Spazieren im Freien und vielfältige
Ausblicke in die Landschaft, während der Pausen zwischen den Vorträ-
gen.

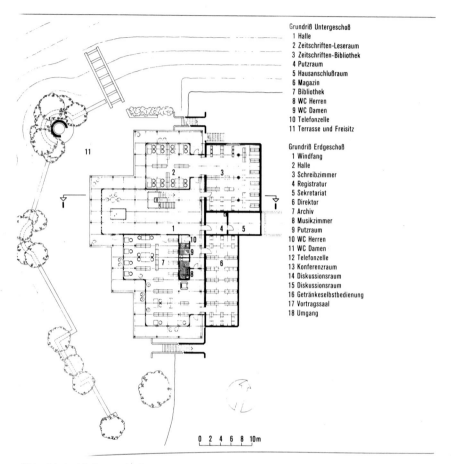

Grundriß Untergeschoß
1 Halle
2 Zeitschriften-Leseraum
3 Zeitschriften-Bibliothek
4 Putzraum
5 Hausanschlußraum
6 Magazin
7 Bibliothek
8 WC Herren
9 WC Damen
10 Telefonzelle
11 Terrasse und Freisitz

Grundriß Erdgeschoß
1 Windfang
2 Halle
3 Schreibzimmer
4 Registratur
5 Sekretariat
6 Direktor
7 Archiv
8 Musikzimmer
9 Putzraum
10 WC Herren
11 WC Damen
12 Telefonzelle
13 Konferenzraum
14 Diskussionsraum
15 Diskussionsraum
16 Getränkeselbstbedienung
17 Vortragssaal
18 Umgang

0 2 4 6 8 10m

Abb. 11.4: Mathematisches Forschungsinstitut Oberwolfach.
Grundriß Untergeschoß (Terrassengeschoß)

11.1.3 Konstruktion und Form

Das Tragwerk besteht aus Stützen IPB 180, die in Längsrichtung des Gebäudes im Abstand von 420 cm stehen, und Trägern aus IPE 400. Diese laufen in Querrichtung je nach Gebäudetiefe über zwei, drei oder vier Felder von abwechselnd 420 oder 840 cm (Abb. 11.5).

Die Queraussteifung erfolgt dadurch, daß zwei dieser Joche mit den überstehenden Trägerenden an einbetonierte Ankerplatten geschraubt und so mit dem Massivbau verbunden sind. Die Längsaussteifung wird auf der

310

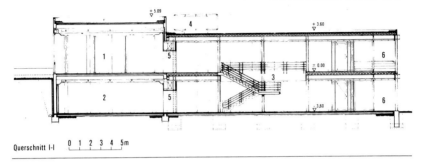

Querschnitt I-I   0 1 2 3 4 5m

Abb. 11.5: Mathematisches Forschungsinstitut Oberwolfach. Querschnitt

Bergseite ebenfalls durch diese Verbindung mit dem Massivbau, auf der Talseite durch zwei Diagonalen im Mittelfeld der Halle erreicht (Abb. 11.6). Die Installationen sind vertikal in der 60 cm breiten Zone zwischen der bergseitigen Stützenreihe und dem massiven Bauteil geführt. Von dort gehen die Luftkanäle in die Felder parallel zu den Trägern. Quer zu den Trägern mußten nur Elektroleitungen geführt werden. Die gesamte Tragkonstruktion ist geschraubt.

Abb. 11.6:
Mathematisches Forschungsinstitut Oberwolfach.
Die beiden Diagonalen zur Längs-
aussteifung des Gebäudes.

311

Alle Stützen sind Pendelstützen und nur zur Montageerleichterung leicht in die Fundamente eingelassen. Die Decken bestehen aus Trapezblechen. Die Decke über dem Untergeschoß erhielt zur Erhöhung des Schallschutzes einen Aufbeton, auf den der Estrich mit einbetonierter Fußbodenheizung aufgebracht ist (Abb. 11.7).

Diese Grundheizung wird durch eine Lüftungsanlage ergänzt. Als Fußboden liegt in den Räumen Perlon Rips, in den Naßräumen Kleinmosaik, auf den Umgängen Gummibelag Norament.

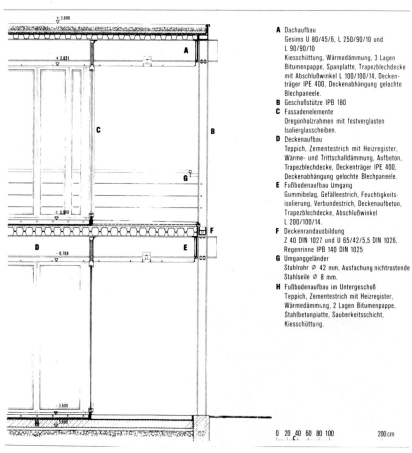

A Dachaufbau
Gesims U 80/45/6, L 250/90/10 und
L 90/90/10
Kiesschüttung, Wärmedämmung, 3 Lagen
Bitumenpappe, Spanplatte, Trapezblechdecke
mit Abschlußwinkel L 100/100/14, Decken-
träger IPE 400, Deckenabhängung gelochte
Blechpaneele.
B Geschoßstütze IPB 180
C Fassadenelemente
Oregonholzrahmen mit festverglasten
Isolierglasscheiben.
D Deckenaufbau
Teppich, Zementestrich mit Heizregister,
Wärme- und Trittschalldämmung, Aufbeton,
Trapezblechdecke, Deckenträger IPE 400,
Deckenabhängung gelochte Blechpaneele.
E Fußbodenaufbau Umgang
Gummibelag, Gefälleestrich, Feuchtigkeits-
isolierung, Verbundestrich, Deckenaufbeton,
Trapezblechdecke, Abschlußwinkel
L 200/100/14.
F Deckenrandausbildung
Z 40 DIN 1027 und U 65/42/5,5 DIN 1026,
Regenrinne IPB 140 DIN 1025
G Umganggeländer
Stahlrohr Ø 42 mm, Ausfachung nichtrostende
Stahlseile Ø 8 mm.
H Fußbodenaufbau im Untergeschoß
Teppich, Zementestrich mit Heizregister,
Wärmedämmung, 2 Lagen Bitumenpappe,
Stahlbetonplatte, Sauberkeitsschicht,
Kiesschüttung.

0 20 40 60 80 100   200 cm

Abb. 11.7: Mathematisches Forschungsinstitut Oberwolfach. Fassadenschnitt

Abb. 11.8: Mathematisches Forschungsinstitut Oberwolfach. Gebäudeecke. Der überstehende Träger ist auf die Stütze geschraubt; das Abschlußprofil am Dach besteht aus zwei miteinander verschweißten Winkeln, L = 250 x 90 und L = 90 x 90. Die Trägerhöhe ist mit einem Winkelrahmen ausgefacht, in den Verbundplatten mit Glasal-Eternit-Außenflächen eingelegt sind

Zur Entwässerung gibt es eine Regenrinne aus IPB 140. Die Fassadenelemente aus Oregon-Pine sind raumhoch fest verglast und haben wechselnde Breiten von 3 M, 6 M, 9 M, 12 M, 15 M und 18 M der Modulordnung.

Die abgehängten Decken bestehen aus weißen, gelochten Blechen 580 x 1 780 mm, mit Steinwolle ausgelegt (Abb. 11.8). Die Lüftung erfolgt durch Kunststoffprofile, die die Fugen bilden, also nicht durch die Lampen oder die Lochung der Bleche.

Das Dach ist ein sogenanntes Umkehrdach: auf die Trapezprofile ist eine Spanplatte, 19 mm, geschraubt, darauf sind 3 Lagen Pappe geklebt, darauf liegen die Wärmedämmung aus 5 cm Roofmate sowie 4 cm Kies.

Das System bei diesem Tagungshaus ist zwar gerichtet, es ist aber dabei sehr flexibel und anpaßbar an verschiedene Raumanforderungen:

- weil die Träger als Durchlaufträger über Spannweiten von 420 oder 840 cm spannen;

- weil Tragstruktur und Ausbausystem weitgehend voneinander getrennt sind.

Ich sage "weitgehend", weil ich eine Trennung von Tragsystem und Ausbau nicht grundsätzlich für notwendig halte. Das gilt für den Stahlbau besonders, wo ja zum einen die Stützen meist feuersicher verkleidet werden müssen, zum anderen aber oft Querschnitte haben, die in die Ausbaustruktur gut integriert werden können. Und was diese Trennung von Ausbau und Tragwerk für Blüten treibt, kann man an den Universitätsbauten in Baden-Württemberg und Nordrhein-Westfalen studieren, wo in Räumen von 2,40 m Breite auf einer Seite, d.h. mittig in einem der beiden Ausbaurasterfelder von 120 x 120 cm eine Stütze von 60 x 60 cm steht, mit 30 cm Abstand von der Wandachse. Auch wenn der Raum 360 cm breit ist, verkraftet er eine solche, frei im Raum stehende Stütze kaum.

Dadurch, daß bei unserem Bau bei den Innenwandelementen jeweils zwei von 30 und 180 cm Breite das Maß der Tragwerkachse von 420 cm ausfüllen, liegt in jeder Stützenachse ein 30 cm breites Element, d.h. es kann für die Integration der Stütze ein Sonderteil gefertigt werden.

Im übrigen sind je nach Wahl der Breite für die Fassadenteile und die Deckenpaneele die unterschiedlichsten Sprünge bei der Anordnung der Zwischenwände möglich. Für die Führung der Installationen gab es, wie wir gesehen haben, keine systemimmanente Lösung. Sie wäre bei weiterer Verfeinerung und Verallgemeinerung zur Verwendung für die verschiedensten Bauaufgaben leicht zu finden. Für unsere Planung war der Großraster mit 420 cm und Spannweiten von 840 cm in der einen Richtung schon recht leistungsfähig, weil 420 cm ein ungerades Vielfaches von 60 cm = 6 M ist, wodurch ein Bandraster von 30 cm Breite auf einem Ausbauraster von 210 cm möglich ist.

Auch die Variabilität, d.h. die Möglichkeit, sich anderen Anforderungen anzupassen, ist verhältnismäßig groß.

Das liegt an den Sprüngen, die in den Spannweiten der Durchlaufträger möglich sind. Man sollte die Tragkonstruktion deshalb nicht durch gleichgroße Felder zu starr halten, was ja bei Stahl besonders einfach ist.

Auch eine Erweiterung ist, soweit es die Raumtiefen zulassen, in alle Richtungen möglich.

11.2 Heizzentrale des Südwestdeutschen Rehabilitationskrankenhauses in Langensteinbach bei Karlsruhe

11.2.1 Die Bedingungen des Ortes

Das Gebäude steht an einem sehr exponierten Punkt in der Landschaft. Seine Erscheinung vor der Waldkulisse sollte leicht sein. Es liegt in einem Gebiet, in dem die Langzeitpatienten des Rehabilitationskrankenhauses und die Bewohner des Ortes spazieren gehen. Da bot es sich an, den Spaziergängern die technische Anlage zu zeigen, indem man sie nur mit Glas umhüllt, so daß man von außen hineinsehen kann.

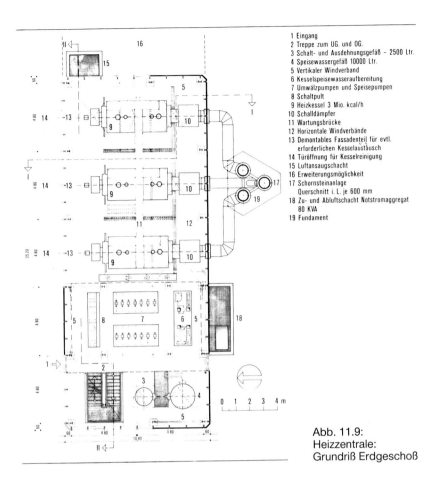

1 Eingang
2 Treppe zum UG. und OG.
3 Schalt- und Ausdehnungsgefäß – 2500 Ltr.
4 Speisewassergefäß 10000 Ltr.
5 Vertikaler Windverband
6 Kesselspeisewasseraufbereitung
7 Umwälzpumpen und Speisepumpen
8 Schaltpult
9 Heizkessel 3 Mio. kcal/h
10 Schalldämpfer
11 Wartungsbrücke
12 Horizontale Windverbände
13 Demontables Fassadenteil für evtl. erforderlichen Kesselaustausch
14 Türöffnung für Kesselreinigung
15 Luftansaugschacht
16 Erweiterungsmöglichkeit
17 Schornsteinanlage Querschnitt i. L. je 600 mm
18 Zu- und Abluftschacht Notstromaggregat 80 KVA
19 Fundament

Abb. 11.9:
Heizzentrale:
Grundriß Erdgeschoß

11.2.2 Konzeption

Bei diesem Bau sind die Forderungen, die die Nutzung an das Gebäude stellt, ganz anderer Art.

Hier ist der Bau zunächst einfach die Hülle, die eine technische Anlage vor Wind und Wetter schützt. Diese Hülle hat außerdem das nahe Krankenhaus vor den Schallemissionen der Hochleistungsbrenner zu schützen. Und dafür mußte sie zweischalig ausgebildet werden.

Wenn man fragt: "Warum hat man dort nicht einfach ein massives Gebäude aus Beton errichtet? Das gewährt doch mit seinen schweren Wän-

315

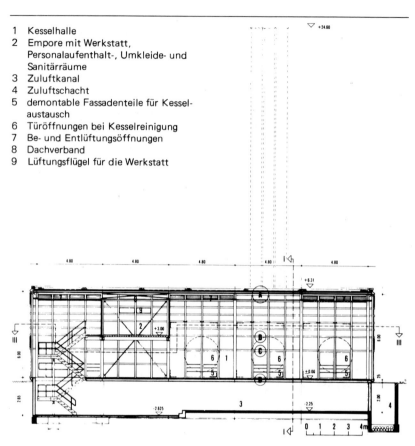

1 Kesselhalle
2 Empore mit Werkstatt,
   Personalaufenthalt-, Umkleide- und
   Sanitärräume
3 Zuluftkanal
4 Zuluftschacht
5 demontable Fassadenteile für Kesselaustausch
6 Türöffnungen bei Kesselreinigung
7 Be- und Entlüftungsöffnungen
8 Dachverband
9 Lüftungsflügel für die Werkstatt

Abb. 11.10: Heizzentrale: Längsschnitt

den den besten Schallschutz!", so muß man auf die weiteren Funktionen, die die Nutzung fordert, hinweisen. Die großen Kessel müssen gereinigt werden, sie müssen außerdem in Teilen oder ganz ausgewechselt werden können (Abb. 11.9). Dazu braucht die Fassade vor den Kesseln Türen, und ganze Felder der Fassade müssen zur Demontage der Kessel herausgenommen werden können (Abb. 11.10).

11.2.3 Konstruktion und Form

Konstruktion: Der Querschnitt zeigt die Trennung von Tragkonstruktion und Umhüllung. Die Tragkonstruktion besteht aus Stützen IPB 160, auf die

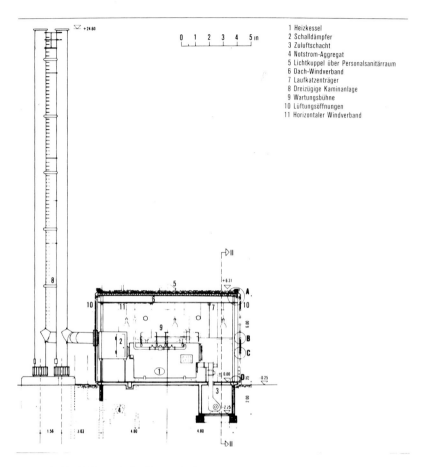

Abb. 11.11: Heizzentrale: Querschnitt

Träger IPE 500 über 960 cm Spannweite aufgelegt und verschraubt sind. Sie tragen ein Dach aus Trapezprofilen. Die Stützen stehen im Abstand von 480 cm, unter den Kopfplatten durch geschraubte U 160 in Längsrichtung miteinander verbunden (Abb. 11.11).

Die Träger sind oben an der Kopfseite durch ein dazwischen geschraubtes Profil IPBL 120 verbunden, an dem die Fassadenstützen aus Profilen IPE 120 befestigt sind. Diese Fassadenstützen stehen im Abstand von 120 cm und tragen die Fassade.

Das Fassadensystem Astrawall kommt aus England und besteht aus Leichtmetallhohlprofilen, auf denen mit Neoprene-Profilen Verglasungen verschiedener Stärke oder auch geschlossene Fassadenelemente aus ver-

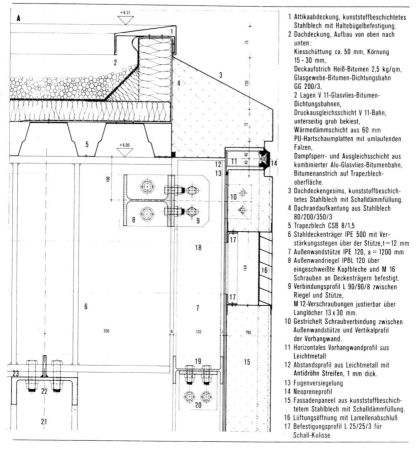

A

+6.31

1 Attikaabdeckung, kunststoffbeschichtetes Stahlblech mit Haltebügelbefestigung.
2 Dachdeckung, Aufbau von oben nach unten:
Kiesschüttung ca. 50 mm, Körnung 15–30 mm,
Deckaufstrich Heiß-Bitumen 2,5 kg/qm,
Glasgewebe-Bitumen-Dichtungsbahn GG 200/3,
2 Lagen V 11-Glasvlies-Bitumen-Dichtungsbahnen,
Druckausgleichsschicht V 11-Bahn, unterseitig grob bekiest,
Wärmedämmschicht aus 60 mm PU-Hartschaumplatten mit umlaufenden Falzen,
Dampfsperr- und Ausgleichsschicht aus kombinierter Alu-Glasvlies-Bitumenbahn,
Bitumenanstrich auf Trapezblechoberfläche.
3 Dachdeckengesims, kunststoffbeschichtetes Stahlblech mit Schalldämmfüllung.
4 Dachrandaufkantung aus Stahlblech 80/200/350/3
5 Trapezblech CSB 8/1,5
6 Stahldeckenträger IPE 500 mit Verstärkungsstegen über der Stütze, t = 12 mm
7 Außenwandstütze IPE 120, a = 1200 mm
8 Außenwandriegel IPBL 120 über eingeschweißte Kopfbleche und M 16 Schrauben an Deckenträgern befestigt.
9 Verbindungsprofil L 90/90/8 zwischen Riegel und Stütze,
M 12-Verschraubungen justierbar über Langlöcher 13 x 30 mm.
10 Gestrichelt Schraubverbindung zwischen Außenwandstütze und Vertikalprofil der Vorhangwand.
11 Horizontales Vorhangwandprofil aus Leichtmetall
12 Abstandsprofil aus Leichtmetall mit Antidröhn Streifen, 1 mm dick.
13 Fugenversiegelung
14 Neopreneprofil
15 Fassadenpaneel aus kunststoffbeschichtetem Stahlblech mit Schalldämmfüllung.
16 Lüftungsöffnung mit Lamellenabschluß
17 Befestigungsprofil L 25/25/3 für Schall-Kulisse

Abb. 11.12: Heizzentrale: Fassadendetail A - Vertikalschnitt

schiedenen Werkstoffen aufgesetzt werden können. Die Neoprene-Profile trennen die einzelnen Fassadenelemente und sorgen damit für ein gutes akustisches und thermisches Verhalten.

Die Fassadendetails Abb. 11.12 und 11.13 zeigen, wie in die Profile wahlweise Gläser oder geschlossene Elemente eingefälzt werden können.

Alle Verbindungen und Sonderteile, wie Türen oder Fenster, erfolgen über diese Fälze der Neoprene-Profile. Die Profile werden an den Ecken auf Gehrung gestoßen und geklebt oder vulkanisiert.

Den Übergang vom Dach in die Fassade bildet ein Gesimsprofil aus gekantetem Stahlblech, das ausgeschäumt ist.

318

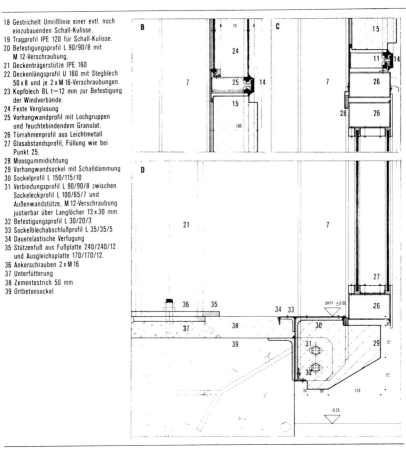

18 Gestrichelt Umrißlinie einer evtl. noch
einzubauenden Schall-Kulisse.
19 Tragprofil IPE 120 für Schall-Kulisse.
20 Befestigungsprofil L 90/90/8 mit
M 12-Verschraubung.
21 Deckenträgerstütze IPE 160
22 Deckenlängsprofil U 160 mit Stegblech
50 x 8 und je 2 x M 16-Verschraubungen.
23 Kopfblech BL t = 12 mm zur Befestigung
der Windverbände.
24 Feste Verglasung
25 Vorhangwandprofil mit Lochgruppen
und feuchtebindendem Granulat.
26 Türrahmenprofil aus Leichtmetall
27 Glasabstandsprofil, Füllung wie bei
Punkt 25.
28 Moosgummidichtung
29 Vorhangwandsockel mit Schalldämmung
30 Sockelprofil L 150/115/10
31 Verbindungsprofil L 90/90/8 zwischen
Sockeleckprofil L 100/65/7 und
Außenwandstütze, M 12-Verschraubung
justierbar über Langlöcher 13 x 30 mm.
32 Befestigungsprofil L 30/20/3
33 Sockelblechabschlußprofil L 35/35/5
34 Dauerelastische Verfugung
35 Stützenfuß aus Fußplatte 240/240/12
und Ausgleichsplatte 170/170/12.
36 Ankerschrauben 2 x M 16
37 Unterfütterung
38 Zementestrich 50 mm
39 Ortbetonsockel

Abb. 11.13: Heizzentrale: Fassadenteile B - D, Vertikalschnitte

Die zweite Schale der Verglasung wurde mit Profilen gegen einen Flansch gesetzt, der seinerseits durch Streifen aus Antidröhn-Material von der Fassadenstütze getrennt ist (Abb. 11.14).

Form: Der Reiz des Gebäudes liegt wohl darin, daß die Strenge der Fassade in ihrer Systematik durchbrochen wurde, indem die Teilung der geschlossenen Felder größer ist als die der verglasten, indem die Verglasung wechselt von großen, stehenden Formaten im unteren Teil - sie sind auch durch die Türen bedingt -, zu kleineren, liegenden im oberen Teil. Ein Reiz liegt auch in dem Wechsel von geschlossenen und offenen Feldern. Dabei zeigen die geschlossenen Lage und Höhe der Empore an, auf der sich der Aufenthaltsraum und Waschraum für den Heizer befindet.

319

Abb. 11.14: Heizzentrale:
Eine der abgekanteten
Außenecken des Gebäudes

Schließlich ist die scheinbar willkürliche Teilung des einen Feldes an der Giebelseite in eine offene und eine geschlossene Hälfte wichtig, denn dadurch ergibt sich zusammen mit dem horizontalen Band ein gespanntes, aber ausgewogenes Verhältnis von offenen und geschlossenen Flächen (Abb. 11.15).

Wir haben bei beiden Gebäuden gesehen, daß vielfältige funktionale Forderungen, wenn sie ernst genommen werden, Ansprüche an das Bausystem stellen, durch die der Bau in Form und Detail eindeutig und unverwechselbar wird, ohne daß mit formalen Effekten etwas "losgemacht" werden müßte.

Beim Mathematischen Forschungsinstitut führen die Ansprüche der Landschaft, der Terrasse und der inneren Raumfolge zu einer bewegten Form; beim Kesselhaus zwingen die Forderungen des Umweltschutzes zu einer Umhüllung, einer Verpackung, die durch ihre zweigeschossige Gliederung den Bau kleiner erscheinen läßt, was an dem Hang sehr wichtig ist. Stün-

Abb. 11.15:
Heizzentrale: Eine der Schmalseiten des Gebäudes. Die Teilung der Fassade wird durch den Wechsel von verglasten und geschlossenen Teilen, von großen stehenden Formaten unten und kleinen liegenden oben, lebendig und ausgewogen. Die drei Schornsteine wurden in Form eines gleichseitigen Dreiecks zueinander gestellt.

den die drei Schornsteine nicht daneben, so wäre der Bau von ferne wohl nicht als Kesselhaus zu erkennen, weil der Zweck des Baues von der Hülle, die Funktionen erfüllt, die aus einer geographischen Lage und aus der Nachbarschaft zum Krankenhaus kommen, verschleiert wird.

Ich glaube aber, daß gerade das legitim ist, weil es den Funktionalismus, der aus einem sehr engen und einseitigen Verständnis heraus in Verruf geraden ist, vielleicht ein Stück weiter bringt.

11.3 Labor- und Unterrichtsgebäude zur Ausbildung medizinisch-technischer Assistenten

11.3.1 Die Bedingungen des Ortes

Die Stiftung Rehabilitation hat in Heidelberg im Laufe von 17 Jahren verschiedene Einrichtungen für die berufliche, medizinische und soziale Rehabilitation von Schwerbehinderten gebaut.

321

Abb. 11.16:
Labor- und Unterrichts-
gebäude:
Blick von Westen

Als sie dieses Gebäude für Medizinalassistenten bauen mußte, gab es nur noch einen Parkplatz, der aber nicht aufgegeben werden konnte.

Quer durch diesen Platz, der nie als Baugelände ausgewiesen war, lief der Hauptsammler der Entwässerung.

Wir mußten ein Gebäude konzipieren, das im Erdgeschoß Freiraum für mindestens 30 der 51 bisher vorhandenen Pkw-Stellplätze beließ und auf einer kleinen Fläche gegründet werden konnte, ohne den Entwässerungs-kanal zu überbauen (Abb. 11.16).

11.3.2 Konzeption

Wir entwarfen ein Gebäude, dessen zwei Nutzgeschosse an einem Kern aus vier Stahlstützen aufgehängt sind.

Dieses Prinzip wird man immer dann wählen, wenn einer oder mehrere seiner Vorzüge für die Bauaufgabe wichtig sind:

- Stützenfreiheit im Erdgeschoß oder im Bereich unter dem Gebäude, weil hier öffentliche Freiräume, andere Gebäude, Parkplätze oder sonstige Nutzungen angeordnet werden müssen (Abb. 11.17).

- Gründung des Gebäudes auf kleiner, zusammenhängender Fläche, weil Leitungen, andere Tiefbauwerke oder ein Wechsel des Baugrun-des eine Gründung auf der gesamten überbauten Fläche nicht zulas-sen.

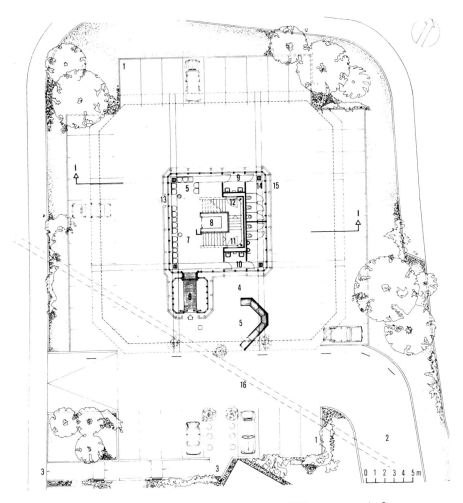

Abb. 11.17: Labor- und Unterrichtsgebäude: Grundriß Eingangsgeschoß.
1 Parkplätze; 2 Zufahrt; 3 Rampe für Rollstuhlbenutzer; 4+5 Außensitzplatz; 6
Windfang; 7 Eingangshalle; 8 Aufzug; 9+10 WCs; 14 eine der vier Stützen

Auch bei Gefahr für Bergsenkungen oder Erdbeben kann eine solche
Gründung notwendig sein.

- Die schlanken, auf Zug beanspruchten Hängeglieder halten die Außenwand frei von störenden Stützenquerschnitten, was für den Licht-
einfall oder für die Anordnung von Installationen im Fassadenbereich
vorteilhaft sein kann (Abb. 11.18).

323

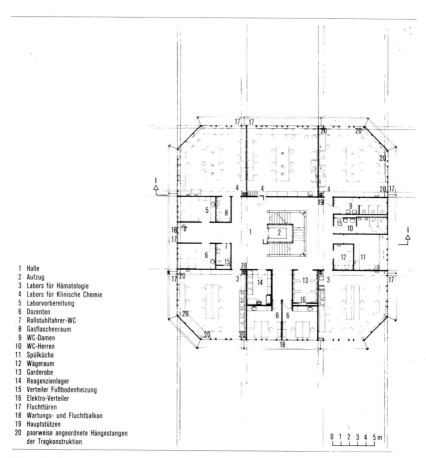

1 Halle
2 Aufzug
3 Labors für Hämatologie
4 Labors für Klinische Chemie
5 Laborvorbereitung
6 Dozenten
7 Rollstuhlfahrer-WC
8 Gasflaschenraum
9 WC-Damen
10 WC-Herren
11 Spülküche
12 Wägeraum
13 Garderobe
14 Reagenzienlager
15 Verteiler Fußbodenheizung
16 Elektro-Verteiler
17 Fluchttüren
18 Wartungs- und Fluchtbalkon
19 Hauptstützen
20 paarweise angeordnete Hängestangen
   der Tragkonstruktion

0 1 2 3 4 5 m

Abb. 11.18: Labor- und Unterrichtsgebäude: Grundriß, 2. Obergeschoß -
Laborbereich

● Kurze Bauzeit durch Vorfertigung und rationellen Bauablauf: Rohbau-
montage und Montage des Ausbaus erfolgen beide von oben nach
unten, d.h. folgen einander direkt. Beim konventionellen Verfahren
wird der Rohbau von unten nach oben errichtet und danach mit dem
Ausbau meist oben begonnen. Bei Hängekonstruktionen von 6 und
mehr Geschossen kann sich hier ein wesentlicher Zeitgewinn ergeben, besonders gegenüber Bauten, die in Ortbeton ausgeführt werden (Abb. 11.19).

324

Abb. 11.19:
Labor- und Unterrichtsge-
bäude: Der Kern mit den
4 Stützen, die mit den biegesteif angeschlossenen Hauptträgern einen Stockwerks-
rahmen bilden, wurden in 2 Tagen
montiert.

Abb. 11.20:
Labor- und Unterrichtsgebäude: Die
Stützen haben am Kopf einen zentri-
schen Rundstahl, an den die Laschen angeschweißt sind, an die die
Zugglieder mit einem Rundbolzen
gelenkig angehängt werden. Darunter der "Stern" mit den Anschlußplat-
ten zum biegesteifen Anschluß der
Hauptträger.

- Ein weiterer, bisher wenig genutzter Vorteil der hängenden Tragkonstruktion liegt in der Möglichkeit, übereinander Geschosse unterschiedlicher Höhe anzuordnen, ohne daß sich der Querschnitt der vertikalen Tragglieder (wie bei den auf Knickung beanspruchten Stützen) ändert.

Diesen Vorteilen stehen zwei Nachteile gegenüber:

- Das Anhängen der vertikalen Tragglieder erfordert am Kopf des Gebäudes eine aufwendige Kraftumlenkung über Kragträger oder durch zur Spitze des Kern geführte Hängeglieder (Abb. 11.20).

- Damit sie sich gegenseitig entlasten, müssen die Hängeglieder spiegelbildlich an den tragenden Mast oder Kern angehängt werden, was zu einer entsprechend symmetrischen Form des Gebäudes führt.

11.3.3 Konstruktion und Form

Konstruktion und Gebrauchsfunktion sind die rationalen Komponenten, die die Gestalt eines Bauwerks in wechselnder, gegenseitiger Abhängigkeit bedingen.

Beim Hängehaus dominiert, ähnlich wie bei der Brücke, meist die Konstruktion. Sie wird in der von tragendem Schaft, Gebäudekopf und hängenden Geschossen bestimmten Kontur des Gebäudes erkennbar.

Der völlig andere Kräfteverlauf in der Konstruktion ist nur ablesbar, wenn die Umlenkung der Kräfte am Kopf des Schaftes und das Hängende durch die Betonung der schwebenden Horizontalen der Geschosse sichtbar gemacht wird.

Die vertikalen Hängeglieder sind für die Gliederung der Fassaden meist nicht relevant, weil sie durch ihren geringen Querschnitt kaum erfaßbar sind, besonders dann, wenn sie geschützt auf der Innenseite der Fassade geführt werden.

Konstruktion: Beim Hängehaus in Heidelberg besteht die Tragkonstruktion aus einem Stockwerksrahmen, der von den vier im Quadrat angeordneten Stützen und den Hauptträgern gebildet wird. An diesen Rahmen sind an der Außenseite der Hauptträger die Geschoßdecken an Hängestangen aufgehängt (Abb. 11.21, 11.22).

Form: Das Verhältnis der Grundfläche des tragenden Rahmens zum Maß der Deckenauskragung führt zusammen mit der Höhe von nur drei Geschossen zu einer gelagerten, ausladenden Form des Bauwerks (Abb. 11.23). Sie unterscheidet sich dadurch von der Mehrzahl der bisher gebauten Hängehäuser, bei denen der zusätzliche Aufwand für die Konstruktion meist durch eine größere Zahl von Geschossen kompensiert wird. Das

Abb. 11.21:
Labor- und Unterrichtsgebäude: Verbindung der beiden Hängestähle mit einem Deckenträger. Dahinter die justierbare Verbindung zwischen Ausleger und Horizontalträger der obersten Decke

Abb. 11.22:
Labor- und Unterrichtsgebäude: Die Tragkonstruktion ist fertig montiert. Der Autokran steht im Mittelfeld der südlichen Gebäudehälfte und verlegt von hier aus die Stahlbetonfertigteile der drei Geschoßdecken. Nach dem Einfahren des Krans wurde zur Aussteifung des Gebäudes der Randträger des Umgangs provisorisch wieder angeschweißt

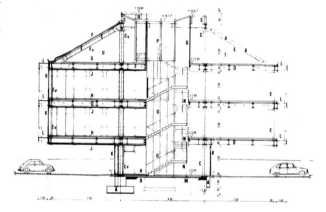

A Stahlbeton-Einzelfundamente unter den 4 Hauptstützen, verbunden durch Zerrbalken.
B Stahlbetonbodenplatte auf Sauberkeitsschicht und Kiesfilter.
C Gebäudehohe Stahlstütze IPBv 360 mit 2 Lamellen 380 x 45 mm zu einem Kastenprofil verschweißt, mit Deckenanschlüssen u. Stützenkopf.
Cv Feuerbeständige Verkleidung der Stützen.
D Stahldeckenträger (h = 500 mm) mit aufgelegten, vergossenen Stahlbeton-Fertigteilplatten.
E Stahlhängekonstruktion aus Zugträgern IPBl 360 u. je 2 Rundstähle Ø 45 mm.
Ev Feuerbest. Verkleidung der Zugträger mit Promabestplatten u. d. Rundstählen mit Promasil- u. Stahlblechschalen.
F Stehfalzdach aus RHEINZINK-Band auf Holzschalung u. Sparrenlage mit Wärmedämmung - Zinktraufrinne eingeschlossen u. umlaufend - Verbundestrich mit Kunststoffanstrich.
G Verbundestrich mit Kunststoffanstrich.
H Schwimmender Zementestrich mit Fußbodenheizung auf Trittschall-Wärmedämmplatten.
J Untergehängte, feuerbeständige Akustikdecke.
K 3-fach isolierverglaste, schall- u. wärmegedämmte Alu-Fassade, Brüstungen aus Glasal-Sandwichelementen.
L Wartungs- u. Fluchtbalkon mit Gitterrosten und Stahlrohr-Geländerkonstruktion mit integriertem Jalousetten-Sonnenschutz.
M Fundamente der Stahlstützen d. Treppenpodeste.
N Feuerbest. verkl. Stahlrohrstütze Ø 108 x 6,3, Podestauflager durch gelenkige Stahlkonsolen.
O Offenes Treppenhaus mit dreiläufiger Stahlbetontreppe in Stahlwangenzarge. Verglaster Stahllaufzugsschacht im Treppenauge.
P Der Aufzugsmasch. Raum - ein Stahlprofilkorb - ist an den oberen Hauptträgern aufgehängt.
Q Montagewände aus Stahl-Gips-Paneelen auf Stahlständerkonstruktion.
R Isolierverglastes Stahl-Alu-Sheddach.
S Vierseitiges Oberlichtband zur Belichtung des Dachgeschosses und zur mech. Be- und Entlüftung.
T Heizung-; Lüftung-, Sanitär- u. Elektrozentrale
U Abstellräume.

Abb. 11.23: Labor- und Unterrichtsgebäude: Querschnitt

führt bei der durch die Konstruktion begrenzten Horizontalausdehnung, verbunden mit dem Zwang zur symmetrischen Anordnung der Geschoßflächen, stets zu einer strengen, vertikalen Form.

Das Heidelberger Hängehaus hat dagegen durch seine geringe Höhe etwas Schwebendes - ein Eindruck, der durch die leichten Umgänge noch verstärkt wird. Diese Umgänge schaffen mit den Geländerstangen und dem außenliegenden Sonnenschutz eine zweite Ebene, ein filigranes Gitter vor der Fassade. Sie wirken so der Kompaktheit des Baukörpers mit seinen durch die Konstruktion bedingten, gebrochenen Ecken entgegen. Weil nur zwei Geschosse aufgehängt werden mußten, konnte der tragende Mittelteil als Stahlskelett ausgeführt werden, wodurch in dem freien Erdgeschoß eine Transparenz erreicht wird, die für den Parkplatz vorteilhaft ist.

In den Dachflächen sind die Hängeglieder als plastische Lisenen sichtbar. Dieses Abbilden der darunterliegenden Konstruktion durch die Formgebung der Verkleidung zeigt den Kräfteverlauf der Konstruktion und macht sie verständlich. So bezieht das Haus seine Gestalt ganz aus der Konstruktion und nicht aus seiner Zweckbestimmung.

11.4 Großsporthalle für die Stadt Karlsruhe

11.4.1 Die Bedingungen des Ortes

Diese Großsporthalle war geplant für die große, das Flüßchen Alb begleitende Park- und Sportanlage am Südwestrand der Karlsruher Innenstadt. Nördlich (zur Stadt hin) liegt ein Bereich mit neuen Bürohäusern, Schulen und Dienstleistungsbetrieben. Die unmittelbare Nachbarschaft ist durch einen künstlichen Rodelhügel und die Trasse der Straßenbahnlinie in den Stadtteil Oberreuth bestimmt. Durch Absenken des Geländes im Süden wird das untere Hallenniveau zur Flußniederung hin geöffnet (Abb. 11.24).

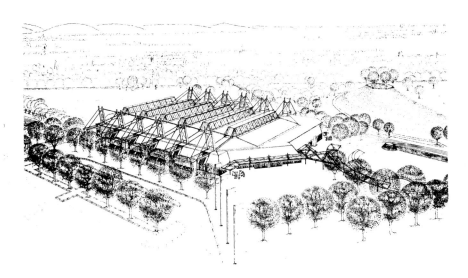

Abb. 11.24: Großsporthalle für die Stadt Karlsruhe: Die Perspektive verdeutlicht die geplante Einbindung des Komplexes in die Landschaft

11.4.2 Konzeption

Die Halle kann für Hallenhandballspiele mit max. 3 100 Zuschauern, für Leichtathletikwettkämpfe und für den Schulsport genutzt werden.

Auf der unteren Hallenebene sind daher die Laufstrecken für 60-m-Lauf und für Weitsprung unter den Tribünen angelegt. Sie werden durch Oberlichter natürlich belichtet. Die Bahn für Stabhochsprung liegt wegen der

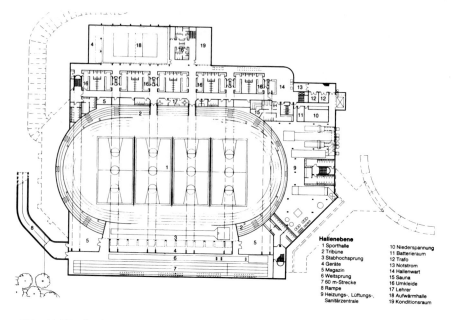

Hallenebene	
1 Sporthalle	10 Niederspannung
2 Tribüne	11 Batterieraum
3 Stabhochsprung	12 Trafo
4 Geräte	13 Notstrom
5 Magazin	14 Hallenwart
6 Weitsprung	15 Sauna
7 60 m-Strecke	16 Umkleide
8 Rampe	17 Lehrer
9 Heizungs-, Lüftungs-,	18 Aufwärmhalle
Sanitärzentrale	19 Konditionsraum

Abb. 11.25: Großsporthalle für die Stadt Karlsruhe: Grundriß in Hallenebene

erforderlichen Höhe in der Halle, und zwar im Bereich der bei Großveranstaltungen zusätzlich aufzubauenden Tribünen. Für den Schulsport ist das Mittelfeld in vier Hallen - je 15 x 27 m - teilbar. Eine fünfte Schulsporthalle stellt die Aufwärmhalle dar (Abb. 11.25).

11.4.3 Konstruktion und Form

Die sechs Hauptbinder bestehen aus je zwei abgespannten Kragelementen auf jeder Seite und einem auf diese aufgelegten Fachwerkträger mit Oberlichtverglasung (Abb. 11.26).

Abb. 11.26: Großsporthalle für die Stadt Karlsruhe: Längsschnitt. Sechs Hauptbinder tragen die Nebenbinder und die Oberlichtverglasung

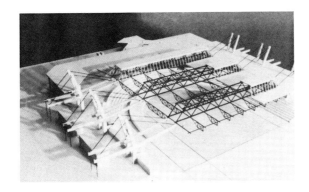

Abb. 11.27: Großsport-
halle für die Stadt Karlsruhe: Modellaufnahme:
Abgespannte Trägerstüt-
zenpaare, Hauptbinder
und Nebenbinder geben
dem Bauwerk die be-
wegte Form

Die Zugkräfte werden ohne zusätzlichen Ballast in die Stahlbetonkonstruk-
tion des Untergeschosses abgeleitet; Spannweite 65 m. Die Binder sind
gelenkig aufgelagert. Die Kombination beider Konstruktionsweisen (Fachwerkbinder mit abgespannter Konstruktion) ermöglicht ein ausgewogenes
Verhältnis zwischen Lichtbandhöhe und erforderlicher Konstruktionshöhe.
Dies wäre bei einem die ganze Stützweite (65 m) überspannenden Fachwerkträger nicht mehr gegeben (Abb. 11.27).

Außerdem wären durch wesentlich höhere Binder die Proportionen der
Halle sicherlich ungünstig beeinflußt.

Damit ist die Hallendachkonstruktion eine Abbildung des Grundrisses.

Dach:
Die Trapezprofile als tragendes Element liegen unmittelbar auf den
Obergurten der Pfetten. Darüber wird die Wärmedämmschicht und der
erforderliche Flachdachbau angeordnet. Durchbiegung und Entwässerung: Die Durchbiegung des Haupttragwerkes beträgt unter voller Last
einschließlich Schnee ca. 15 - 18 cm.

Zum Zwecke der Entwässerung nach außen ist ein Mindestgefälle von
25 - 30 cm erforderlich. Die Gesamtüberhöhung der Binder muß - be-
zogen auf die Stützweite von 52,8 m - ca. 40 - 50 cm betragen.

Aus dem genannten Durchbiegungsmaß ist zu erkennen, daß die Verformung in vertretbaren Grenzen bleibt.

Aussteifung:
Die horizontale Aussteifung wird durch Wind- und Stabilisierungsver-
bände in der Obergurtebene der Binderpaare und in den Dachflächen
erreicht (Dachscheiben).
Die vertikale Versteifung erfolgt in Hallenquerrichtung durch die steifen
Stiele der Abspannkonstruktion.

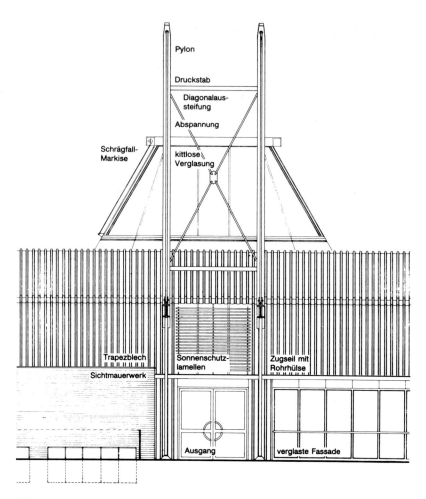

Abb. 11.28: Großsporthalle für die Stadt Karlsruhe: Ansicht, Detail: Die Pylone dominieren und markieren die Lage der Fluchtausgänge

Für die Queraussteifung werden je Hallenseite zwei der rahmenartigen Stützenpaare durch Diagonalverbände verstrebt (Abb. 11.28).

Vorhallen:

Die Vorhallenkonstruktion an den Schmalseiten wird mit den gegebenen Konstruktionselementen (Gitterpfetten und Fachwerknebenträger) gelöst.

332

Durchbiegung:
Die Durchbiegung der Fachwerkkonstruktion im Mittelteil wird durch eine entsprechende Überhöhung der Binder kompensiert. Die Durchbiegung der Kragkonstruktion läßt sich gegebenenfalls durch eine Vorspannung der Seile minimieren.

Entwässerung:
Eine einwandfreie Entwässerung wird durch die Binderüberhöhung im Mittelteil und durch das verstärkte Gefälle der Dachfläche über den abgespannten Trägern gewährleistet. Der äußere Dachstreifen (zwischen Fassade und Hauptstützen) erhält ein schwaches Gefälle zu den Hauptstützen.

An dem dabei entstehenden Tiefpunkt wird eine Entwässerungsrinne angeordnet oder anstelle einer ausgeprägten Rinne eine muldenartige Dachform ausgebildet.

Im Falle der Störung von Abflüssen kann das Wasser über die nur wenig erhöhte äußere Dachkante abfließen. So können größere Mengen an Stauwasser und damit ungünstige Lasterhöhungen nicht entstehen.

Beim Übergang zwischen Fachwerkkonstruktion und abgespanntem Kragarm entsteht außer dem Gefällebruchpunkt ein Absatz in der Dachfläche.

Diese Stufe unterteilt die große Dachfläche und ermöglicht damit eine Dehnung der Dachfläche und die Verformung der Konstruktion (Abb. 11.29).

Abb. 11.24 bis 11.29 mit freundlicher Genehmigung der Deutschen Bauzeitschrift DBZ.

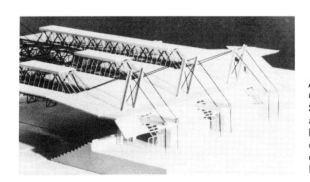

Abb. 11.29:
Großsporthalle für die Stadt Karlsruhe: Modellaufnahme, Detail: Deutlich erkennbar die Stufung der Dachform. Zwischen den Ausgängen die Blocks der Garderoben

11.5 Stadtbibliothek und Volkshochschule in Reutlingen

11.5.1 Die Bedingungen des Ortes

Der Bauplatz liegt am Rand der Altstadt, die heute von einer Ringstraße umschlossen wird. Diese laute, verkehrsreiche Straße ist auf der einstigen Stadtbefestigung geführt. Mitten auf dem Grundstück steht das Spendhaus, ein siebengeschossiger Kornspeicher aus dem 16. Jahrhundert. In der Nachbarschaft bilden alte Fachwerkhäuser aus verschiedenen Zeiten die mittelalterliche Stadtstruktur. Nur das in den 60er Jahren gebaute neue Rathaus, ein großer, gut proportionierter Sichtbetonbau, liegt als eigenständiger Baukörper in der Altstadt.

11.5.2 Konzeption

Der Entwurf ist das Ergebnis eines beschränkten Architektenwettbewerbs. Bei der Frage, ob wir uns in Form und Gliederung an die alte Umgebung anpassen oder den neuen Maßstab des benachbarten Rathauses weiterführen sollten, entschieden wir uns dafür, mit heutigen Mitteln den Maßstab der alten Häuser aufzunehmen und dem Rathaus seine Dominanz und besondere Bedeutung zu bewahren (Abb. 11.30).

Abb. 11.30: Stadtbibliothek in Reutlingen: Die neue Stadtbibliothek und das alte Spendhaus von der Schnellstraße aus gesehen. Die Bibliothek hat ein natursteinverkleidetes Sockelgeschoß, ein sichtbares Stahlskelett, verglaste Erker, die durch ihre Doppelverglasung eine Zwischenzone zwischen innen und außen bilden und so die Bibliothek vor Lärm und zu starker Aufheizung schützen. Die Dächer sind mit Biberschwanzziegeln gedeckt.

334

Zwei polygonale Baublocks nehmen zu beiden Seiten des Spendhauses die alten Grenzen und Straßenführungen auf. So entsteht eine räumliche Nähe, gleichzeitig aber auch Trennung und Eigenständigkeit von Stadtbibliothek, Spendhaus und Volkshochschule. Alle drei Bauten liegen an einer Fußgängerzone, die die Rebentalstraße und Oberamteistraße verbindet.

11.5.3 Konstruktion und Form

Das Spendhaus und die alten Häuser in der Nachbarschaft haben alle ein aus Sandstein gemauertes Erdgeschoß, darüber zwei oder drei Obergeschosse in Fachwerkkonstruktion und 50 - 60° steile, mit Biberschwanzziegeln gedeckte Dächer.

Die beiden Neubauten bestehen aus Einzelbaukörpern, die jeder etwa so groß wie die alten Häuser sind. Sie umschließen einen überdeckten Innenraum. In der Stadtbibliothek liegen in den Außenzonen alle kleinen Räume, Verwaltung, Lesezimmer, Arbeitsräume etc., im Innern die großen Flächen der Freihandbibliothek. Sie gehen an verschiedenen Seiten bis zur Außenwand durch.

In der Volkshochschule liegen in der mit Steildächern überdachten Außenzone die Verwaltungs- und Unterrichtsräume, in der Mitte eine durch alle Geschosse gehende Halle.

Beide Gebäude haben ein Erdgeschoß aus massivem Mauerwerk, das mit Naturstein verkleidet ist (Abb. 11.31).

Die Decke über dem Erdgeschoß und alle Wände und Decken der Obergeschosse sind mit einem außen sichtbaren, ausgemauerten Stahlskelett konstruiert.

Die außen vor der Fassade liegenden Stahlstützen können im Brandfalle gesprinklert werden und erhalten keine feuersichere Verkleidung (Abb. 11.32). Es entsteht eine Gruppe von "Fachwerkhäusern", die mit anderen Materialien, etwas anderen Teilungen von Fenstern und Stützenfeldern, mit Dächern und Erkern die Elemente und Gliederungen der alten Häuser aufnehmen. So wird mit heutigen Mitteln eine der alten Stadt gemäße Maßstäblichkeit erreicht, ohne daß es zu einer historisierenden Nachahmung käme (Abb. 11.33).

Die Geschoßdecken sind als Verbunddecken mit Holorib-Blechen ausgeführt. Diese Bleche bilden als verlorene Schalung die untere Bewehrung und geben der Decke eine schönstrukturierte Untersicht, die nicht verkleidet wird, sondern sichtbar bleibt (Abb. 11.34).

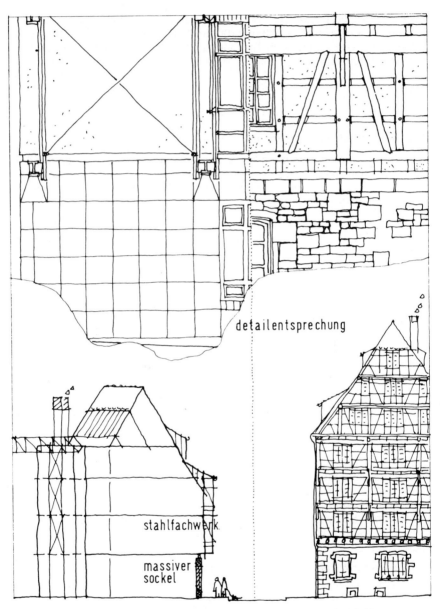

detailentsprechung

stahlfachwerk

massiver
sockel

Abb. 11.31: Stadtbibliothek und Volkshochschule in Reutlingen: Detailskizze aus dem Erläuterungsbericht zum Wettbewerb, links die Struktur von Sokkel und Außenwand der neuen Stadtbibliothek; rechts die der vorhandenen alten Fachwerkhäuser

336

Abb. 11.32: Stadtbibliothek und Volkshochschule in Reutlingen: Das Stahlskelett der Stadtbibliothek. Links die Betonstruktur des Südflügels des Rathauses, ganz rechts ein Altbau, an dessen Stelle die Volkshochschule errichtet werden soll, dahinter das Spendhaus

337

Abb. 11.33: Stadtbibliothek und Volkshochschule in Reutlingen: Die Strukturen von
Spendhaus und Stadtbibliothek

Abb. 11.34:
Stadtbibliothek und
Volkshochschule in Reut-
lingen: Die Deckenträger
mit den aufgeschweißten
Bolzen für die Holorib-
Verbunddecke, die aus
Blechen besteht, die als
verlorene Schalung (Un-
tersicht) zugleich die untere Bewehrung der
Stahlbetondecke bilden.
Im Hintergrund das Ge-
wirr der Dächer der Alt-
stadt

11.6 Energiezentrale für zwei Institute des Bundesgesundheitsamtes in Berlin-Marienfelde

11.6.1 Die Bedingungen des Ortes

An den 800 x 300 m großen Bauplatz grenzt im Osten ein Industriegebiet. Im Süden liegt freies Land bis zur 1 000 m entfernten Grenzmauer zur ehemaligen DDR.

Im Westen liegen eine Funkstation der Amerikaner, Gärtnereien und ein heterogenes Wohngebiet. Im Norden liegt jenseits einer 4bahnigen Verkehrsstraße der alte Dorfanger und das Stadtgut Marienfelde.

11.6.2 Konzeption

Um Störungen für die Nachbarn möglichst zu vermeiden, liegt die Energiezentrale am Südrand des Baugeländes. Sie besteht aus einem großen Kesselhaus mit Leitwarte und 2 großen Notstromaggregaten, einem Versorgungsbau mit Transformatorenstation, den technischen Geräten zur Erzeugung von Kälte, reinem Wasser, Gasen etc. sowie einem Werkstattgebäude (Abb. 11.35).

Im Kesselhaus stehen vier Hochleistungskessel, die mit Gas - bei Spitzenbedarf teilweise mit Öl - gefeuert werden (Abb. 11.36).

Abb. 11.35: Die Energiezentrale des Bundesgesundheitsamtes: Links das Kesselhaus mit den vier Schornsteinen der Kessel und den Abzügen der Notstromaggregate; rechts daneben das Gebäude, in dem die Trafostation und die Aggregate für Kälte, destilliertes Wasser, Gase etc. untergebracht sind

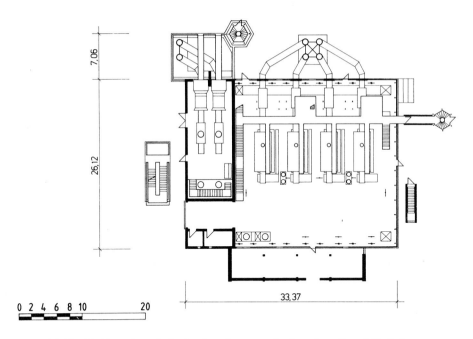

7,06

26,12

0 2 4 6 8 10   20

33,37

Abb. 11.36: Die Energiezentrale des Bundesgesundheitsamtes: Grundriß, Erdgeschoß des Kesselhauses

11.6.3 Konstruktion und Form

Das Kesselhaus ist mit vier räumlichen und einem flachen Binder aus
Rundrohren überspannt, Spannweite 25 m. Die Untergurte der Dreiecks-
binder und der Obergurt des fischbauchförmigen, flachen Binders tragen
Pfetten aus IPBL 120, die mit Kopfplatten biegesteif verbunden sind und
auf die das Dach aus Trapezblechen aufgelegt ist (Abb. 11.37).

Die räumlichen Binder tragen Oberlichter, in die die Rauchklappen eingebaut sind. Die Fassade aus zwei Trapezblechschalen mit dazwischenlie-
gender Wärmedämmung wird von eigenen Stützen getragen, die zwischen
Bodenplatte und Binderkopfplatte gespannt sind. Sie steht als Hülle in 40
cm Abstand vor den die Binder tragenden Hauptstützen (Abb. 11.38,
11.39).

Die Gestalt des Bauwerks mit den vier großen Oberlichtern, mit dem
Wechsel von Verglasung und geschlossener Außenwand zeigt eine Ent-
sprechung zu den Kesseln und den sonstigen technischen Aggregaten,
ohne daß diese Elemente von außen sofort ablesbar wären (Abb. 11.40).

Wir haben versucht, nicht einfach eine Hülle für ein Stück Technik zu
bauen, sondern für ein Kraftwerk eine ausdrucksstarke Form zu finden.

341

Abb. 11.37: Die Energiezentrale des Bundesgesundheitsamtes von Südosten. Vorn die Rauchabzüge der vier Kessel, dahinter die beiden Auspuffrohre der Notstromaggregate

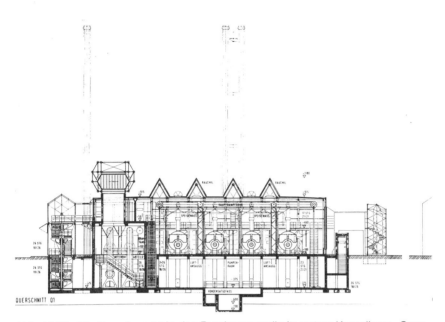

Abb. 11.38: Die Energiezentrale des Bundesgesundheitsamtes: Kesselhaus, Querschnitt

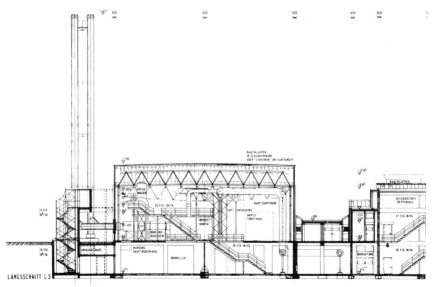

Abb. 11.39: Die Energiezentrale des Bundesgesundheitsamtes: Kesselhaus, Längsschnitt

Abb. 11.40: Die Energiezentrale des Bundesgesundheitsamtes

Abb. 11.41: Die Energiezentrale des Bundesgesundheitsamtes: Die Tragstruktur des Kesselhauses von innen mit den aus Rohren geschweißten, räumlichen Dreiecksbindern. Links im gemauerten Teil liegen im Erdgeschoß die Notstromaggregate, darüber die Leitwarte

11.7 Sporthalle für die Kreisberufsschulen in Sinsheim

11.7.1 Die Bedingungen des Ortes

Die Dreifachsporthalle wurde 1987/88 der in den 60er Jahren als großer Betonbau errichteten Kreisberufsschule angefügt. Sie liegt für sich am nördlichen Ende des Grundstücks an einem nach Westen ansteigenden Hang, der verhältnismäßig steil ist.

11.7.2 Konzeption

Unser Ziel war es, eine Dreifachsporthalle zu möglichst geringen Kosten zu bauen, die folgende Forderungen erfüllt:

- sie soll auch für nichtsportliche Veranstaltungen gelegentlich nutzbar sein,

- sie soll kein geklebtes, sondern ein hartes Dach haben, um die Kosten der Bauunterhaltung niedrig zu halten,

- sie soll für Hallenspiele gut geeignet sein, wozu eine gute, gleichmäßige Tagesbelichtung erforderlich ist.

Wir haben die Halle nicht, wie heute meist üblich, eingegraben und über das dann ebenerdige Emporengeschoß erschlossen. Dies war durch die Lage am Hang nicht möglich. Der Zugang für Besucher und Sportler liegt daher auf der Ebene der Halle.

11.7.3 Konstruktion und Form

Die Halle wird von zwei bogenförmigen Viergurtbindern überspannt, deren Obergurte einen Stich von 1,50 m Höhe haben. Diese Binder tragen zusammen mit den beiden Giebelwänden leichte unterspannte Pfetten bzw. Fachwerkbinder, auf die das zweischalige geneigte Dach aus Trapezblechen aufgelegt ist. Die Binder sind verglast und liegen über der Dachebene, wodurch das zu beheizende Volumen der Halle gering gehalten wird. Durch die verglasten Binder und durch die Abtreppung des Daches parallel zu den Traufen, sowie durch die in den Feldern aufgesetzten Oberlichthauben fällt von vielen Seiten Licht in den Raum und bewirkt eine sehr gleichmäßige Belichtung. Das wird durch die Reflexion des hellgrauen Hallenbodens und der hell verschalten Wände noch verstärkt. Die gewölbte Dachkonstruktion mit ihren Abtreppungen, Auskragungen und Verschneidungen war außerordentlich preiswert, erforderte aber eine unangemessen große Detailbearbeitung. Zusammen mit den dreigurtförmigen Außenstützen gibt diese Konstruktion dem Bau seine charakteristische Gestalt.

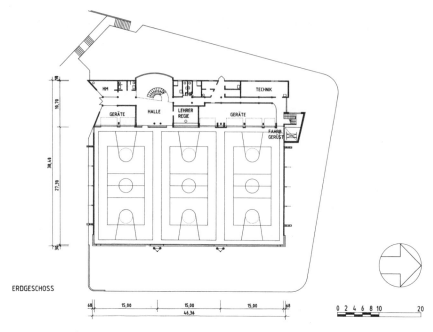

Abb. 11.42: Sporthalle für die Kreisberufsschulen in Sinsheim: Grundriß EG

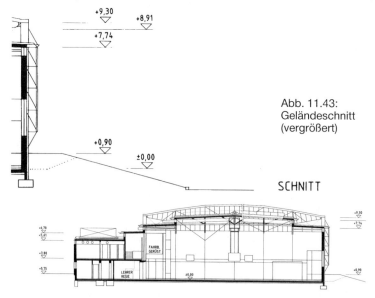

Abb. 11.43:
Geländeschnitt
(vergrößert)

Abb. 11.44: Sporthalle für die Kreisberufsschulen in Sinsheim: Querschnitt

Abb. 11.45: Sporthalle für die Kreisberufsschulen in Sinsheim: Einer der verglasten Viergurtbinder im Rohbau mit den durch Kopfplatten am Binder befestigten unterspannten Pfetten und den Dachabtreppungen

347

Abb. 11.46: Sporthalle für die Kreisberufsschulen in Sinsheim: Der gleiche Viergurtbinder im fertigen Gebäude mit dem Blick zur Talseite, wo der Bereich
der dreigurtförmigen Stütze in der Fassade verglast wurde

Abb. 11.47: Sporthalle für die Kreisberufsschulen in Sinsheim: Blick in die Halle

Abb. 11.48: Sporthalle für die Kreisberufsschulen in Sinsheim: Die Großsporthalle von Nordosten

Abb. 11.49: Sporthalle für die Kreisberufsschulen in Sinsheim: Giebel der Halle

Abb. 11.50: Sporthalle für die Kreisberufsschulen in Sinsheim: Die Halle im Rohbau

11.8. Leichter Glockenturm für die Jakobuskirche in Karlsruhe

11.8.1 Die Bedingungen des Ortes

Das Gemeindezentrum für die Jakobuskirche wurde 1968 bis 1970 erbaut. In dieser Zeit wurden wegen der allgemeinen Not in der Dritten Welt in vielen Landeskirchen Beschlüsse gefaßt, zu den neuen Kirchen keine teuren großen Glockentürme zu bauen. Das Gemeindezentrum liegt an der Sengestraße, die hier um 90° von Norden nach Osten abbiegt. Die umgebende Bebauung besteht aus zweigeschossigen Reihenhäusern, die größtenteils erst Ende der siebziger Jahre errichtet wurden. Kirche und Pfarrhaus nehmen diese Gebäudehöhen auf. Der Turm steht als Wächter des Zugangs zur Kirche an der Straße. Er ist trotz seiner Höhe von nur 18 m weithin sichtbar.

Abb. 11.51: Leichter Glockenturm

11.8.2 Konzeption

Ein üblicher Glockenturm wird massiv in Beton- oder Mauerwerkskonstruktion errichtet, damit die durch die Glocken erzeugten Schwingungen vom Turm aufgenommen werden können. Ein solcher Turm soll eine durch Schall-Läden geschlossene Glockenstube haben, um mit seiner ganzen Masse als Resonanzkörper zu wirken, der den Klang der Glocken trägt und verstärkt. Wir standen vor der Aufgabe, einen Glockenturm zu entwerfen, der ein Geläut von 4 Glocken in seiner geschlossenen Glockenstube aufnimmt, der aber nur einen Bruchteil dessen kosten durfte, was für einen massiven Glockenturm aufgewendet werden muß. Wir konstruierten einen Turm aus Stahl, dessen Schwingungsverhalten so berechnet wurde, daß sich die Schwingungen des Turms und die der Glocken kompensieren, so daß es nicht zu einem Verstärken der Turmschwingung durch die Glockenschwünge kommt. Das Problem, Turm oder zumindest Glockenstube trotz ihres geringen Gewichts als Resonanzkörper wirken zu lassen, wurde durch eine weitgehende Schließung der Glockenstube mit 8 mm starken Glasplatten erreicht.

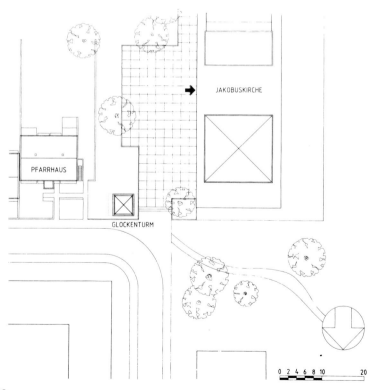

Abb. 11.52

LAGEPLAN 1:200

353

11.8.3 Konstruktion und Form

Das Tragwerk besteht aus vier kreuzförmigen Stützen, die aus Stahlprofilen IPE 400 geschweißt wurden. Diese Stützen wurden in ihrer Höhe dreimal durch IPE 400 mit Kopfplatten und hochfesten Schrauben zu einem Tragwerk verbunden. Der Boden der Glockenstube besteht aus einer Balkenlage mit Bohlenbelag, Stärke 5 cm. Die Wandelemente wurden ebenfalls aus kräftigen Hölzern gefertigt. Die Haube mit dem zeltförmigen Blechdach wurde am Boden aus Balken und 2 Lagen Schalung fertig hergestellt und mit dem Kran aufgesetzt.

Die vier Stützen wurden in Köcherfundamente eingespannt. Die Baukosten waren mit DM 170.000,-- etwa halb so hoch wie die eines gleichgroßen, massiven Turms aus Stahlbeton oder Mauerwerk.

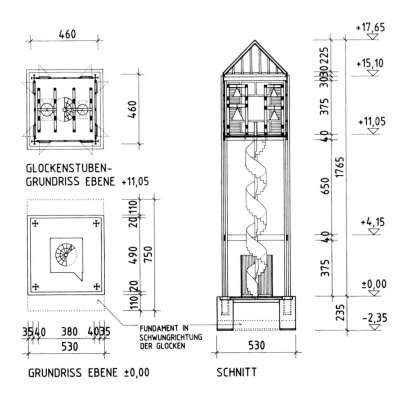

GLOCKENSTUBEN-GRUNDRISS EBENE +11,05

FUNDAMENT IN SCHWUNGRICHTUNG DER GLOCKEN

GRUNDRISS EBENE ±0,00

SCHNITT

Abb. 11.53

11.9 Schlußbetrachtung

Während bei dem zuerst gezeigten Mathematischen Forschungsinstitut und bei der Heizzentrale des Krankenhauses Landschaft und Umwelt für die Form stark mitbestimmend waren, prägen bei den sechs folgenden Projekten andere Bestimmungen die Gestalt.

● Beim Hängehaus führen die Bedingungen des Baugrundes und seiner Nutzung zu einem Konstruktionssystem, das sehr unmittelbar die Form des Baukörpers prägt.

● In der Form der Großsporthalle bildet sich die Arena ab mit einer Konstruktion, die statisch, für die Proportionen des Raums und für die Belichtung optimale Bedingungen schafft.

● Bei Stadtbibliothek und Volkshochschule entwickelten wir eine für die großen Flächen solcher Gebäude geeignete Baustruktur, die sich gleichzeitig in den Maßstab der kleinteiligen Gliederungen in der Altstadt mit neuen Materialien einfügt.

● Bei der Energiezentrale in Berlin ist die Hülle mit konstruktiven Elementen so gestaltet, daß die verschiedenen technischen Aggregate, die sie umschließt, in der Form des Gebäudes erkennbar sind.

● Bei der Dreifachsporthalle in Sinsheim haben wir die Hülle in ähnlicher Weise behandelt, um die Konstruktion der Halle von außen und auch von innen erkennbar zu machen.

● Beim Glockenträger war das Bestreben, einen leichten Glockenturm so zu konstruieren, daß er das aufeinander abgestimmte Geläute aus vier Glocken mischt und durch Resonanz verstärkt, bestimmend für die Form. Dabei war es uns wichtig, die schwingenden Glocken durch die Verglasung der Glockenstube, die an Winterabenden beleuchtet wird, sichtbar zu machen.

Wir versuchten, bei unseren Bauten mit einfachen Systemen, die von den Architekturtheoretikern wegen ihrer Einfachheit aber kaum als solche anerkannt werden, Häuser zu bauen, die nicht das perfekte Funktionieren des Systems demonstrieren, sondern durch Spiel mit den räumlichen Möglichkeiten, mit Variationen in der Gliederung und Teilung, eine Spannung zwischen Strenge und Bewegung, zwischen Disziplin und Ungebundenheit haben und so irrationale Momente in unsere rationale Welt hinüberretten.

Literatur

Reihe Stahl + Form
Stahl-Informations-Zentrum, Breite Straße 69, 4000 Düsseldorf:
- Transparenz, Mathematisches Forschungsinstitut Oberwolfach,
- Harmonie, Heizzentrale Krankenhaus Langensteinbach
- Rossmann + Partner, Ein Hängehaus
- Rossmann + Partner, Stadtbibliothek Reutlingen

Deutsche Bauzeitschrift 5/1983, Großsporthalle Karlsruhe

Baukultur, Heizzentrale Bundesgesundheitsamt Berlin

Buch: Rossmann + Partner 1952–1991, Sporthalle der Kreisberufsschulen in Sinsheim
Buch: Rossmann + Partner 1952–1991, Leichter Glockenturm in Karlsruhe

Autorenverzeichnis

Federführender Autor

Dipl.-Ing. Architekt Karlheinz **Schmiedel,** geboren 1931

Architekturstudium an der TU Berlin bei Kreuer, Hermkes, Scharoun; Diplom 1960.

Während der Schul- und Hochschulferien seit 1949 regelmäßig praktische Tätigkeit auf Baustellen, in Bauunternehmung und Ingenieurbüro.

Seit 1960 Architekt im Industriebau, seit 1963 in leitender Funktion, zunächst Stahlindustrie, dann Kunststoff- und Chemische Industrie. 1969 Partner in Architektur- und Ingenieursozietät, Schwerpunkt Werksplanung. 1970 Leiter Schlüsselfertiges Bauen in einem Stahlbauunternehmen, Schwerpunkt Schul- und Sportstättenbau.

Seit 1972 Aufbau der Öffentlichkeitsarbeit im Deutschen Stahlbau-Verband DSTV in Köln. Seit 1984 Geschäftsführer. Hochschulbetreuung, Nachwuchsförderung, Information und Weiterbildung von Architekten und Ingenieuren. Durchführung der Wettbewerbe um Stahlbau- und Förderpreise, Ausstellungen. Herausgabe u.a. der Stahlbau-Arbeitshilfen und der Schriftenreihe Bauen mit Stahl.

Zahlreiche Veröffentlichungen in der Fachpresse für Architektur und Bauingenieurwesen, in Tages- und Wochenzeitungen, sowie Vorträge und Seminare über Architektur, Bauen mit Stahl, Öffentlichkeitsarbeit, u.a. auch in Dänemark, Frankreich, Großbritannien, Luxemburg, Niederlande, Österreich und Schweiz. Seit 1980 jährliche Seminare an der Technischen Akademie Esslingen.

Mitarbeit in mehreren Juries, in der ISO, in den Messebeiräten der BAU in München und der CONSTRUCTA in Hannover, Mitglied im Schinkelausschuß Berlin. Vertretung des DSTV in der Arbeitsgemeinschaft Industriebau, AGI, Köln und der Europäischen Konvention der Stahlbauverbände EKS in Brüssel.

Seit 1979 Lehrauftrag an der Fachhochschule Köln, Fb. Architektur/Baukonstruktion.

Geschäftsführer des Vereins zur studentischen Nachwuchsförderung e. V., Köln. Geschäftsführer der STB Gesellschaft für Unternehmensberatung und Service mbH, Köln.

Anschrift:
Deutscher Stahlbau-Verband DSTV, Ebertplatz 1, 5000 Köln 1

Mitautoren

Dr.-Ing. Volkmar **Bergmann,** geboren 1946

1966–70   Staatliche Ing.-Schule Mainz, Fachbereich Stahlbau
1970–76   Techn. Hochschule Darmstadt,
          Fachbereich Konstruktiver Ingenieurbau
1985   Promotion „Stabilität dünnwandiger Stahlbetonscheiben"
          an der TH-Darmstadt

1970–76   freiberuflicher Statiker
1976–80   Projektleiter Stahlhochbau bei MAN, Werk Gustavsburg
1980-83   wissenschaftlicher Mitarbeiter am Institut für Massivbau
          der TH-Darmstadt
1983-87   Referent für Forschung und Entwicklung beim Deutschen
          Stahlbau-Verband
1987-89   Leiter Techn.-Büro Stahlbau und Schornsteinbau bei Friedrich
          Maurer Söhne, München

Seit 1989 Leiter Schlüsselfertiges Bauen und Stahlbau bei HILGERS AG,
Rheinbrohl

Mitglied in den Arbeitsausschüssen „Ablauforganisation" und „Verbundbau" im Deutschen Stahlbau-Verband DSTV
Verschiedene Veröffentlichungen und Vorträge zu den Themen: Schlüsselfertiges Bauen, Stahlbau und Verbundbau, Mitwirkung bei Seminarveran-
staltungen zu den Themen: Ablauforganisation und Verbundbau

Anschrift:
Hilgers AG, Hilgersstraße 5456, Rheinbrohl

Dr.-Ing., Architekt SIA, Anton-Peter **Betschart,** geboren 1946

1965–1968 Innenarchitekturstudium an der staatlichen Akademie der bildenden Künste Stuttgart.

1971 Architekturseminar an der internationalen Sommerakademie Salz-
burg bei Otto / Gutbrod / Vago.

1972–1975 Architekturstudium an der Universität Stuttgart.

Entwicklung eines Tragelements für ein Tragrostsystem.
Lehrer: Sulzer, Haller, Dimitrov, Otto.

Zwischenzeitlich tätig in Architekturbüros in Deutschland und Japan. Entwurf eines Fertighauses in Hiroshima.
Mehrere Praktika in verschiedenen Industriebetrieben.

1974 Förderpreis des Deutschen Stahlbaues.
1975 Eidgenössischer Kunstpreis für angewandte Kunst; Anerkennungspreis „Konstruieren mit Gußwerkstoffen" vom Verein Deutscher Gießereifachleute.
1975 Diplom „Entwicklung von Tragsystemen aus Stahl".
1980 Doktorprüfung (Dr.-Ing.) „Untersuchungen neuerer metallischer Gußwerkstoffe für Baukonstruktionen".
1981–1983 Professor im Studiengang Industriedesign der Fachhochschule für Gestaltung, Pforzheim.
1991 Gründung der Fa. Gußbau-Betschart in Bad Boll
1991 Deutscher Verzinkerpreis
1992 Preis des Deutschen Stahlbaues für die Entwicklung der Gußteile am Passagierterminal Flughafen Stuttgart.

Seit 1982 Entwicklung von Gußteilen u.a. für: Fluggastabfertigungsgebäude, Flughafen Stuttgart ● Kindergarten Westerstetten ● Rosenthal Manufaktur Kronach ● Aussegnungshalle Rechberghausen ● Kreissparkasse Kirchheim ● Solebad Bad Dürrheim ● Wohnhaus Geiger, Vaihingen/Enz ● FH Biberach ● Cafeteria Eisenmann, Holzgerlingen ● Schyren Kaserne, Ingolstadt ● Fußgängerstege Untertürkheim

Zahlreiche öffentliche Fachvorträge im In- und Ausland an Hochschulen, Stahlbautagen, Holzbautagen u.a.

Grundlagenbuch „Neue Gußkonstruktionen in der Architektur".
Zahlreiche Beiträge in Fachzeitschriften im In- und Ausland.
Ab 1987 Herausgeber des „Informationsdienst Guß".
1985 Wanderausstellung „Neue Gußkonstruktionen in der Architektur.

Anschrift:
EGB Entwicklungsinstitut für Gießerei- und Bautechnik,
Heckenweg 1, 7325 Bad Boll.

Dr.-Ing., Herbert **Klimke,** geboren 1939

1959 Abitur, Bauingenieurstudium an der Technischen Universität Berlin, Diplom 1966.

1966–1971 Statiker im Hoch- und Brückenbau bei der Fa. Krupp, Rheinhausen und Berlin, und Noell, Würzburg.

Seit September 1971 bei Fa. MERO-Raumstruktur, Würzburg, zunächst als Leiter des technischen Rechenzentrums, später auch der Entwicklungsabteilung.

1976 Promotion zum Dr.-Ing. an der Universität Karlsruhe.

Seit Januar 1992 Leiter der Zentralen Technik der MERO-Firmengruppe.

Mitarbeit im Beirat der Fachgemeinschaft Hallenbau im Deutschen Stahlbau-Verband DSTV.

Zahlreiche Veröffentlichungen in Fachzeitschriften und Tagungsberichten. Vorträge an Hochschulen, auf Tagungen und Seminaren im In- und Ausland.

Anschrift:
MERO Dr.Ing. Max Mengeringhausen KG für Planung und Entwicklung, Steinachstraße 5, Postfach 6169, 8700 Würzburg.

Dipl.-Ing. (FH) Fernando **Kochems,** geboren 1959

1978–1980 Friedrich Wilhelm Universität Bonn, Fachrichtung Physik
1981–1983 Ausbildung im Tischlerhandwerk
1983–1987 Fachhochschule Köln, Fachbereich Bauingenieurwesen
1988 Förderpreis des Deutschen Stahlbaues
1987–1990 Mitarbeit in der technischen Beratung der TRADE-ARBED, Köln, Aufgabenbereiche: Promotion, Akquisition, Auftragsabwicklung
Seit 1991: Hilgers AG, Rheinbrohl
Leiter der Abteilung „Schlüsselfertiges Bauen"

Anschrift:
Hilgers AG, Hilgersstraße, 5456 Rheinbrohl

Dipl.-Ing. Jürgen **Krampen,** geboren 1948

1976 Diplom an der RWTH Aachen im konstruktiven Ingenieurbau

Tätigkeit in der Produktentwicklung der Mannesmannröhren-Werke AG, Düsseldorf

Seit 1978 Technische Anwendungsberatung für Rohr- und Hohlprofilkonstruktionen

Mitarbeit in zahlreichen Normungs- und Forschungsgremien

Regelmäßig Vorträge an Hochschulen, Fachhochschulen, vor Berufsverbänden etc.

Zahlreiche Veröffentlichungen

Anschrift:
Mannesmannröhren-Werke AG,
Abt. RHQ-TE/RU, Postfach 101104, 40000 Düsseldorf 1

Dipl.-Ing. Jörg **Lange,** geboren 1958

1983 Diplom in Bauingenieurwesen an der TH Darmstadt, anschließend als Statiker in einem Stahlbauunternehmen. Von 1985 bis 1989 Assistent am Institut für Stahlbau und Werkstoffmechanik der TH Darmstadt. Dort u.a. für mehrere Weiterbildungsveranstaltungen zum Thema Verbundbau verantwortlich. Dissertation zum Thema „Verschiebliche Rahmen mit Verbundbauteilen".
Seit 1989 in der Stahlbauindustrie im Bereich Stahlhochbau tätig.

Veröffentlichungen in der Fachpresse (Verbundbau, Flugzeughalle in Hamburg). Umfangreiches Vorlesungsmanuskript zum Verbundbau. Diverse Vorträge zum Thema Verbundbau bei Seminaren des DSTV und im Haus der Technik sowie als Gast der Lehigh University in den USA. Lehrbeauftragter für Verbundbau an der TH Darmstadt.

Anschrift:
Am Sandberg 98, 6000 Frankfurt 70

Dipl.-Ing. Jürgen **Marberg,** geboren 1949

Studium an der Fachhochschule Köln
1975 Abschluß als Dipl.-Ing., Fachrichtung Fahrzeugtechnik

Nach Berufsausbildung zu Maschinenschlosser und Studium seit 1976 tätig als Bereichsleiter im Verband der Deutschen Feuerverzinkungsindustrie, Hagen. Primär zuständig für Information, technische Beratung, Beurteilung von Schadensfällen auf dem Gebiet der Feuerverzinkung.

361

Seit 1988 Leiter der Abteilung Technik beim Institut für angewandtes Feuerverzinken in Düsseldorf.

Mitarbeit in verschiedenen technischen Gremien der Feuerverzinkungsindustrie, im CEN, im Umweltausschuß der EGGA. Redakteur der Fachzeitschrift „Feuerverzinken".

Zahlreiche Veröffentlichungen in in- und ausländischen Fachzeitschriften, Fachvorträge im Rahmen von Tagungen und Seminaren, Tätigkeit als Gast-Dozent an mehreren Fachhochschulen.

Anschrift:
Institut für angewandtes Feuerverzinken, Sohnstr. 70, 4000 Düsseldorf 1

Dr.-Ing. Ralf **Möller,** geboren 1947

1969–1975 Bauingenieur-Studium an der Technischen Universität Hannover

1975–1977 Projektingenieur im kerntechnischen Ingenieurbau
1977–1982 Wissenschaftlicher Mitarbeiter am Institut für Statik der Technischen Hochschule Darmstadt

1982–1987 Mitarbeiter in der Forschung und Entwicklung im kerntechnischen Ingenieurbau

1988 Auslegung von Stahlbauten im Anlagenbau

Seit 1989 Leiter des Konstruktionsbüros, dann Leiter der Technik der Hoesch Siegerlandwerke GmbH, Siegen.

Anschrift:
Hoesch Siegerlandwerke GmbH, Birlenbacherstr. 21, 5900 Siegen

---

Dipl.-Ing. Rainer **Pohlenz,** geboren 1945

Architekturstudium ander RWTH Aachen, Diplom 1972;

Seit 1972 Unterricht an der RWTH Aachen, Fakultät für Architektur, in den Fächern Baukonstruktion, Bauphysik und Altbausanierung;

Von 1977 bis 1980 Lehrauftrag für Bauphysik an der FH Dortmund, Fachbereich Architektur;

Seit 1984 Partner eines Ingenieurbüros für Bauphysik und Immissionsschutz;

Tätigkeit als beratender Ingenieur für Bauphysik; zahlreiche Gutachten für Gerichte und private Auftraggeber; Mitarbeit an mehreren Umweltverträglichkeitsstudien für Großbauprojekte in Düsseldorf, Frankfurt, Berlin u.a.

Zahlreiche Veröffentlichungen auf dem Gebiet des Schall-, Wärme und Feuchteschutzes in Fachzeitschriften für Architektur und das Baugewerbe; Autor und Mitautor mehrerer Fachbücher zur Thematik Bauphysik und Bauschadensanalyse;

Durchführung von Fortbildungsseminaren für Architektenkammern und Berufsverbände, u.a. Institut für Sachverständigenwesen, Deutscher Stahlbau-Verband, Zentralverband des Deutschen Baugewerbes; Vorträge auf Fachtagungen in Deutschland und im europäischen Ausland.

Anschrift:
Lehrstuhl Baukonstruktion III, RWTH Aachen,
Schinkelstraße 1, 5100 Aachen

Professor Dipl.-Ing. Erich **Rossmann,** geboren 1925

Freier Architekt seit 1952, seit 1971 Partnerschaft.

Zahlreiche Bauten mit Tragsystemen aus Stahl; Schulen, Kirchen, Krankenhäuser, Institute, Sozialbauten, Hugo-Häring-Preis 1969, Preis des Deutschen Stahlbaues 1976, Architekturpreis der Stadt Karlsruhe 1977; zahlreiche Wettbewerbserfolge.

Honorarprofessor an der Universität Karlsruhe; 1989/90 einjährige Gastprofessur an der Technischen Hochschule Darmstadt.

Zahlreiche Vorträge und Veröffentlichungen in deutschen und internationalen Fachzeitschriften über Bauen mit industriellen Methoden, Baukonstruktion, Krankenhausplanung, Bauen für Behinderte, Sozialbauten.

Fachbuch „Planen und Bauen für Behinderte" (mit H. Kuldschun) 2. Auflage 1977.

Werkbericht „Rossmann + Partner" 1991.

Mitglied im BDA und in der Deutschen Akademie für Städtebau und Landesplanung.

Anschrift:
Offenburger Straße 47, 7500 Karlsruhe 51

Dipl.-Ing. Jean-Baptiste **Schleich,** geboren 1942

1967 Diplom. Bauingenieur der Universität Lüttich (Belgien)

1967–69 Forschungsaktivitäten an der Universität Lüttich, Bereich Brücken und Hochbau,

1969–80 Mitarbeiter des Stahlbauer Paul Wurth, verantwortlich für Statik im Brücken- und Hochbau,

1978 bis heute, Wissenschaftlicher Mitarbeiter an der Universität Lüttich, Lehrstuhl Brücken und Hochbau,

1984 bis heute, Leiter der Forschung und Entwicklung Stahlbau, ARBED-Recherches,

1984/85 Präsident der E.K.S. (Europäische Konvention für Stahlbau),

1981 bis heute, aktives Mitglied in mehreren Komissionen der E.K.S., so TC3-Fire Safety, TC8-Instability, AC5-Eurocode 3, Leiter der Komission TC5-CAD/CAM usw.,

1988 bis heute, Leiter oder CONVENOR des Project Teams 3 für Eurocode 4, Part 1.2-Structural Fire Design, im Rahmen von CEN TC250/SC4,

1988/92 Leiter des Editorial Group im IISI für das Brandschutzhandbuch „INTERNATINAL FIRE ENGINEERING DESIGN FOR STEEL STRUCTURES, STATE of the ART."

Anschrift:
3, rue M. Weistroffer, L-1898 Kockelscheuer

Sachregister

Fugen –
Auslegung und Abdichtung

Dr. Edvard B. Grunau, Siegfried Esser, Klaus Jürgen Jahn

1992, 119 Seiten, 68 Bilder, 312 Literaturstellen
DM 34,--
Baupraxis + Dokumentation, Band 5
ISBN 3-8169-0746-6

Das Buch gibt einen vollständigen Überblick über die Fugenabdichtungstechnik nach dem neuesten Stand. Es vermittelt Informationen über die bauphysikalischen Grundlagen der Fugenauslegung und der Abdichtung und enthält eine umfassende Literaturrecherche.

Das letzte umfassende Buch über Fugenabdichtung war im Jahre 1973 in 2. Auflage erschienen, und eine neue Darstellung dieses Problems wurde dringend erforderlich.

Der Text ist praxisbezogen und durch viele Abbildungen ergänzt. Die nötigen theoretischen Grundlagen, insbesondere für die Planung, werden umrissen. Die Autoren berichten aus ihrer Erfahrung auch über die Zusammenhänge bei Schadensursachen. Diese Zusammenhänge sind sehr wichtig, weil es in vielen Fällen durch unzureichende Planung und handwerkliche Ausführung oder durch Mängel an den Dichtstoffen zum Rechtsstreit kommt.

Zunächst werden die Voraussetzungen für eine dauerhafte Fugenabdichtung dargestellt, dann die Fugentypen und ihre Funktion. Anschließend wird auf Normen und Prüfrichtlinien eingegangen. Auch die möglichen handwerklichen Fehlleistungen werden aufgezählt und mit dem Ziel der Vermeidung besprochen. Ebenfalls behandelt sind die Sanitärabdichtung, die Abdichtung mit Fugenbändern und überdeckenden Fugenprofilen sowie konstruktive Dichtungssysteme und die Abdichtung gegen nichtdrückendes Wasser mit Fugeneinsteckprofilen.

expert verlag GmbH, Goethestraße 5, 7044 Ehningen bei Böblingen

Bauberatung Stahl

Die Bauberatung Stahl ist eine Gemeinschaftsorganisation der stahlerzeugenden Industrie.

Ihr Team von stahlbauerfahrenen Ingenieuren bietet allen am Bau Beteiligten, wie Bauherren, Architekten und Planern, einen individuellen und projektbezogenen Beratungsservice für den Stahlhoch- und -brückenbau.

Schon bei der Definition der Bauaufgabe oder ersten gestalterischen Überlegungen können auf diese Weise durch intensive Beratung Rahmenbedingungen für wirtschaftliches Bauen geschaffen werden.

Die umfassenden Beratungsleistungen werden firmenneutral, verkaufsunabhängig und kostenlos in folgenden Themenbereichen erbracht:

- **Tragwerkswahl**
- **Statisch-konstruktive Ausführungen**
- **Verbundkonstruktionen**
- **Brandschutz**
- **Korrosionsschutz**

- **Deckensysteme**
- **Dach- und Wandsysteme**
- **Kostenschätzungen**
- **Ausschreibungen**
- **Bauabwicklung**

Ansprechpartner der Bauberatung Stahl stehen in folgenden Büros zur Verfügung:

Zentrale Düsseldorf
Dipl.-Ing. Gerhard Buchmeier
Breite Str. 69
4000 Düsseldorf 1
Tel. (0211) 829-339
Fax (0211) 829-344
         829-231

Büro Bochum
Dipl.-Ing. Walter Suttrop
Kohlenstr. 70
4630 Bochum 1
Tel. (0234) 9449011
Fax (0234) 9449012

Büro München
Dipl.-Ing. Rolf Oberschür
Edelsbergstr. 8
8000 München 21
Tel. (089) 5702810
Fax (089) 5702832

Büro Berlin
Dipl.-Ing. Peter Cziffer
Karl-Liebknecht-Str. 34
O-1020 Berlin
Tel. (030) 2385160
Fax (030) 2342973

Büro Hannover
Dipl.-Ing. Kurt Mäß
Karlsruher Str. 18
3014 Laatzen
Tel. (0511) 867434
Fax (0511) 873622

Büro Leipzig
Dipl.-Ing. Joachim Meyer
Arno-Nitzsche-Str. 45
O-7030 Leipzig
Tel. (0341) 8841-241
Fax (0341) 8841-252

Büro Offenbach
Dipl.-Ing. Ralph Varga
Blumenstr. 38
6050 Offenbach / M.
Tel. (069) 847219
Fax (069) 847219

INNOVATIVES DENKEN
SCHAFFT SICHERE LÖSUNGEN!

———— ■ ————

Feuer! Kein sehr angenehmer Gedanke. Und doch ist Brandschutz ein wichtiges Thema. Denn einem ausbrechenden Feuer stehen Tür und Tor offen: über Lüftungs- und Kabelkanäle erreicht es leicht andere Gebäudeteile und Stockwerke. Deshalb hat Knauf – durch sein innovatives Fireboard-System – nichtbrennbare Ummante-lungen für Schächte aller Art entwickelt auch für Ständerwände, Träger und St Damit sorgt Knauf Fireboard im ganzen H. Brandschutz. Einmal mehr beweist Knauf vationskraft und Kompetenz. Gebr. Westdeutsche Gipswerke, W-8715 Ip. Tel. 0 93 23 / 31-4 92.

IFBS Industrieverband
zur Förderung
des Bauens
mit Stahlblech e.V.

Planen und Bauen mit Stahltrapez- und Stahlkassettenprofiltafeln sowie Stahlsandwichelementen

Stahltrapezprofile

Stahlkassettenprofile

Stahlsandwichelemente

● wirtschaftlich

● funktionell

● ansprechend

● gütegeschützt

● schnelle Montage

● funktionsgerecht

● qualitätsüberwacht

Information durch:

INDUSTRIEVERBAND ZUR FÖRDERUNG DES BAUENS MIT STAHLBLECH E.V.
40237 Düsseldorf, Max-Planck-Straße 4, Tel. (0211) 914 27-0, Fax (0211) 67 20 34

TWEER

Stahlguß - GS   Sphäroguß - GGG

Zukunftsweisende Stahlkonstruktionen mit gegossenen Bauteilen

**Beispiel: Tagungs-Centrum Messe Hannover (TCM)
Europäischer Stahlbaupreis 1991**

Reinhard Tweer GmbH, Krackser Straße 191, Postfach 11 09 43,
D-4800 Bielefeld 11 (Sennestadt),
Telefon (0 52 05) 75 01-0, Telefax (0 52 05) 75 01-79, Telex 9 31 820 tweer d

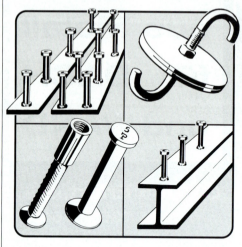

Architektur in Stahl

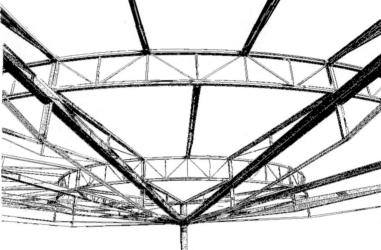

Mit einer jahrzehnte-
langen Erfahrung im
Bereich des Stahl-,
Metall- und Komplettbaus ist
die Magnus Müller-Gruppe ein zuverlässiger
und kompetenter Partner bei der Lösung und
Realisierung vielseitiger Bauaufgaben.
Erfahrene Mitarbeiter bewältigen alle Aufgaben
der Beratung, Planung, Fertigung, Montage und
Service von Komponenten bis hin zur schlüssel-
fertigen Komplettlösung.
Modern ausgestattete Konstruktions- und
Fertigungseinrichtungen an allen Standorten
sorgen für eine hohe Produktqualität.

Hallentragwerk
für ein
Forschungs-
institut

EIN KLASSIKER AUF DEM HALLENDACH. FÜR NEUBAU UND SANIERUNG.

321296

Für Wellcolor-Dächer gibt es komplette Systemlösungen für den Hallenbau.

Der neuen asbestfreien Wellcolor-Platte gehört die Zukunft. Auf großformatigen Dächern vor allem im Industrie-, Gewerbe- und Landwirtschaftsbau ist sie erfolgreich im Einsatz: bei Neubau, Umbau und Sanierung.

Wellcolor aus der neuen Materialgeneration von Eternit hat viele Vorteile:
- Sicherer Langzeitschutz gegen Wind und Wetter,
- Beständig gegen Korrosion und Fäulnis,
- Nichtbrennbar, Baustoffklasse A 2,
- Diffusionsoffen, keine Kondensatbildung,
- Schalldämmend, radar- und funkneutral.

Die mehrfache ultraharte Farbbeschichtung setzt unübertroffene Maßstäbe, mit porenfreiem, farbintensiven Oberflächenfinish höchster Güte. Geringes Gewicht und hohe Elastizität sorgen für verlegefreundlichen und wirtschaftlichen Einsatz. Aktuelle Farben und viele Formstücke ermöglichen attraktive Gestaltung. In den Profilen 5 und 8 mit allgemeiner bauaufsichtlicher Zulassung.

Eternit AG, Postfach 11 06 20, 1000 Berlin 11, Tel. (030) 34 85-0.

Stahl
Stahlbau
Stahlbau Plauen

Zum Beispiel

EXPO' 1992
Pavillon der
Bundesrepublik Deutschland,
Standort Sevilla, Spanien

960 t
Stahltragwerke
für ein mehrgeschossiges
Gebäude incl. Rohrpylon
und eine 92 x 50 m
große Ellipse als Schattendach

Ellipsen-
förmiger
Außenring
in der
Vormontage

Parken auf engstem Raum. Kompakt-Parksysteme von Krupp sind die Lösung.

Berlin, Sydney, München, Genf, Hamburg, Seoul, Bremen, Wil, Paris, Saarbrücken, Tarragona, Andorra, Luxemburg, Wien, Zürich, Tokyo, Biel, Rotterdam, Bilbao, Kuala Lumpur.

Wo Parkraum fehlt, hilft die Technik mit mechanischen Parksystemen. Mit zwei oder mehreren Parkebenen. Bei der Planung kann man davon ausgehen, daß mit einem Krupp Kompakt-Parksystem die Anzahl der Stellplätze verdreifacht wird.

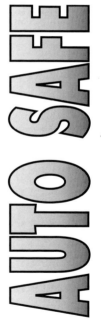

Krupp Industrietechnik GmbH
Sparte Systemtechnik
Franz-Schubert-Straße 1-3 · 4100 Duisburg 14
Tel. (0 20 65) 78- 0 · Fax: (0 20 65) 78 34 60

 **KRUPP**

16/004d

Einladung
in die Zukunft

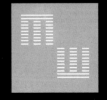

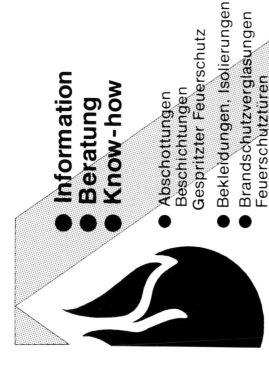

GOBAPLAN
Büro- und Geschäftshäuser

GOBAPLUS
Funktionshallen

GOBACAR
Parkhäuser und Parkdecks

GOBACOURT
Tennishallen

GOBASTORE
Hochregallager

GOLDBECKBAU GmbH
Bokelstraße 10
4800 Bielefeld 14
Telefon: 05 21 / 94 88-0
Telefax: 05 21 / 94 88-411

Planen Sie Produktionsabläufe immer noch um Stützen herum?

Qualität, die besteht.

Mit Stolz können wir in diesen Tagen unser 150jähriges Firmenjubiläum feiern. Für uns ist dies Anlaß genug, auch für die Zukunft an den drei

Eckpfeilern unserer Produktphilosophie festzuhalten: Qualität, Flexibilität, kundengerechte Lösungen. Von der Planung über die Produktion bis zu Montage und kompletter Fertigstellung, damit das Ganze stimmt. Dies gilt für **Stahlkonstruktionen** ebenso wie für den **Komplettbau**, für den **Tankstellenbau** wie für **Sonderkonstruktionen**. Aus Tradition mit Fortschritt die Zukunft bewältigen.

Darauf können Sie bauen.

STAHLBAUWERK MÜLLER OFFENBURG GMBH & CO. KG Postfach 2460 7600 Offenburg Tel. 0781 / 794-0 Fax 0781 / 794124

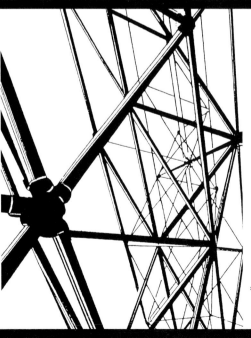

Stahlhochbau -
die wirtschaftliche +
rationelle Lösung.

DSD Dillinger Stahlbau GmbH
Postfach 13 40 · Henry-Ford-Strasse
D 6630 Saarlouis, Germany
Telefon (0 68 31) 18 0 · Telex: 443 724
Telefax (0 68 31) 18 24 16

DSD

Baupraxis

Wirth, V., Dr.-Ing. u.a.
Baustellen-Controlling
152 Seiten, DM 49,—
ISBN 3-8169-0340-1

Drees, G., Prof. Dr.-Ing.
Baumaschinen und Bauverfahren
In Vorbereitung
ISBN 3-8169-0666-4

Hoepke, E., Ing.
Maschinen, Fahrzeuge und Betriebsstoffe im Bauwesen
254 Seiten, 171 Bilder,
DM 78,—
ISBN 3-8169-0656-7

Häberle, A., Dr.-Ing.
Fertigungsorganisation im Betonfertigteilwerk des konstruktiven Ingenieurbaus
182 Seiten, 72 Bilder,
DM 48,—
ISBN 3-8169-0722-9

Muth, W., Prof. Dipl.-Ing. u.a.
Hochwasserrückhaltebecken
300 S., 137 B., DM 96,—
ISBN 3-8169-0699-0

Münster, H., Dipl.-Ing. u.a.
Entscheidungshilfen zum Bau von Sportanlagen
148 Seiten, DM 44,—
ISBN 3-8169-0660-5

Nöller, R., Dr.
Schäden an Ziegelbauten und ihre Behebung
112 Seiten, 45 B., DM 32,—
ISBN 3-8169-0743-1

Hahn, H., Prof. Dr.-Ing. u.a.
Das moderne Bürogebäude
232 S., 132 B., DM 69,—
ISBN 3-8169-0724-5

Gläser, H.J. Dr. u.a.
Funktions-Isoliergläser
216 S., 108 B., DM 69,—
ISBN 3-8169-0664-8

Weik, H., Dr. u.a.
Sonnenenergie in der Baupraxis
173 Seiten, DM 58,—
ISBN 3-8169-0269-3

Weinmann, K., Prof. Dr.
(Hrsg.)/Rieche, G., Dr.-Ing.
Handbuch Bautenschutz Bd. 1: Bauphysik. Grundsätzliches und Wärmeschutz
337 Seiten, 48 Bilder,
83 Tabellen, DM 98,—
ISBN 3-8169-0441-6

Handbuch Bautenschutz Bd. 2: Bauphysik und Bauchemie. Feuchteschutz, Frostschutz, Mechanik und Thermomechanik, Brandschutz
232 Seiten, DM 89,—
ISBN 3-8169-0442-4

Weber, H., Dr. u.a.
Fassadenschutz und Bausanierung
4. Auflage, 578 Seiten,
182 Bilder, DM 98,—
ISBN 3-8169-0275-8

Grunau, E.B., Dr.
Sanierung von Stahlbeton
132 S., 56 B., DM 36,—
ISBN 3-8169-0747-4

Weber, H., Dr./Wenderath, G.
Stahlbeton
2. Auflage, 182 Seiten,
DM 49,—
ISBN 3-8169-0199-9

Weber, H., Dr.
Steinkonservierung
3. Auflage, 214 Seiten,
DM 68,—
ISBN 3-8169-

Weber, H., Dr./
Zinsmeister, K., Dr.
Conservation of Natural Stone
168 Seiten, DM 76,—
ISBN 3-8169-0225-1

Luz, E., Prof. Dr.-Ing.
Schwingungsprobleme im Bauwesen
332 S., 93 B., DM 78,—
ISBN 3-8169-0805

Grunau, E.B., Dr.
Fugen-Auslegung und Abdichtung
128 S., 68 B., DM 34,—
ISBN 3-8169-0746-6

Depke, F.M., Dr. u.a.
Theorie und Praxis der Rißverpressung
159 Seiten, 40 Bilder,
DM 56,—
ISBN 3-8169-0687-7

Weber, H., Dr.
Mauerfeuchtigkeit
3. Auflage, 172 Seiten,
DM 59,—
ISBN 3-8169-0301-0

Nürnberger, U., Dr.-Ing. habil. u.a.
Korrosionsschutz im Massivbau
181 Seiten, 107 Bilder,
DM 64,—
ISBN 3-8169-0432-7

Zimmermann, G., Prof. Dipl.-Ing.
Schäden an keramischen Belägen
180 Seiten, 93 Bilder,
DM 48,—
ISBN 3-8169-0229-4

Rombock, U., Dipl.-Ing.
Moderne Verfahren zur Reinigung von Natursteinfassaden
71 Seiten, DM 29,—
ISBN 3-8169-0308-8

Weber, H., Dr./Meyer, H.
Anstriche als Beschichtungen für mineralische Fassadenbaustoffe
94 Seiten, DM 29,—
ISBN 3-8169-0446-7

Bagda, E., Dr.-Ing. habil.
Berechnen instationärer Wärme- und Feuchteströme
272 Seiten, 65 Bilder,
1 Diskette 5 1/4",
DM 118,—
ISBN 3-8169-0637-0

Kotulla, B., Prof. Dr.-Ing./
Urlau-Clever, B.-P., Dr.-Ing.
Industrielles Bauen — Fertigteile
256 Seiten, DM 49,—
ISBN 3-8169-0295-2

**Fordern Sie unser Fachverzeichnis Baupraxis ar
FAX 07034/7618**

expert verlag GmbH, Goethestraße 5, 7044 Ehningen bei Böbr.

BAUPRAXIS

Dr. rer. nat. Helmut Weber und 19 Mitautoren

Fassadenschutz und Bausanierung

Der Leitfaden für die Sanierung, Konservierung und Restaurierung von Gebäuden

4. völlig neubearbeitete und erweiterte Neuauflage

(Kontakt & Studium, Band 40)
1988, 578 Seiten, DM 98,--
ISBN 3-8169-0275-8

Zum Buch:
Das Buch hat eine so große Resonanz gefunden, daß bereits die 4. völlig neubearbeitete und erweiterte Fassung aufgelegt werden mußte. Diese Auflage wurde in einigen wesentlichen Punkten erweitert und ergänzt (s. Inhaltsübersicht). Auf diese Weise ist ein Überblick über das gesamte Gebiet des Fassadenschutzes, der Fassadensanierung und allgemein der Bausanierung entstanden, der von den Grundlagen ausgeht.

Die Kenndaten, die für eine Sanierungsplanung wichtig sind, werden dabei ebenso behandelt wie die bauphysikalischen und bauchemischen Kriterien, die man für die Bewertung eines Baustoffes oder eines Beschichtungsmaterials heranziehen muß. Für den einzelnen ergibt sich daraus die Möglichkeit, die Vielfalt der heute angebotenen Systeme anhand von Kenndaten richtig einzuordnen.

Bei der Sanierung von Altbauten und Baudenkmälern spielen die Problemkreise "bauschädliches Salz" und "aufsteigende Mauerfeuchtigkeit" eine dominierende Rolle. Mit dieser Problematik beschäftigen sich verschiedene Kapitel der Buchveröffentlichung.

Inhalt:
Die Ermittlung von Kenndaten - Die wichtigsten Fassadenbaustoffe - Feuchtigkeitsaufnahme und Feuchtigkeitstransport - Schadensbilder - Tauwasserschutz - Thermografie - Temperatur- und Feuchtehaushalt - Der mineralische Fassadenputz - Kunstharzputze - Reinigung von Natursteinen - Pilze und Algen an Fassaden - Auswirkung der Umweltbelastung - Außenanstriche - Kunstharzgebundene Außenanstriche - Silikatfarben - Siloxangrundierung und Siliconharzfarbe - Rißüberbrückende Beschichtungen - Auswahlkriterien für Anstrichfarben - Die Grundlagen der Hydrophobierung - Silicate, Siliconharze, Silane, Siloxane - Erhöhung der Eindringtiefe von Imprägniermitteln - Reparatur und Sanierung an Sandsteinfassaden - Steinkonservierung - Sanierung von Sichtmauerwerk - Injektionsmaßnahmen am Mauerwerk - Berechnung des Carbonatisierungsfortschritts - Bauschädliche Salze und Ihre Behandlung - Mechanische und Chemisch-physikalische Verfahren - Erdberührte Bauwerksabdichtung - Prinzip der Elektroosmose zum Trockenlegen von Mauerwerk

Fordern Sie unsere Fachverzeichnisse an. FAX 07034/7618

expert verlag GmbH, Goethestraße 5, 7044 Ehningen bei Böblingen

Handbuch Betonschutz durch Beschichtungen

Praxis und Anwendungen, Normen und Empfehlungen

Dipl.-Math. Hans Schuhmann (federführend)
Knut Asendorf, Dr. F. M. Depke, Dip.-Ing. Robert Engelfried
Prof. Dr.-Ing. Heinz Klopfer, Prof. Dr. D. Knöfel, Dipl.-Ing. Werner Kubitza
Dipl. Ing. Gottfried C. O. Lohmeyer, Dr. Alfred Mathes, Dr. B. Neffgen
Dr. Werner Reidt, Prof. Dr.-Ing. Rolf-Rainer Schulz, Dr. Peter Seidler
Walter Semet, Dr. Reinhold Stenner, Franz Stöckl, Dr. Helmut Weber

1992, 827 Seiten, 247 Bilder, 169 Tabellen, 352 Literaturstellen, DM 228,--
Kontakt & Studium, Band 367
ISBN 3-8169-0577-3

In den letzten 25 Jahren hat die Bedeutung des Betonschutzes und der Betoninstandsetzung ständig zugenommen. Dies gilt ganz besonders auch für Industrieböden und Fabrikationsanlagen, wo mechanische und chemische Belastungen einwirken.

Das Handbuch stellt den heutigen Stand der Technik dar und bietet eine Vorschau auf künftige Entwicklungen. Die Einzelbeiträge sind umfassend und geben die Erfahrungen anerkannter Fachleute wieder.

Der Bogen spannt sich dabei von der Chemie und den Einsatzmöglichkeiten der Rohstoffe über die Formulierung von Schutzsystemen und die Bauphysik bis zur chemischen Wechselwirkung mit dem Untergrund.

Inhalt: Beton-Estrich - Beton, Eigenschaften und Beständigkeiten/Dauerhaftigkeiten - Bauphysik des Beton-Schutzes und der Beton-Instandsetzung - Vorbeugender Betonschutz - Prüfung der Betonoberfläche - Oberflächenvorbereitung des Betons - Glättung des Betonuntergrundes - Epoxidharzemulsionen für zementgebundene Mörtel und Estriche, Imprägnierungen und Versiegelungen - Lösemittelhaltige Schutzsysteme für Beton - Epoxidharze für den Betonschutz - Polyurethan als Betonschutz - Methacrylate für Betonbeschichtungen und Industriebodenbeläge - Mechanisch belastbare Imprägnierungen und Versiegelungen - Mechanisch und chemisch belastbare Beschichtungen - Rißüberbrückende und mechanisch belastbare Beschichtungen - Schadensanalyse bei Betonbauwerken - Rißinjektionen - Betoninstandsetzung - Richtlinien für Schutz und Instandsetzung von Betonbauwerken - Spezielle Säureschutzmaßnahmen - Spezielle Probleme der Betoninstandsetzung

expert verlag GmbH, Goethestraße 5, 7044 Ehningen bei Böblingen